畜牧兽医专业中高职衔接系列教材

# 家禽生产技术

刘小飞　孟可爱　俞伟辉　主编

U0199309

中国林业出版社

## 内 容 简 介

本书按照家禽生产程序进行内容编写，共设计了家禽品种识别及繁育、家禽场建设与设备选择、家禽饲料的配制、家禽孵化、蛋鸡生产、肉鸡生产、水禽生产、家禽场疫病预防与控制、家禽场经营与管理9个教学项目，共31个任务，内容通俗易懂，图文并茂，操作性强。通过本书学习，可使学习者熟练掌握蛋鸡、肉鸡、鸭和鹅的饲养管理操作规程，掌握禽类生产基本技能，科学有效地组织管理好禽场生产。

本书既适用于"2＋3"中、高职衔接培养模式的畜牧兽医及相关专业，也可用于独立培养的三年制中职和高职畜牧兽医及相关专业，同时还可作家禽生产技术员、养殖专业户和农村青年农民的参考书。

### 图书在版编目(CIP)数据

家禽生产技术/刘小飞，孟可爱，俞伟辉主编．—北京：中国林业出版社，2019.12（2022.1重印）

畜牧兽医专业中高职衔接系列教材

ISBN 978-7-5219-0429-1

Ⅰ.①家… Ⅱ.①刘… ②孟… ③俞… Ⅲ.①家禽-饲养管理-职业教育-教材 Ⅳ.①S83

中国版本图书馆CIP数据核字(2020)第001713号

**中国林业出版社教育分社**

**策划编辑：**高红岩　　**责任编辑：**高兴荣　　**责任校对：**苏　梅
**电话：**(010)83143554　　　　　　　　**传真：**(010)83143516

| | | |
|---|---|---|
| **出版发行** | 中国林业出版社(100009　北京市西城区德内大街刘海胡同7号) | |
| | E-mail:jiaocaipublic@163.com　**电话：**(010)83143500 | |
| | http://www.forestry.gov.cn/lycb.html | |
| **经　销** | 新华书店 | |
| **印　刷** | 北京中科印刷有限公司 | |
| **版　次** | 2019年12月第1版 | |
| **印　次** | 2022年1月第2次印刷 | |
| **开　本** | 787mm×1092mm　1/16 | |
| **印　张** | 18.25 | |
| **字　数** | 440千字 | |
| **定　价** | 46.00元 | |

# 《家禽生产技术》
# 编写人员

**主　　编**　刘小飞　孟可爱　俞伟辉

**副 主 编**　刘满安　丰艳平　邱伟海

**编写人员**　（按姓氏拼音排序）

　　　　　　丰艳平（湖南环境生物职业技术学院）

　　　　　　李丽平（湖南环境生物职业技术学院）

　　　　　　梁春凤（湘潭生物机电学校）

　　　　　　林丽秀（岳阳职业技术学院）

　　　　　　刘满安（安化县职业中专）

　　　　　　刘小飞（湖南环境生物职业技术学院）

　　　　　　孟可爱（湖南环境生物职业技术学院）

　　　　　　邱伟海（湖南环境生物职业技术学院）

　　　　　　王　兰（常德职业技术学院）

　　　　　　王晓华（湘西民族职业技术学院）

　　　　　　伍维高（湖南环境生物职业技术学院）

　　　　　　肖玉梅（湖南生物机电职业技术学院）

　　　　　　俞伟辉（岳阳职业技术学院）

　　　　　　张光友（怀化职业技术学院）

　　　　　　周　灿（湖南环境生物职业技术学院）

　　　　　　周　毅（湘西民族职业技术学院）

　　　　　　邹振兴（湖南环境生物职业技术学院）

国务院《关于加快发展现代职业教育的决定》明确提出，要推进中等和高等职业教育紧密衔接，要加快构建现代职业教育体系。中高职衔接就是落实国家部署要求，推动中等和高等职业教育协调发展，系统培养适应经济社会发展需要的技术技能人才的关键环节。2015年，湖南省教育厅公布了一批职业教育省级重点建设项目，确定湖南环境生物职业技术学院作为高职牵头单位，联合省内两所以农林牧渔大类为重点建设专业类的中等职业学校（安化县职业中专、湘潭生物机电学校），共同开展湖南省畜牧兽医专业中高职衔接试点。

2015年10月，湖南环境生物职业技术学院召集省内外11所开设有畜牧兽医专业的职业院校和6家行业龙头企业的专家代表，对建设项目进行研究论证，提出了专业课程衔接、教学资源共享等实施方案。同时，考虑到教材作为教学模式和教学方法的基本载体，是所有教学改革的落脚点，对中高职衔接及中高职衔接一体化人才培养改革的成败起着关键的作用。因此，项目试点启动之初，即研究形成了畜牧兽医专业中高职衔接系列教材建设方案。历经三年多时间，项目组形成了"畜牧兽医专业中高职衔接人才培养方案""畜牧兽医专业中高职衔接一体化教学标准""畜牧兽医专业中高职衔接9门专业课程教学标准""畜牧兽医专业中高职衔接5门核心专业课程建设标准与编写方案"等建设成果，并组织编写了《动物临床诊疗技术》《家畜生产技术》《家禽生产技术》《动物普通病》《动物传染病防治技术》5本系列教材。

在本系列教材编写中，项目主持人胡永灵教授组织项目组主要成员深入职业院校、行业协会、生产企业，对畜牧兽医的职业岗位、工作任务与职业能力进行了分析，按照一般技能人才和高级技能人才的培养规格要求，系统构建中高职衔接课程体系，确定中高职不同层次课程教学内容。依据职业岗位活动规律，以工作过程为主导，以项目为载体，以任务为驱动，以学生为主体，适应"理实一体、教学做合一"理念组织教学素材，体现职业教育特色。在内容编写上中等职业教育以"必需、够用"为度，着重突出"实践性、应用性和职业性"，高等职业教育以能力拓展为主，突出"高素质、技能型、应用复合型"人才培养的需要，既体现了中高职衔接的特点，又做到了中高职教学知识内容的连贯性。重要的是避免了中、高职教材很多内容的重复。

相信本系列教材出版，对畜牧兽医专业中高职衔接一体化人才培养能发挥一定作用，对其他专业中高职衔接课程改革和教材开发也有一定的参考价值。

陈拥贤

2019 年 12 月

随着中国经济增长方式的转变，产业结构的调整，社会经济发展对人才需求结构的改变，人才需求趋向高层次已成为不争的事实，经济的发展对职业技术教育提出了新的要求。在大力发展高等职业技术教育的同时，如何做好中、高职之间的衔接，系统培养高素质技能型人才已经成为关系到职业教育健康发展的重要而迫切的问题。2011 年，教育部出台《关于推进中等和高等职业教育协调发展的指导意见》（教职成〔2011〕9 号）文件，明确将中等和高等职业教育协调发展作为构建现代职业教育体系的重要任务，从专业设置、专业教学标准、培养目标、课程体系和教材等方面提出了指导意见。因此，为进一步推动中、高职协调发展，在此文件指导下，根据畜牧兽医类专业人才培养目标，结合家禽现代化生产对高端技能人才的需求编写《家禽生产技术》。

《家禽生产技术》是中职、高职畜牧兽医专业的一门专业核心课程，是畜牧兽医类专业课中的主要组成部分，其实践性、应用性和操作性非常强。本书根据中、高职职业教育的要求与特点，在内容和形式上都有很大的变化：一是家禽选取突出市场需求，以鸡生产为主，水禽生产为辅，以蛋鸡生产为重点；二是全书编写顺序突出岗位需求，从家禽品种识别出发，按家禽生产工艺流程顺序进行内容编写；三是内容安排突出实用性，以具体操作内容为主，以学术性理论为辅；四是任务编排形式突出逻辑性，每个学习任务按确立目标、学习知识、动手操作的逻辑安排内容，具体包括知识目标、技能目标、学一学、知识链接、做一做、练习与思考题 6 个部分；五是编写形式突出实践操作性，以项目为载体，以工作任务为驱动，全书共分 9 个项目和 31 个任务进行编写，适应项目化教学模式需要。

本书编写过程中，考虑到中等职业教育和高等职业教育在培养目标、学生身心特点和知识结构的不同，在内容和编写形式上有所差异。中等职业教育以必需、够用为度，内容着重突出实践性、应用性和职业性，书中未标有星号的内容为中职学生学习内容；高等职业教育以能力拓展为主，突出高素质、技能型、应用型，书中标有星号的内容为高职学生学习内容。本教材编写既体现了中高职衔接的特点，又做到了知识内容的连贯性。

本书既适用于"2+3"中职、高职衔接培养模式的畜牧兽医及相关专业，也可用于独立培养的三年制中职和高职畜牧兽医及相关专业，同时还可作家禽生产技术员、养殖专业户和农村青年农民的参考书。

本书在编写过程中，查阅了大量的文献资料，参考了一些优秀教材，吸收和引用了其中一些内容和成果，在此谨向各位作者表示衷心的感谢。由于作者水平有限，难免会出现不妥之处，敬请各位专家、同行和广大读者批评指正。

编　者

2019 年 10 月

# 目录
## CONTENTS

# 绪 论

## 一、我国家禽业发展现状及趋势

我国是家禽养殖生产大国，家禽养殖历史悠久，产业配套体系齐全，是畜牧业的重要支柱，多年来家禽业在保供给、促就业以及出口创汇等方面发挥了重大作用。从产业竞争力分析，家禽业也是我国畜牧业中最具国际竞争力的产业之一。

当前，我国经济结构转型升级持续推进，经济增速从高速转向中高速，增长结构从中低端转向中高端，增长动力从传统增长点转向新增长点，经济发展步入新常态。

受社会宏观环境及国家相关政策影响，家禽发展的内外环境也正发生深刻变化，产业转型升级进程加快，行业发展处在大变革时期，行业发展既面临着发展机遇，也面临着诸多挑战。"消费引导生产、市场倒逼转型、环境约束发展"是家禽业面临的"新常态"。未来家禽业的发展目标必须立足于引领性发展、立足于产业链协调发展、立足国内市场，统筹和兼顾产品品质、经济效益和社会责任，实现多方共赢。

### (一)我国家禽业现状分析

#### 1. 生产总量增长明显，单产水平和生产效率较低

我国是世界家禽产业大国，2018年我禽肉产量1994万t，位居世界第二，禽蛋产量3128万t，位居世界第一，大大满足了我国民众对肉蛋家禽类产品的需求，也因此提供了许多就业机会，增加了农民收入，是建设现代化农业体系中的一个重要改革部分。

虽然我国是养禽大国，但家禽的单产水平和生产效率同发达国家相比还有较大差距。我国蛋鸡72周龄平均产蛋量15～17kg，全期料蛋比2.3:1～2.7:1，产蛋期死淘率10%～20%，而美国、荷兰等养禽发达国家以上三项指标分为：18～20kg、2.0:1～2.3:1，3%～6%。我国肉鸡上市日龄45～50d，上市体重2.2～2.5kg，料肉比2.2:1～2.5:1，成活率85%～90%，发达国家以上指标分别为40～42d、2.5kg、1.7:1～2.0:1、95%～98%。在生产效率方面，我国肉鸡业的劳动生产效率是欧美的10%，我国每人可饲养父母代种鸡3000～5000套(平养)，而欧美国家平均每人可饲养父母代35 200套。同样，我国饲养商品肉鸡，人均养鸡很难超过11 000只，而国外平均每人可饲养肉鸡12万只。我国蛋鸡笼养以2～3层为主(发展方向为4～5层)，人均饲养量3000只左右，而国外已发展到9层，人均饲养量达10 000只以上，机械化程度高的企业甚至达50 000只。

### 2. 标准化规模养殖发展加快，传统饲养方式和现代化养殖方式并存

我国现阶段家禽养殖主要存在着三种养殖方式：一是农村传统饲养，这一养殖方式随着农村社会生产力水平的不断提高，正逐步被专业化、集约化、商品化生产所取代；二是适度规模的专业户饲养，这一养殖模式是当前我国商品化家禽养殖的主体，也是新农村建设中需要整改的重点；三是大规模自动化高效饲养，这一方式具有饲养环境较好、规划布局合理、生产设施先进等特点，它是我国家禽业发展的方向，今后需要大力推进。

近年来，我国家禽养殖规模化比重稳步增加。肉鸡规模养殖出栏占全国总量的80%以上。由于肉鸡饲养周期短，技术要求高，风险系数大，基本上结束以农户散养为主的生产方式，转向集约化、规模化饲养。蛋鸡规模养殖存栏量占全国总量的近80%。目前，专业化家庭养殖和中小规模养殖是我国蛋鸡养殖的主要形式，蛋鸡养殖的主体仍然是分散在广大农村地区的小型蛋鸡养殖场(户)。而传统养殖方式的饲养户在放养场地的选择、禽舍建造等方面都不够规范，大都盖成简易棚舍，设施简陋，管理粗放，卫生条件差，防疫、消毒等难度很大。

### 3. 产业化水平不断提高，优势产业带初步形成，但饲养技术水平差，生产力低下

我国家禽养殖业发展较早地融入世界家禽养殖业发展的潮流，引进国外优良家禽品种和先进生产设备，吸收国外饲养管理经验，目前已成为农业产业化经营水平最高的行业之一，推广"公司＋农户""公司＋基地＋农户""公司＋合作组织＋农户"等模式，形成了产加销相对完整的产业链，产业发展已处于世界先进水平。带动了饲料工业、兽药和疫苗生产业、设备制造业、食品加工业等相关产业的发展。

华东、华北、东北地区是我国禽肉产量最大的地区，占全国禽肉总产量的70%左右。华南沿海地区是我国黄羽肉鸡生产最多的地区，黄羽肉鸡目前已经发展成为最具中国特色的肉鸡产业，不仅产量增长明显，而且生产水平、产业化程度都有明显提高。我国禽蛋生产集中在山东、河南、河北、辽宁、江苏、湖北、安徽、四川、吉林、黑龙江、湖南、山西12个省份，这12个省份产量均在100万t以上，占全国禽蛋产量的近85%。水禽饲养主要产区分布在华东、华南、华中及西南地区，黑龙江、吉林、辽宁、四川、广东和江苏是我国肉鹅的主产区，河南、北京、山东、河北是我国肉鸭的主要产区。水禽饲养已经成为许多地区特别是长江流域和湖网地区畜牧业生产的重要组成部分。

由于我国生产力水平低、区域差异大，家禽饲养业发展不平衡，既有居世界领先水平的现代大型养殖屠宰加工企业，又有占全国总饲养量75%的分散养殖。一些分散养殖户防疫条件较差，管理水平不高。我国广大农民有着发展传统养殖业的经验和办法，但还缺少现代养殖和管理技术。另外，我国养禽企业劳动生产效率低，饲养规模小，缺乏规模效益。

### 4. 禽产品质量安全水平不断提高，成为我国畜产品出口创汇的主要产品，但仍需提高禽产品质量，增强国际竞争力

近年来，各级政府和有关部门通过采取综合措施，不断加大管理和执法监督力度，使禽产品质量在水平总体上不断提高。禽类产品已成为我国畜产品出口创汇的主要产品，我国现有100多家禽肉养殖场及加工出口合格企业，据海关总署统计，2018年，我国禽蛋出

口量达 9.96 万 t；出口额达 1.88 亿美元，同比增长 0.9%；贸易顺差同比增长 1.0%，为国家农产品出口创汇发挥了重要作用。

但是，近年来"苏丹红""药鸡门""H7N9 流感"等事件的发生，不仅使禽产品质量安全监管面临前所未有的挑战，也严重影响着人们对禽产品的消费信心。禽产品安全监控是一项具有前瞻性和引导性的工作，需要对家禽养殖、屠宰加工、运输销售诸环节实行全程监控，形成一条从生产基地到消费者餐桌的链式质量跟踪管理模式。

### 5. 家禽疫病得到有效控制，但疫病防控形势依然严峻

近年来，家禽行业落实《动物检疫管理办法》《动物防疫条件审查办法》，实施家禽产地检疫和屠宰检疫规程，认真做好禽场规划、家禽引进、卫生防疫、环境控制、消毒隔离、无害化处理等生产环节，如今许多家禽传染病（如禽流感、新城疫等）已基本得到控制。

但家禽养殖业是一个面临疫病风险的产业。由于我国家禽饲养方式、生产工艺落后，设施简陋、设备落后，管理水平不高，禽场的选址、布局和建设不合理，防疫、检疫、诊疗技术落后，生物安全措施不力，养殖环境恶化，饲料、兽药及生物制品的质量不能保证等原因，导致禽病仍然是我国家禽生产面临的严重问题。禽病多、损失大，许多家禽场内家禽的死亡率高于 15%，死淘率达 20%～25%（国外 8%～12%）。我国养鸡业每年由于疾病所导致的死亡数量约为 3 亿只，直接造成的经济损失约 30 亿元，造成的间接损失约 100 亿元。家禽因疾病造成的损失占总产量的 10%～20%。

### 6. 消费市场不断拓宽，科技水平不断提高

相较于 20 世纪 90 年代，社会经济急速发展，民众的消费水平不断提高，国家之间的交流也日益密切，国际贸易和交流已经变得越来越频繁，这就给中国家禽业展示了新的市场贸易平台，各个国家的不同饮食习惯、偏好都有着不同的市场需求，造就了更开阔的市场空间。我国养殖禽类种类齐全，品种优良，产品加工业较完善，能够提供各类禽肉产品，可以满足不同地区国家民众的需求。近年来我国禽肉出口量逐年增长，亚洲地区对我国禽肉类进口量增加，我国虽仍是以国内消费市场为主，但是已有越来越多的家禽企业将目光投向海外新市场。

科技的迅速发展为我国家禽企业提供了一条新的发展路线，现代化的生产流水线能够大大提高企业生产率，降低生产成本，并运用污物处理、精细化管理、疫病防控、生物安全控制等技术形成一套标准化、规范化、系统化的养殖体系，对于提高家禽类动物存活率、禽肉类产品的质量都有显著作用。生产力的提高，加强了中国家禽业的国际竞争力，减少了企业的生产成本与人工成本，促进了经济效益的发展。

## （二）我国家禽业所面临困境

### 1. 养殖方式不规范

中国家禽养殖历史源远流长，家禽养殖对中国人来说并不陌生，这就导致了中国家禽养殖户遍地开花，政府很难对其一一监管。很多个体养殖户对规范化养殖根本不了解，为追求效益肆意加大养殖密度、激素催熟家禽、滥用抗生素、污物处理也十分混乱，这就使得中国禽类养殖疫病成灾，暴发了几次严重的禽流感，造成了极大的财产损失。不规范养

殖不仅造成疫病频发，还导致了严重的环境污染，死亡禽类、粪水污物处理的不恰当严重污染了周围环境，影响了附近居民的生活，甚至禽流感暴发时期还出现过致人死亡的情况。有些私人养殖场的卫生状况，让人触目惊心，甚至出现人畜同住的情况。这些不规范的养殖方式既限制了生产力的发展，又对周围环境造成了污染。

### 2. 中国家禽业国际竞争力不强

中国禽肉类产品在国际上竞争力弱，一个重要的关键性因素就是国内禽肉的卫生质量不合格，农药和兽药残留超标。随着国际贸易的迅速增长，国际市场竞争日益激烈，各国对动物源性产品进口的检疫标准越来越严格。中国家禽业因为管理不规范、监管困难、农业研发投入不够、标准化养殖方式指标模糊，以至于国内禽流感等疫病频发，抗生素使用超标，在禽肉质量和农产品种类上有所欠缺。且由于国内消费市场比较大，许多中小企业未重视出口市场的开拓，固守着自己的"一亩三分地"，既不接受新的知识也不考虑技术创新，这也是中国家禽业国际竞争力不强的原因之一。

### 3. 品牌带动效应较弱

优质禽产品供给不足，结构性不足与过剩并存，阶段性过剩尤为突出；禽蛋消费较为单一，加工落后，附加值低；产品品质、风味难以满足消费者需求；品牌运营弱、高端品牌少，缺乏特色产品、拳头产品，影响着消费市场的拓展和产业溢价。此外，消费市场培育和品牌消费引导不足。

### 4. 食品安全风险隐患不断

随着消费转型，人们对产品质量安全更加重视，食品安全事件往往引发消费者恐慌和对产业的不信任；影响消费甚至重创一个产业。食品安全风险控制和保障体系还较为薄弱，食品安全风险还存在多发性、不确定性。特别是现在信息传递便捷、渠道多元，如在传递过程中信息失真，一旦出现食品安全问题对产业的影响难以估量。

### 5. 生物安全风险压力不减

疫病问题依然是困扰家禽业的重大风险，几乎每一次大的疫情发生，都会引起生产的大幅波动，给产业造成重创。生物安全屏障和疫病风险控制能力，无论从整体上还是单个养殖场，仍然较为脆弱，隐患多、风险大，如生产中抗生素药物的使用，导致细菌的耐药性增强，防控难度加大，旧病未除、新病增加现象较为常见。

## (三)我国家禽业发展趋势

### 1. 品种优良化，饲料全价化

品种优良化指采用经过育种改良的优种鸡获得高产。目前大都选用四系、三系或二系配套商品杂交禽种，其生活力、繁殖力均具有明显的杂交优势，可以大幅度提高养殖效益，如蛋鸡有海兰、罗曼等；肉鸡有 AA、艾维茵等。

饲料全价化是指根据饲养标准和家禽的生理特点，制订饲料配方，再按配方要求将多种饲料加工成配合饲料。配合饲料一般由多种富含能量、蛋白质、矿物质微量元素、维生素的原料或者添加剂混合而成，按禽群不同生理阶段配制。

### 2. 生产标准化、规模化、集约化

标准化规模养殖是现代家禽生产的主要方式，是现代畜牧业发展的根本特征，家禽标

准化规模养殖是现代畜牧业发展的必由之路。要加快推进家禽生产方式的转变，由分散养殖向标准化、规模化、集约化养殖发展，以规模化带动标准化，以标准化提升规模化。由于规模化、集约化生产中光照、温度、湿度、密度、通风、饲料、饮水、消毒、清粪等饲养要素可控度高，不但饲料报酬等重要经济指标会提高，而且疫病、药残能得到最大程度的控制，能充分体现高产、高效、优质的现代养禽业特点。

### 3. 经营专业化、配套化和产业化

单一的生产型向专业化、配套化经营转化，以降低成本、抵御风险、提高效益。

标准化规模养殖与产业化经营相配套，才能实现生产与市场的对接，产业上下游才能贯通，家禽业稳定发展的基础才更加牢固。要发挥龙头企业的市场竞争优势和示范带动力，鼓励龙头企业建设标准化生产基地，开展生物安全隔离区建设，采取"公司＋农户""公司＋基地＋农户"等形式发展标准化生产。扶持家禽专业合作经济组织和行业协会的发展，充分发挥其在技术推广、行业自律、维权保障、市场开拓等方面的作用，实现规模养殖场与市场的有效对接。

在我国，单独的家禽养殖风险较大，需要有相关的产业链作为依托。要完善家禽产业化的利益联结机制，协调龙头企业、养殖协会、中介组织、交易市场与养殖户的利益关系，使他们结成利益共享、风险共担的经济共同体，加快家禽业产业化经营步伐，完善家禽业产业链条，提高养殖户养殖效益和抵御风险的能力。

### 4. 管理科学化、规范化

管理科学化是指按照禽群的生长发育和产蛋规律给予科学的管理，包括温度、湿度、通风、光照、饲养密度、饲喂方法、环境卫生等，并对各项数据进行汇总、贮存、分析、实现最优化的生产管理。

规范化管理是指制定并实施规范的家禽饲养管理规程，严格遵守饲料、饲料添加剂和兽药使用有关规定，生产过程实行信息化动态管理。

### 5. 设备配套化，防疫系列化、制度化

设备配套化是指采用标准化的成套设备，如笼架系统、喂料系统、饮水系统、环境条件控制系统、集蛋系统、清粪系统等。采用先进配套的设备，可以提高禽群的生产性能，降低劳动强度，提高生产效率。

防疫系列化是预防和控制禽群发生疾病的有效措施，包括疾病净化、全进全出、隔离消毒、接种疫苗、培育抗病品系，辅以药物防治等。

健全防疫制度，加强家禽防疫条件审查，有效防止重大家禽疫病发生，实现防疫制度化。

### 6. 产品安全化、品牌化、多功能化、深加工化

绿色、安全、营养、健康的禽产品消费已成为大势所趋。品牌是产品质量、信誉度的标志，产品的竞争就是品牌的竞争，品牌给消费者以信心，是核心竞争力，消费者对同一种产品的选择，很大程度上取决于对该种品牌的熟识和认可程度。

禽产品功能食品开发是未来家禽业发展的热点，除了可以提高产品附加值，增加对禽蛋和禽肉的需求外，还可满足消费者对保健食品的需要。我国禽肉产品加工转化率仅有5%左右，而禽蛋的加工转化率不到1%，绝大部分是以带壳蛋、白条鸡形式进入市场。禽蛋、禽肉深加工产品的市场空间非常大。禽产品深加工是增加产品附加值的有效途径。

聚力做好禽产品的精深加工和综合利用，延长产业链，补齐价值链，提高附加值，如一些禽产品除直接作为食品消费外，还可为医药、保健、美容等行业提供原料或初级产品，同时依托地方品种资源特有的产品品质和蕴含的历史、文化、生态元素，做好高端、特色品牌的创建，顺势打造、推介出一批品牌示范、引领企业。

当前随着乡村振兴战略实施、城乡融合发展推进，新业态、新模式不断涌现，农村正成为城市多功能农业产品和生态产品供给的主体区域，为城市发展提供着越来越重要的绿色空间与生态支撑，家禽业又是农产品和生态产品供给的重要来源。要依托农村绿水青山、田园风光、乡土文化等资源禀赋，推进家禽业与旅游、教育、文化、健康等产业深度融合，提升家禽业的生态价值、休闲价值、文化价值、医养价值等。

### 7. 粪污无害化、资源化

家禽粪污资源化利用，是推进标准化规模养殖的要求，也是促进生态环境保护的要求，更是实现经济社会可持续发展的要求。对于具备粪污消纳能力的家禽养殖区域，按照生态农业理念统一筹划，以综合利用为主，推广种养结合生态模式，要充分考虑当地土地的粪污承载能力，大力支持规模养殖进山入林，充分利用农田、林地、果园、菜地等，对经过沉淀发酵的家禽粪污进行消纳吸收。

实现粪污资源化利用，发展循环农业；对于家禽规模养殖相对集中的地区，可配套建设有机肥加工厂，利用生物工艺和微生物技术，将畜禽粪便经发酵腐熟后制成复合有机肥。对于粪污量大而周边耕地面积少、土地消纳能力有限的家禽养殖场，采取工业化处理实现达标排放，大力推广户用沼气、沼气发电等沼气综合利用工程，将家禽粪污经沼气池发酵后所产生的沼气、沼液、沼渣再进行原料、肥料、饲料和能源利用。特别是大型规模养殖场要推广家禽粪污"集中发酵、沼气发电、种养配套"的治理模式，既促进粪污的无害化处理，又实现沼渣、沼液的多层次循环利用。目前一些养殖规模大、经济实力强的公司已经形成了"鸡—肥—沼—电—生物质"循环产业链，利用鸡粪生产沼气，利用沼气发电上网，余热可供沼气发酵工程自身增温和鸡场的供温，沼液和沼渣又可以作为有机肥料施用于周围的葡萄园、果园和农田等。

### 8. 充分运用现代科学技术，不断提高生产效率

随着时代的发展，科学技术日新月异，为跟上时代步伐不被现代市场淘汰，我国家禽业必然会走上科学技术革新的道路。在养殖生产、技术服务手段、产品交易和质量安全追溯、监管体系等环节，融入更多的信息化内容，如电子商务的应用、电子标识的使用、质量安全追溯系统等，微生物技术、生物工程技术、人工智能技术等前瞻性、引领性技术，越来越多地渗入到产业链各环节。目前我国家禽养殖中，大规模养殖可以达到单栋舍饲养量达到 10 万羽以上的规模，笼层高达 3m 以上，这样庞大的规模单靠人工非常难以管理，必须要借助科技的手段，引入先进的自动化设备以及近年来兴起的人工智能养殖，以"智能"代替人工，不但可以减少生产成本，还可以减少工人劳动量。如家禽声音智能监听技术，运用人工智能技术分析禽类声音，从各种嘈杂声中分出异常的声音，并将其准确定位，方便及时发现病禽、伤禽。现代科技还可以应用在禽类重大疫病防控方面，通过自动化智能温度调控、户内通风、笼内清理的装置，建立一个干净整洁的饲养环境，减少恶劣环境下禽类疫病频发。还可以规范化禽类药物控制技术和抗生素替代技术，减少对药物和

抗生素的滥用，降低我国禽肉产品的药物残留，增加其国际竞争性，也为我国居民提供更优质安全的禽肉食材。

### 9. 注重产品质量提升，提高产品竞争力

改革开放以前，我国生产力比较低下，人们对禽类产品的需求高但禽类产品少，出现了供不应求的局面。但随着时代的进步，我国经济飞速发展，城乡居民收入稳步提高，人们对禽类产品量的需求逐渐转向对食品安全质量的追求，生产力的不断提高也导致了家禽产品的供给过剩，当代供需矛盾关系的转变要求家禽企业在注意生产数量的同时，更要注重生产质量的优化。知道民众想要什么、追求什么、对哪类产品感兴趣，顺应时代潮流做出变化，是所有大中小家禽企业必须思考的问题。及时对自己的产品做出与时代潮流相适应的转变，在激烈的市场竞争中才能不被淘汰。人们的消费水平不断提高，渴望安全、绿色的优质产品，但目前我国优质产品这一块还比较空缺，优质产品市场供不应求。有市场就有动力，我国未来家禽企业若想做好做大增加收益，必定要注重优质产品的生产与培养。

### 10. 优胜劣汰日益增强，从业主体不断优化

伴随着家禽业向标准化、集约化、专业化、智能化方向发展以及产业运行环境的变化，从业主体也在不断发生变化。从生产方式分析，家禽业技术密集型特征得到进一步彰显，标准化规模化养殖已成大势和主流，伴随着养殖业向标准化、规模化方向快速发展，市场竞争能力差、不符合形势发展需要和环保要求的小户、散户大量退出，而新进入行业的绝大多数从业者，一开始就定位于大型标准化、规模化养殖，新型经营主体大量出现，逐步替代传统养殖场(户)。从产业运营看，当前家禽业已成为资本密集型产业，以高投入促进产业转型提升、实现产出高效是明显特征，同时对从业者的技术、管理、营销等提出了更高的要求，国家也在逐步制定和完善相关政策，如环保、用地、税收等政策，客观上提高了行业准入门槛和准入标准，需要具备相当的实力才能进入，社会资本、跨界要素资源等进入行业的势头较猛。总体分析，这些新形势、新变化，使养殖单元数量在减少，从业主体结构在调整优化。

### 11. 打通种养循环通道，实现绿色健康发展

按照植物生产、动物转化、微生物还原的自然规律，牵引种植、养殖两大板块相向而行，将畜牧生产活动重新"归位"于农业生态系统内，使养殖废弃物在农牧业生态循环产业圈内再消化，打通种养结合通道，实现农牧共生发展。一是要推进种植养殖双向调整。科学规划、合理布局，根据种植承载能力，配置养殖量和养殖规模，使养殖生产能配套废弃物消纳用地，促进种养业在布局上相协调。引导养殖生产向粮经饲主产区、果菜茶优势区和环境容量大的地区转移。率先在蔬菜、果园、茶园、园艺苗圃、优质品牌农产品生产等高效种植业上，推进有机肥替代化肥行动。二是做好废弃物资源化利用。坚持政府支持、企业主体、市场化运作的方针，完善政策措施，撬动更多的金融和社会资本投入畜禽养殖废弃物资源化处理领域，形成全产业链，培育新产业。集成创新、推广畜禽粪污资源化处理典型模式，完善粪污处理和还田利用技术标准；鼓励种植业与畜禽养殖业联姻，使用腐熟处理的原生态有机肥料；鼓励商品有机肥生产，并借助当前化肥完善的销售渠道和网络营销有机肥；引导化肥生产、经销者利用好国家产业政策，涉及或转向有机肥生产加工、

经营等业务。

### 12. 创新生产组织模式，释放结构组合效应

以构建现代化禽业生产、经营体系为导向，积极创新生产组织模式。一是发展产业化联合体，以龙头企业为引领、专业合作社为纽带、家庭牧场为基础，推动产业化联合体发展，鼓励有实力的企业发展一体化生产经营模式，进一步完善产业化机制，不断增强龙头企业实力和带动能力。二是发展专业合作社，引导从业者根据"自愿参与、风险共担、利益共享"的原则，组成各类畜禽养殖专业合作社，提升生产组织化程度和应对市场风险能力。同时，健全社会化服务体系，大力发展家禽生产服务业，促进小农户与现代禽业发展有机衔接，让小农户更多更充分地分享到禽业现代化成果。三是创新生产合作模式，企业间要加强联合、协作，如组成各类发展战略联盟，资源共享、优势互补，扬长避短、取长补短，优化资源配置。四是创新利益共赢模式，坚持"共享"理念、践行"共享"发展，不断完善利益联结机制，将保底分红、股份合作、利润返还等方式，引入产业链利润分配中。例如，可以引导养殖户入股产业链其他环节，从产业链中分享到更多利润，利于进一步调动养殖的生产积极性和主动性；引导下游企业入股养殖生产，有利于解决养殖户的融资问题。通过构建利益共同体，实现多方共赢，尤其要让小农户分享到更多产业增值收益。

## 二、现代家禽生产特点

### (一)家禽、家禽业与现代家禽业

#### 1. 家禽

家禽属于鸟纲动物，世界上的鸟类大约有 1 万种，其中，经过人类长期驯化和培育，在家养条件下能正常生存繁衍并能为人类提供大量的肉、蛋等产品的统称为家禽。它包括鸡、鸭、鹅、火鸡、鹌鹑、鸽以及特种禽类等。其中，鸡、鸭和鹌鹑分化出蛋用和肉用两种类型，其余的家禽均为肉用动物。鸭和鹅合称为水禽。

家禽具有繁殖力强、生长迅速、饲料转化率高、适应密集饲养等特点，能在较短的生产周期内以较低的成本生产出营养丰富的蛋、肉产品，作为人类理想的动物蛋白食品来源。家禽的这一重要经济价值在世界各地被广泛发掘利用，人们从遗传育种、营养、饲养、疾病防治、生产管理和产品加工等各个方面进行研究和生产实践，从而形成了现代家禽产业。

人类饲养家禽的历史悠久，在我国就有 5000 年以上的养鸡历史。在一个很长的历史时期内，家禽业主要是农家副业，即以一家一户自繁自养、产品自给为主的生产方式，进行所谓"后院养禽"。从 20 世纪 40 年代开始，各主要发达国家从养鸡业开始向现代生产体系过渡，带动了整个家禽生产的现代化，至今已发展出高度工业化的蛋鸡业和肉鸡业。现代家禽生产在我国也取得了相当大的发展。

#### 2. 家禽业、现代家禽业

从事家禽生产和经营的产业为家禽业。现代养禽业是指综合运用生物学、生理生化学、生态学、营养饲养学、遗传育种学、家禽学、经济管理学等学科和机械化、自动化及电子计算机等现代技术武装起来的养禽业。现代家禽业可概括为：以现代科学理论规范和

改进家禽生产的各个技术环节，用现代经济管理方法科学地组织和管理家禽生产，实现家禽业内部的专业化和各个环节的社会化，合理利用家禽的种质资源和饲料资源，建立合理的家禽生产结构和生态系统，不断提高劳动生产率及禽蛋、禽肉的产品率和商品率，实现家禽生产高产、高效、优质、低成本的目标。

### (二)现代家禽生产特点

**1. 专业化、社会化生产**

家禽业内部的专业化和各个环节的社会化生产由六大体系构成。

(1)良种繁育体系 现代家禽品种专门化、品系化、杂交配套化。家禽良种繁育体系是现代畜牧业中最为完善的，由育种、制种和生产性能测定等部分组成。

(2)饲料工业体系 饲料全价化、平衡化，既满足了不同阶段各种鸡只的营养需要，又节约成本。饲料工业体系针对不同种类、不同生理状态下家禽的营养需要进行科学的研究，形成完善的家禽饲养标准，制订饲料配方并加工成全价配合饲料，供家禽饲养场使用，是现代家禽业的基本物质保证。

(3)禽舍设备供应体系 通过研究环境因素对家禽生产性能的影响，设计建造适应不同生理阶段的禽舍，采用工程措施为现代家禽生产创造良好的环境条件，提高劳动效率，增加饲养密度，使现代家禽的遗传潜力得到充分发挥。

(4)禽病防治体系 现代家禽业的高度集约化生产模式，为传染病的传播提供了有利条件。现代家禽生产要认真贯彻"防重于治"的方针。预防措施主要有：培育抗病品系、全进全出、疾病净化、隔离消毒、接种疫苗、药物预防等，一整套禽病预防和控制措施，构成了现代家禽业的保障体系。

(5)生产经营管理体系 现代家禽生产已构成了一个复杂的生产系统，每个生产环节互相关联、制约，必须有一套先进的经营管理办法。生产经营管理体系是现代家禽生产的核心内容，经营管理水平高低直接影响到家禽生产的效益和发展。

(6)产品加工、销售体系 现代家禽生产的最终目的在于提供质优价廉的禽蛋、禽肉产品。因此，现代家禽业不能仅局限于生产过程本身，对产品加工销售体系的建立也要予以高度重视。

上述六大体系在家禽业中的作用可概括为：家禽良种是根本，饲料是基础，设施设备是条件，防疫卫生是保障，生产经营管理是核心，禽产品市场是导向，产品加工是龙头。

**2. 机械化、自动化生产**

给料、供水、禽舍环境控制、集蛋、孵化、除粪、饲料配制、屠宰加工等机械化操作，极大地提高了劳动生产率、改善了生产条件。自动化控制系统广泛应用于饲料加工厂、孵化场和禽舍环境控制。

**3. 集约化、工厂化生产**

家禽将饲料营养转化为肉、蛋产品。集约化生产是指在较小的场地内，投入较多的生产资料和劳动，采用新的工艺与技术措施，进行精心管理的饲养方式。工厂化生产就是大规模、高密度的舍内饲养，将禽舍当作加工厂，配备机械化自动化设施，通过"禽体"这种特殊的机器，用最少的饲料消耗，生产出最多的优质禽产品的过程。

现代畜牧业以工厂化养鸡最为成功。工厂化养鸡是家禽的自然再生产过程和社会再生产过程在更高程度上的有机结合，它把先进的科学技术和工业设备应用于养鸡业，用管理现代经济的科学方法管理鸡场生产，充分合理地利用饲料、设备，发挥鸡的遗传潜力，高效率地生产鸡蛋、鸡肉。

**4. 标准化、规模化生产**

家禽标准化、规模化养殖是现代家禽业发展的必由之路。家禽标准化生产，就是在场址布局、禽舍建设、生产设施配备、良种选育、投入品使用、卫生防疫、粪污处理等方面严格执行法律法规和相关标准的规定，并按程序组织生产的过程。规模化生产是指一个家禽场（户）的养殖量要达到一定的数量，一般要求产蛋鸡养殖规模在1万只以上，肉鸡年出栏量5万只以上。

**5. 高产、高效、优质**

（1）高产　高的生产水平，经济性能优秀。蛋鸡：72周龄入舍鸡产蛋重18～20kg，料蛋比2.0∶1～2.3∶1。肉鸡：6周龄肉用仔鸡体重2.5kg，料肉比1.7∶1～2.0∶1。肉鸭：6周龄肉用仔鸭体重3～3.5kg，料肉比2∶1。

（2）高效　劳动效率高，经济效益高，每单位禽蛋、禽肉消耗工时越来越少，一位员工可以同时管理5000只以上的蛋鸡或1万只以上的肉鸡。

（3）优质　提供高质量的禽肉、禽蛋。鸡肉是增长速度最快、供应充足、物美价廉的优质肉类，因具有高蛋白质、低脂肪、低热量、低胆固醇"一高三低"的营养特点使其成为人类健康的重要食品。

现代养禽业在生产水平上的表现标志："三高"，即产品生产率高、饲料报酬高、劳动生产率高；"一低"，即生产成本低。

## 三、家禽生物学特性

### （一）解剖特性

**1. 运动系统**

保留鸟类的特征，适应飞翔能力。骨骼中空，管状，前肢变为翼，鸡腿部有特殊的栖肌，故能牢固地攀持住栖架，睡眠时不会跌落。

**2. 呼吸系统**

有气囊，禽类为适应飞翔能力而特有的器官，主要有胸气囊和腹气囊。气囊的作用如下：①贮存气体，比肺多容纳气体5～7倍。②增加空气利用率。③调节体温，鸡靠呼吸调节体温。④增加浮力，减轻体重，适应飞翔。

**3. 血液循环系统**

心率高，血液循环快。鸡血量为体重的8%左右，红细胞有核，没有淋巴结，抵抗力弱。

**4. 消化系统**

与兽类相比，家禽消化系统具有以下特点：①没有牙齿，口腔唾液腺不发达。②有嗉囊，用于贮存、软化饲料，易于消化。③有腺胃、肌胃，其中肌胃的肌肉发达，收缩力强，磨碎食物(起到牙齿的作用)。④有泄殖腔，生殖道、直肠、尿道开口于泄殖腔。⑤肠道短，消化吸收快，排泄快。饲料通过消化道只有 4h。

### 5. 泌尿系统

尿液在肾脏形成，经输尿管直接排入泄殖腔，水分在泄殖腔内重新吸收，余下白色糊状尿酸盐及部分尿与粪便一起排出体外，所以，鸡粪为白色物。

### 6. 生殖系统

公鸡由睾丸、附睾、输精管和交媾器组成。母鸡右侧卵巢和输卵管退化，其生殖系统由左侧卵巢和输卵管组成，开口于泄殖腔左侧。

(1)卵巢　母鸡的性腺，通过输卵管伞与输卵管相连接，卵细胞在这里生长。卵巢也产生雌激素，可调节卵细胞的生长、成熟、排卵。

(2)输卵管　从前往后包括以下结构：

①漏斗部：接受来自卵巢排出的卵子(卵细胞)。

②蛋白分泌部：较长，有大量的腺体组织分泌蛋白。

③峡部：较短，功能是分泌角质蛋白，由角质蛋白纤维编织而成的内、外壳膜在这里形成。

④子宫部：8～12cm 长，功能是形成蛋壳。子宫部分泌子宫液(水分和盐分)、形成蛋壳和壳上胶护膜。有色蛋的蛋壳色素也在这里形成。

⑤阴道部：是输卵管的最后一部分，开口于泄殖腔。功能是鸡蛋停留待产。

### 7. 感觉器官

与兽类相比，家禽感觉器官具有以下特点：

①眼：视觉好，能迅速识别目标，但对颜色区别力差，只对红、黄、绿敏感，对蓝色不敏感。

②耳：听觉发达，能迅速辨别声音和方向。

③口：味觉不发达。

④鼻：嗅觉能力差。

### 8. 被皮系统

皮肤极薄，无汗腺及皮脂腺(只在尾部有一对皮脂腺)。羽毛从出生到成年更换 3 次。成鸡换羽就停产(生产上常采用强制换羽)。

## (二)生理特性

### 1. 体温高，代谢旺盛

家禽的体温比家畜高，一般在 40～42℃，鸡的正常体温为 40.5～43℃，鸭 41～42.5℃，鹅 40～41.3℃。鸡无汗腺，靠呼吸散热。

### 2. 心率高，血液循环快

成年家禽的心跳频率为 160～200 次/min，成年鸡可达 300～400 次/min。雏禽比成年家禽的频率高，母禽比公禽的频率高。而家畜为 60～80 次/min。

### 3. 抗病力差

没有淋巴结。肺容量少，有气囊，分布在颈部、胸部和腹部，病原物通过呼吸系统进入体内后易造成大范围的侵害。泄殖腔为生殖系统、消化系统和泌尿系统的共同开口。有些病原体经过泄殖腔在消化道和生殖道之间相互感染。

4. 呼吸频率高，对环境变化敏感

禽类的呼吸频率变化比较大，20~110 次/min。它与体格大小、种类、性别、年龄和兴奋状态等因素有关。对温度、湿度、声音都敏感，从而影响生产性能。

5. 繁殖潜力大

卵巢、输卵管右侧退化，显微镜下有卵泡 12 000 个。公禽精子存活力强，在输卵管内可存活 7~10d。繁殖有季节性。卵生，体外发育。

6. 对饲料要求高

需高蛋白饲料，鸡需 11 种必需氨基酸，鸡几乎不能利用纤维素。肠道短，消化快，每天采食频率高。

7. 耐寒怕热

家禽的颈部和体躯有羽毛覆盖，能有效地防止体热散发和减缓冷空气对机体的侵袭。在夏季高温条件下，如果不注意通风降温，则会容易出现热应激。但是温度过低(舍内温度低于 3℃)也会使生产性能下降。

8. 就巢性

就巢性是禽类在进化过程中形成的一种繁衍后代的本能，其表现是母禽伏卧在有多个种蛋的窝内，用体温使蛋的温度保持在 37.8℃，直至雏禽出壳。绝大部分商品蛋鸡和培育程度高的肉鸡基本丧失了就巢性。而选育程度低的地方品种仍保留有不同程度的就巢性。就巢时家禽的卵巢和输卵管萎缩，产蛋停止，生产性能下降。

9. 合群性

家禽具有良好的合群性，因此在家禽生产中大群饲养是可行的。

# 项目一
# 家禽品种识别及繁育

## 【知识目标】

- 掌握家禽外貌特征在生产中的应用。
- 了解家禽体尺测量的基本方法。
- 掌握鸡的品种分类、产地、经济用途。
- 了解当前养殖量较大的家禽品种（配套系）的基本特征和性能。
- 了解家禽精液的一般处理方法。
- 掌握家禽采精技术。

## 【技能目标】

- 能根据家禽的外貌特征，判断家禽的生产性能。
- 能根据体尺测量结果，分析家禽的发育情况和生产性能。
- 通过观看家禽的实物或图片，能指出该品种的名称、特征、经济用途和生产性能。
- 能分析家禽输精技术要领。

# 任务一　家禽外貌识别

## 一、捕捉和保定家禽

捕捉个别家禽时，可用捕捉钩或捕捉网。捕捉大群家禽时，要用捉鸡（鸭、鹅）笼，将笼的一端靠近家禽出入口的外面，抽开笼的活门，然后从舍内向外赶禽出笼。捕获家禽后，可用左手托住家禽的胸部，中指和无名指伸入鸡的两脚之间，握住两脚，使头部朝向操作人员，再用右手扶握一侧翅膀，即可保定。注意不能抓鸡尾羽、单翼或抓提鸡颈。

## 二、禽体外貌部位识别

家禽外貌大体是由头部、颈部、胸部、背部、腰部、尾部、腹部和腿部组成。胸部、背部、腰部和腹部总称为体躯。

### (一)鸡的外貌特点

鸡的外貌部位名称如图 1-1 所示。

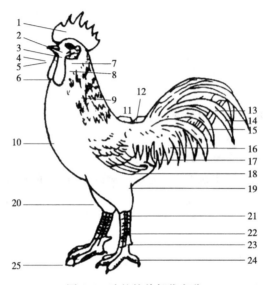

图 1-1　鸡的外貌部位名称

1. 冠　2. 头顶　3. 眼　4. 鼻孔　5. 喙　6. 肉髯　7. 耳孔　8. 耳叶　9. 颈和颈羽　10. 胸　11. 背　12. 腰　13. 主尾羽　14. 大镰羽　15. 小镰羽　16. 覆尾羽　17. 鞍羽　18. 翼羽　19. 腹　20. 小腿　21. 踝关节　22. 跖(胫)　23. 距　24. 趾　25. 爪

#### 1. 头部

头部主要包括冠、喙、鼻孔、眼、耳孔、耳叶、肉垂等部位,头部的形态及发育程度反映品种、性别、生产力高低和体质情况。

(1)冠　为皮肤的衍生物,位于头顶,是富有血管的上皮构造。鸡冠的种类很多,主要包括单冠、豆冠、玫瑰冠、草莓冠、羽毛冠、杯状冠(图 1-2)。

①单冠:是由喙的基部到头顶的后部,形成单片的皮肤衍生物,单冠由冠基、冠体和冠峰三个部位构成,冠峰的数目因品种而异;②豆冠:是由三叶小的单冠组成,中间一叶较高,又称三叶冠,有明显的冠齿;③玫瑰冠:整个冠前宽后尖,前部表面有很多突起,形似玫瑰花,后部无突起称为冠尾;④草莓冠:与玫瑰冠相似,但无冠尾,冠体较小,形似草莓;⑤羽毛冠:冠体为小型豆冠或肉质平滑角状体,在其后侧头顶上有类似圆球状丝状羽毛束。俗称"凤头";⑥杯状冠:冠体为杯状形,具有很规则的冠齿固着在头顶上。

冠是品种的重要特征,大多数品种的鸡冠为单冠。冠的发育受雄性激素控制,公鸡比母鸡发达;去势鸡与休产鸡萎缩而无血色。为了防止冻伤或者作为标志,初生雏可以剪冠。

(2)喙　由表皮衍生而来的特殊构造,是啄食与自卫器官,其颜色因品种而异,一般与跖部的颜色一致。健壮鸡的喙应短粗,稍微弯曲。

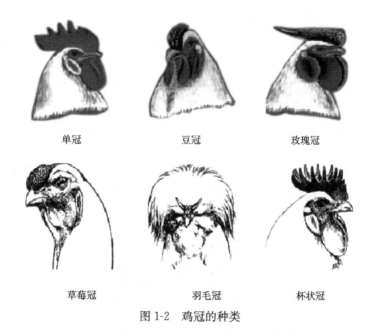

单冠　　　　　　　　豆冠　　　　　　　　玫瑰冠

草莓冠　　　　　　　羽毛冠　　　　　　　杯状冠

图 1-2　鸡冠的种类

（3）鼻孔　位于喙的基部，左右对称。

（4）脸　即眼的周围裸露部分，蛋用鸡的脸清秀，无堆积的脂肪，脸毛细小，大部分脸皮赤裸，一般鲜红色。强健鸡脸色润泽而无皱纹，老弱鸡苍白而有皱纹。

（5）眼　位于脸中央。鸡眼圆大而有神，向外突出，眼睑宜单薄，虹膜的颜色因品种而异。

（6）耳孔　位于眼的后下方，周围有卷毛覆盖。

（7）耳叶　位于耳孔的下方，椭圆形或圆形而无毛，有皱纹，颜色视品种而异，一般是红、白种最常见。

（8）肉垂　又称肉髯，颌下下垂的皮肤衍生物，左右组成一对，大小相称。

（9）胡须　胡为脸颊两侧羽毛，须为颌下的羽毛。

2．颈部

颈部是指体躯和头部之间的部位，俗称鸡脖子。鸡因品种不同颈部长短不同，蛋用鸡颈部较细长，肉用鸡较粗短。颈部羽毛具有第二性征，母鸡颈羽短、末端钝圆且缺乏光泽，公鸡颈羽细长，铺展得像梳子齿一样，特称梳羽。

3．体躯

体躯包括胸、腹、背、腰部。

（1）胸部　心脏与肺所在的位置，应宽、深、发达，如现代高产肉鸡品种，均为宽胸型，胸肌发达，产肉量大。

（2）腹部　为消化器官和生殖器官所在的部位，产蛋母鸡应有较大的腹部容积。腹部容积常以手指和手掌量胸骨末端到耻骨末端之间距离或两耻骨末端之间的距离表示，两者间距离越大，则腹部容积越大。高产母鸡胸骨末端与耻骨末端间距应在 4 指宽以上，两耻骨间距应在 3 指宽以上。

（3）背腰部　又称鞍部，蛋用鸡背腰较长，肉用鸡背腰较短，生长在背腰部的羽毛称为鞍羽。母鸡鞍羽短而圆钝，公鸡鞍羽长呈尖形，像蓑衣一样披在鞍部，特称蓑羽。

4. 尾部

肉用鸡尾较短，蛋用鸡尾较长。尾部羽毛分主尾羽和覆尾羽两种。主尾羽长在尾端，硬而长，共7对14根；覆尾羽覆盖在主尾羽上，公鸡紧靠主尾羽的覆尾羽发达，状如镰刀形，最长的一对主尾羽称为大镰羽，其余相对较小称为小镰羽。

5. 翼（翅膀）

翼位于躯干两侧，左右对称。翼的状态可反映禽的健康状况。正常鸡的翼应紧扣身体，下垂是体弱多病的表现。翼上的羽毛称为翼羽，主要包括翼前羽、翼肩羽、主翼羽、副翼羽、轴羽、覆主翼羽和覆副翼羽，如图1-3所示。

图1-3　鸡翼羽各部位名称

1. 翼前羽　2. 翼肩羽　3. 覆主翼羽　4. 主翼羽　5. 覆副翼羽　6. 副翼羽　7. 轴羽

①翼羽中央有一较短的羽毛称为轴羽。②由轴羽向外侧称为主翼羽，向内侧为副翼羽。③每一根主翼羽上覆盖着一根短羽，称覆主翼羽。④每一根副翼羽上，也覆盖一根短羽，称为覆副翼羽。⑤翼羽生长速度有较大差异，初生时主翼羽生长速度明显快于覆主翼羽者称为快羽。⑥主翼羽生长速度等于或慢于覆主翼羽者称为慢羽。快羽和慢羽是一对伴性性状，生产上可用来鉴别雌雄。用快羽公鸡与慢羽母鸡杂交，产生的雏鸡快羽为母雏，慢羽为公雏。

6. 腿部

由大腿、小腿、飞节、跖、距、趾（习惯称胫）和爪等部位构成。跖、趾和爪统称脚。鸡趾一般为4个，少数品种为5个（如丝毛鸡）。跖部表面生有鳞片，颜色与品种有关，鸡年幼时鳞片柔软，成年后逐渐角质化，年龄越大，鳞片越硬，甚至向外侧突起。公鸡在跖内侧生有距，距随年龄的增长而增长。因此，可根据距的长短判断公鸡的年龄。

7. 羽毛

禽类身体的大部分覆盖着羽毛，有保持体温的作用。羽毛着生部位不同，其名称不同。如生长在背腰部的羽毛称为鞍羽，公鸡鞍羽长而尖，又称蓑羽；尾部的羽毛称为尾羽；颈部的羽毛称为颈羽，公鸡颈羽细长，又称梳羽；翼部的羽毛称为翼羽。

典型的羽毛有一根羽轴，羽轴分为羽根和羽干两部分：羽根着生在皮肤的羽囊内，羽干两旁是由许多羽枝构成的两羽片。羽毛按其形态可分为正羽、绒羽和纤羽三大类，后两种不呈典型结构，绒羽有保温作用，纤羽细小如毛状，可能只起触觉作用。

家禽幼雏孵出时全身被覆有毛状的绒羽，到一定时期褪换为成羽，此后每年褪换1～2次，称为换羽，通常发生于春季或秋季。家禽生产中常采取人工强制换羽以加速换羽过程，提高产量；或使换羽同步化，以便管理。

### (二)鸭的外貌特点

鸭的外貌部位名称如图1-4所示。

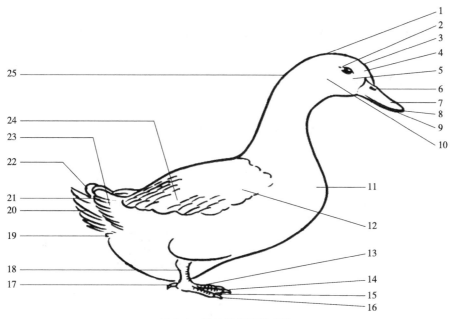

图1-4　鸭的外貌部位名称

1. 头　2. 眼　3. 前额　4. 脸部　5. 颊部　6. 鼻孔　7. 喙　8. 喙豆　9. 下腭　10. 耳　11. 胸部
12. 主翼羽　13. 内趾　14. 中趾　15. 蹼　16. 外趾　17. 后趾　18. 跖　19. 下尾羽
20. 尾羽　21. 上尾羽　22. 性指羽　23. 尾羽　24. 副翼羽　25. 颈部

#### 1. 头部

鸭头部较大，无冠、无肉垂、无耳叶。喙又长又宽且扁平(俗称扁嘴)，喙缘两内侧呈锯齿形，以利于在水中排水过滤食物和觅食。上喙尖端有一坚硬的豆状突起，称为喙豆。鸭喙的颜色因品种而异，喙基两侧为鼻孔开口处。除喙以外，脸部覆有短的羽毛，耳朵也覆盖羽毛，这样头部进入水中时，水不会浸入耳朵。

#### 2. 颈部

为适应在水中采食，鸭颈细长，颈部灵活，平常与头部呈直角，采食时可近似一条直线。一般肉用鸭颈粗短，蛋用鸭颈细长。

#### 3. 体躯

体躯呈扁圆形，向后下方倾斜，体躯的中轴与地平面构成一定的角度，形成体轴角。一般来说，体型宽大的鸭，体轴角较小，举止比较笨拙；体型窄小的鸭，体轴角较大，举止轻巧灵活。肉用鸭体躯深、宽而下垂，骨肉发达；蛋用鸭体型较小，体躯细长，后躯发达。

**4. 尾部**

鸭的尾短，尾羽不发达，成年公鸭覆尾羽有 2～4 根向上卷曲的羽毛，称为雄性羽或性指羽，可用来鉴别鸭的性别。鸭的尾脂腺发达，分泌油脂，鸭用喙舔刮油脂以涂擦羽毛，使羽毛入水而不易蘸湿。

**5. 翅膀**

翼羽也包括轴羽、主翼羽、副翼羽、覆主翼羽和覆副翼羽。有些品种在副翼羽上有较光亮的青绿色羽毛，称为镜羽。

**6. 腿部**

鸭腿短，位置稍偏向后躯，脚除第一趾外，其余趾间有蹼，利于在水中划行。

### (三) 鹅的外貌特点

鹅的外貌部位名称如图 1-5 所示。

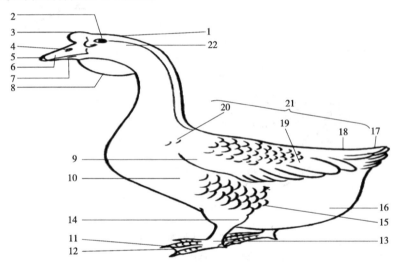

图 1-5　鹅的外貌部位名称

1. 头　2. 眼　3. 肉瘤　4. 鼻孔　5. 喙豆　6. 喙　7. 下腭　8. 肉垂 (咽袋)　9. 翼
10. 胸部　11. 蹼　12. 趾　13. 跖　14. 跗关节　15. 腿　16. 腹部　17. 尾羽
18. 覆尾羽　19. 翼羽　20. 肩部　21. 背部　22. 耳

**1. 头部**

多数品种在喙基部长有肉瘤，公鹅较大，母鹅较小；喙形扁宽，较鸭喙稍短，喙前端略弯曲，呈铲状，质地坚硬，边缘内侧呈锯齿状；有些品种在颔下咽喉部位长有咽袋 (或肉垂)。

**2. 颈部**

鹅颈部长而灵活，弯长如弓，能自由伸缩转动。

**3. 体躯**

体躯呈船形，不同品种、性别体形大小不同。成年母鹅腹部有较大的皱褶，形成肉袋 (俗称蛋包)。成年公鹅尾部无性指羽。与鸡、鸭不同，鹅单靠羽毛形状和颜色难以鉴别雌雄。

### 4. 翼（翅膀）

翼羽较长，两侧翼羽常重叠交叉于背上，与鸭不同，鹅的翼羽上无镜羽。

### 5. 腿部

鹅腿位置稍偏向后躯，粗壮有力，跖骨较短。趾有 4 个，各趾之间长有特殊的皮肤褶，称为蹼。

## 三、外貌识别在生产中的应用

### 1. 判断家禽的生产类型

通常肉用型家禽的外貌特征是体型呈长方形，头部粗大，颈部粗且较短，跖部粗，胸部宽深；蛋用型家禽体型是头部清秀，颈部细长，胸部较小而腹部较大，跖部较细。

### 2. 推断家禽的生产性能

高产和低产家禽的外貌特征有较为明显的不同。如高产蛋鸡的外貌特征是头部清秀，眼睛大而且有神，反应敏捷；鸡冠较为发达、红润、细腻、温暖；体型发育良好，结构匀称，腹部容积大，两耻骨末端之间的距离在 3 指宽以上；羽毛洁净、整齐、光滑。低产蛋鸡的外貌特征是头部较粗，鸡冠薄而萎缩，没有温度；腹部容积小，两耻骨末端之间的距离在 2 指宽以下；羽毛蓬乱，不油亮，不光滑。

### 3. 判断家禽的性别及性发育情况

公鸡体躯比母鸡高大，昂首翘尾、体态轩昂。头部稍粗糙、冠高、肉垂较大，颜色鲜红。梳羽、蓑羽、镰羽长而尖。跖部有距，性成熟时，发育良好，距越长则公鸡的年龄越大，一岁时，距的长度约1cm。公鸡啼声洪亮、喔喔长鸣。

母鸡体躯比公鸡小，体态文雅，头小，纹理较细，冠与肉垂较小。颈羽、鞍羽、覆尾羽较短，末端呈钝圆形。后躯发达，腹部下垂。跖部比公鸡短而细，距不发达。

公鸭体躯大，颈粗体长，如北京公鸭的喙和脚颜色较深，羽毛整齐光洁。公鸭有卷羽或性指羽。母鸭体躯比公鸭小而身短。如北京母鸭的喙色和脚色较浅。

公鹅体格大，头大，肉瘤高，颈粗长，胸部宽广，脚高，站立时轩昂挺直；翻开其泄殖腔，可见螺旋状的阴茎。母鹅体格比公鹅小，头小，肉瘤也较小，颈细、脚细短，腹部下垂，站立时不如公鹅挺直，行动迟缓。

达到性成熟的家禽能够表现出明显的第二性征。接近性成熟或已经性成熟的公鸡其梳羽和鞍羽表现明显。

### 4. 推断家禽的年龄

家禽的最准确的龄期，只有根据出雏日期断定。但其大概龄期可凭外貌特征估计。

青年鸡的羽毛结实光润，胸骨直，其末端柔软，跖部鳞片光滑细致、柔软，小公鸡的距尚未发育完成。小母鸡的耻骨薄而有弹性，两耻骨间的距离较窄，泄殖腔较紧而干燥。

老年鸡在换羽前的羽枯涩凋萎，胸骨硬，有的弯曲，跖部鳞片粗糙，坚硬，老公鸡的距相当长。老母鸡耻骨厚而硬，两耻骨间的距离较宽，泄殖腔肌肉松弛。

### 5. 判断家禽的健康状况

不健康的家禽眼睛无神，羽毛散乱，双翅与体躯贴的不紧，跖部鳞片干枯，体躯消瘦，腹部过大或过小，具体见表1-1。

表 1-1　健康鸡与病鸡外貌特征区别

| 观察项目 | 健康鸡 | 病弱鸡 |
|---|---|---|
| 喙 | 正常 | 交叉喙、畸形喙 |
| 冠、肉垂 | 鲜红、湿润、丰满、温暖、无病灶 | 苍白、萎缩、干燥、冰凉、紫色、有病灶、不符合本品种的冠形或畸形冠 |
| 眼 | 眼大有神 | 小而无神、常紧闭 |
| 脸部 | 红润、无病灶 | 苍白、有病灶 |
| 胸 | 胸骨硬而直立 | 胸骨脆弱，呈S形弯曲；有病灶 |
| 翼 | 紧贴身躯 | 翼下垂或折断或烂翅、主副翼羽扭曲 |
| 尾部 | 尾直立 | 尾下垂、畸形尾如缺副尾羽、主尾羽、歪尾 |
| 颈与脚 | 正常 | 大跖骨粗大，关节肿大；有病灶，跛脚，"鹰爪"两腿O形或X形；鸭形脚(有蹼)；公鸡无距；四趾品种多于四趾，五趾品种少于五趾 |
| 体重 | 符合本品种标准体重 | 轻或标准体重以下 |
| 色泽 | 羽毛有光泽 | 羽毛污乱，无光泽，皮肤、喙、耳叶和胫的色泽不符合本品种要求 |

## 四、家禽体尺测定

### (一)体尺指标

家禽的体尺指标主要包括体斜长、胸深、胸宽、龙骨长、骨盆宽、跖长和跖围等指标。除胸角用胸角器测量外，其余均用卡尺或皮尺测量，单位以厘米计，测量值取小数点后1位。

1. 体斜长

用皮尺测量肩关节到坐骨结节间的距离，了解禽体在长度方面的发育情况。

2. 胸宽

用卡尺测量两肩关节间距离，了解禽体胸腔发育情况。

3. 胸深

用卡尺测量第一胸锥至龙骨前缘间的距离，了解胸腔、胸骨和胸肌发育状况。

4. 龙骨长

用皮尺测量龙骨突前端到龙骨末端的距离，了解体躯和胸骨的长度的发育情况。

5. 跖长

用卡尺度量跖骨上关节到第三趾与第四趾间的垂直距离，了解体高和长骨的发育情况。

6. 跖围

跖骨中部的周长，了解体躯和体重的发育情况。

7. 胸角

用胸角器在龙骨前缘测量两侧胸部角度，理想的胸角应在90°以上，了解胸肌的发育情况。

8. 骨盆宽

用卡尺测量两坐骨结节间的距离，了解禽体腹腔发育情况。

9. 髋宽

用卡尺测量两髋关节间的距离，了解禽体腹腔发育情况。

10. 半潜水长(水禽)

用皮尺测量嘴尖到髋骨连线中点的距离。

### (二)体尺测量在生产中的应用

(1)描述一个品种的重要指标　任何一个家禽品种在描述其特征和性能的时候都要涉及部分体尺数据。

(2)判断家禽发育的重要指标　家禽的生长发育情况主要从体尺和体重两方面综合衡量。

(3)评价生产性能的参考指标　一些体尺指标能够反映家禽的生产性能，尤其是肉用性能(如胸宽、胸深、胸角和跖围等)。

(4)饲养设备设计的参考指标　如在鸡笼设计的时候其高度和深度需要考虑鸡的体斜长、站立高度；鸡笼前网栅格的宽度需要考虑鸡头部的宽度等。

# 任务二　家禽品种识别

## 一、家禽品种的分类

家禽品种的分类主要有两种方法：即标准分类法和现代分类法。

### (一)标准分类法

家禽品种标准分类法将家禽分为类、型、品种和变种 4 个层次(表 1-2)。

(1)类　按照该品种的原产地(或输出地)进行划分，可以分为美洲类、亚洲类、地中海类。

(2)型　按照该品种的主要经济用途划分，分为蛋用型、肉用型、兼用型和观赏型。

(3)品种　指经过系统选育、有特定的经济用途、外貌特征相似、遗传性状稳定、具有一定数量的家禽种群。

(4)变种　指在同一个品种内因某一个或几个外貌特征差异而划分的种群。

表 1-2　标准分类法示例

| 家禽种类 | 类 | 型 | 品种 | 变种 |
|---|---|---|---|---|
| 来航鸡 | 地中海 | 蛋用 | 来航鸡 | 单冠白来航、褐来航等 |
| 洛克鸡 | 美洲 | 兼用 | 洛克鸡 | 白洛克、芦花洛克等 |
| 九斤鸡 | 亚洲 | 肉用 | 九斤鸡 | 黄色九斤鸡、黑色九斤鸡等 |

### (二)现代分类法

现代分类法是以家禽的主要生产方向(经济用途)和产品特征进行划分的,可分为肉用型和蛋用型。

**1. 肉用型**

以提供鸡肉为主,这类鸡的生长速度较快或肉质较好。根据其生产性能和产品特征又分为两类:

(1)白羽快大型肉鸡　父本是以白色科尼什鸡为主要种源选育出的高产品系,母本是以白洛克鸡为基础选育出的高产品系。其特征是羽毛纯白色,跖部为黄色,早期生长速度快,6周龄平均体重能够达到2.65kg左右,饲料效率高,每千克增重的耗料量约1.8kg。主要是引进品种,包括艾维茵肉鸡和AA肉鸡等。

(2)优质肉鸡　这类鸡是用黄羽或麻羽地方良种鸡与外来品种进行杂交后育成的。羽毛颜色为黄色或麻色,跖部黄色或青色。根据生长速度又可以分为三个类型:快速型,49日龄体重达1.3~1.6kg;中速型,80~100日龄体重达1.6~2.0kg;慢速型(优质型):90~120日龄体重达1.3~1.5kg。

**2. 蛋用型**

主要以产蛋性能高为特点,根据蛋壳颜色又可分为四个类型:

(1)白壳蛋鸡　羽毛纯白色,蛋壳白色,体型较小。

(2)褐壳蛋鸡　羽毛白色或褐色,蛋壳颜色为褐色。

(3)粉壳蛋鸡　羽毛以白色为主,个别个体有褐色或其他颜色,蛋壳颜色为粉色(浅褐色)。

(4)绿壳蛋鸡　是从我国地方良种鸡群中将产绿色蛋壳的个体挑选出来后扩群和选育而成。羽毛颜色有很多类型,蛋壳颜色为青绿色。

### (三)水禽品种分类

**1. 鸭的分类**

鸭主要是按照所提供产品类型进行划分,分为肉用型鸭、蛋用型鸭和兼用型鸭。

**2. 鹅的分类**

常按成年体重进行分类,分为大型鹅(成年公鹅体重在9kg以上,母鹅在8kg以上)、中型鹅(成年公鹅体重在5~7.5kg,母鹅在4.5~7kg)和小型鹅(成年公鹅体重在5kg以下,母鹅在4.5kg以下)。

## 二、鸡的主要品种

### (一)鸡的地方品种

地方品种是指没有明确的育种目标,没有经过有计划的杂交和系统选育,只是在某地区长期饲养而形成的品种。我国是鸡的发源地之一,地方品种资源十分丰富,犹如取之不尽、用之不竭的"金矿",值得研究和开发应用。这些地方品种各具一定的优良特性或特征,特别是具有能很好适应当地环境条件,耐粗饲、抗病力强、肉质优良等特点,但生产性能较低,整齐度较差。我国地方品种繁多,现列出比较有代表性的部分地方品种。

## 1. 固始鸡

属于蛋肉兼用型品种，中心产区为河南省固始县。个体中等，羽毛丰满。雏鸡绒羽呈黄色，公鸡羽色呈深红色和黄色(图1-6)，母鸡羽色以麻黄色和黄色为主(图1-7)，白、黑很少，尾型分为佛手状尾和直尾两种。成年鸡冠型分为单冠与豆冠两种，以单冠居多。冠直立，跖色呈青色，四趾，无跖羽。皮肤呈暗白色。成年公鸡体重平均为2470g，母鸡平均为1780g。开产日龄205d，年平均产蛋量142枚，平均蛋重为51.4g，蛋壳褐色，壳厚0.35mm，蛋形指数1.32。

图1-6　固始鸡(公)　　　　　　　　　图1-7　固始鸡(母)

## 2. 桃源鸡

属肉用型品种。原产湖南省桃源县中部。体型高大，体质结实，体躯稍长、呈长方形。公鸡头颈高昂，尾羽上翘，侧视呈U形(图1-8)。母鸡体稍高，背较长而平直，后躯深圆，近似方形(图1-9)。公鸡体羽呈金黄色或红色，主翼羽和尾羽呈黑色。母鸡羽色有黄色和麻色两个类型。黄羽型的背羽呈黄色，喙、跖呈青灰色，皮肤白色。单冠，公鸡冠直立，母鸡冠倒向一侧。成年公鸡体重平均为3342g，母鸡平均为2940g。开产日龄平均为195d，年平均产蛋量100～120枚，平均蛋重55g，蛋壳浅褐色，蛋形指数1.32。

图1-8　桃源鸡(公)　　　　　　　　　图1-9　桃源鸡(母)

## 3. 北京油鸡

属肉蛋兼用品种，原产于北京市北郊。羽毛呈赤褐色，体型较小；羽毛呈黄色的鸡，体型略大。冠羽、跖羽、髯羽也很明显，体浑圆。具有冠羽和跖羽，有些个体兼有趾羽和五趾，不少个体的颌下和颊部生有髯须，故称三羽（凤头、毛腿、胡子嘴）。成年公鸡体重平均为2049g，母鸡平均为1730g。性成熟较晚，母鸡 7 月龄开产，年平均产蛋量 110～125 枚，平均蛋重为56g，蛋形指数为 1.32。肉质细嫩，肉味鲜美，适合多种传统烹调方法（图 1-10、图 1-11）。

图 1-10　北京油鸡（公）　　　　　　图 1-11　北京油鸡（母）

### 4. 河田鸡

属肉用型品种，原产于福建省的西南地区，体型宽深，近似方形，单冠带分叉，羽毛黄羽，喙、跖黄色。耳叶椭圆形，红色。成年公鸡体重平均 1725g，母鸡 1207g。开产日龄 180d，年平均产蛋量 100 枚，平均蛋重 43g。蛋壳颜色分为浅褐色和灰白色两种。皮薄骨细，肉质细嫩，肉味鲜美，皮下腹部积贮脂肪，但生长缓慢，屠宰率低。

### 5. 丝羽乌骨鸡

丝羽（毛）乌骨鸡在国际标准品种中列入观赏鸡。原产于江西泰和县，福建泉州市、厦门市和闽南沿海等地，身体轻小，行动迟缓。外貌总结为"十大"特征：紫冠、缨头、绿耳、胡须、五爪、毛脚、丝毛、乌骨、乌皮、乌肉。另外，眼、跖、趾、内脏和脂肪呈乌黑色。成年公鸡体重（福建）平均为 1810g，母鸡平均为 1660g。开产日龄（福建）170～205d，年平均产蛋量（福建）120～150 枚，平均蛋重为 37.56～46.85g，蛋形指数 1.34～1.36。具有独特的体型外貌，其乌皮乌骨乌肉是入药的主要原料（图 1-12、图 1-13）。

图 1-12　丝羽乌骨鸡（公）　　　　　　图 1-13　丝羽乌骨鸡（母）

### 6. 茶花鸡

产于云南德宏、西双版纳等地。茶花鸡体型矮小，单冠、红羽或红麻羽色、羽毛紧贴、肌肉结实、骨骼细嫩、体躯匀称。性情活泼、机灵胆小、好斗性强、能飞善跑。茶花鸡150日龄公母平均体重分别为750g、760g，半净膛屠宰率公母分别为77.64%、80.56%。

### 7. 清远麻鸡

属肉用型品种，原产于广东省清远县，以肉用品质优良而驰名。体型特征："一楔、二细、三麻身"。"一楔"指母鸡体态象楔形，前躯紧凑，后躯圆大；"二细"指头细，脚细；"三麻身"指母鸡背羽面主要有麻黄、麻棕、麻褐三种颜色。公鸡体质结实灵活，结构匀称。公鸡头大小适中。冠直立，颜色鲜红。肉垂、耳叶鲜红（图1-14）。母鸡头细小。单冠直立，颜色鲜红，冠、耳叶鲜红。喙黄而短（图1-15）。成年公鸡体重平均为2180g，母鸡平均为1750g。6月龄母鸡半净膛为85%，全净膛为75.5%，阉公鸡半净膛为83.7%，全净膛为76.7%。年平均产蛋量70～80枚，平均蛋重为46.6g，蛋形指数1.31，壳色浅褐色。

图1-14 清远麻鸡（公）　　　　　图1-15 清远麻鸡（母）

### 8. 峨眉黑鸡

属肉蛋兼用品种，原产四川峨眉、乐山等地。体型较大，体态浑圆，全身羽毛黑色，着生紧密，具有金属光泽。大多数为红单冠或豆冠，喙黑色，腹、趾黑色，皮肤白色，偶有乌皮个体。公鸡体型较大，梳羽丰厚，胸部突出，背部平直，头昂尾翘，两腿开张，站立稳健。90日龄公、母鸡平均体重分别为973.18g±38.43g、816.44g±23.70g。6月龄半净膛屠宰率公、母鸡分别为74.62%、74.54%。

### 9. 惠阳鸡

属肉用型品种，产于广东省惠州地区，以其特有的优良肉质与三黄胡须的外貌特征而驰名中外。羽毛、跖、脚、喙均为黄色，颌下有发达而张开的细羽毛，状似"胡须"，故又名胡须鸡。体质结实，头大颈粗，胸深背宽，胸肌发达，胸角一般在60°以上。后躯丰满，体躯呈葫芦瓜形（图1-16、图1-17）。公鸡单冠直立，耳叶红色。成年公鸡体重平均为2228.40g±38.78g，母鸡为1601.00g±31.20g。开产日龄为115～200d，年平均产蛋量98～112枚，平均蛋重为45.8g，蛋形指数1。

图 1-16 惠阳鸡(公)          图 1-17 惠阳鸡(母)

**10. 湘黄鸡**

属蛋肉兼用型鸡种。主产于衡东、衡南、衡山交界等地。体型矮小，体质结实，体躯稍短呈椭圆形。单冠直立。冠、肉垂、耳叶、脸均为鲜红色，公鸡羽毛为金黄色和淡黄色（图 1-18），母鸡全身羽毛为淡黄色（图 1-19）。喙、跖、皮肤多为黄色，少数喙、跖为青色。60 日龄公鸡平均体重为 418g，母鸡平均为 393g；90 日龄公鸡平均体重 760g，母鸡平均为 677g；120 日龄公鸡平均体重 1170g，母鸡平均为 946g；成年公鸡平均体重为 1460g，母鸡平均为 1280g。母鸡开产日龄 170d，年平均产蛋量 160 枚，平均蛋重 41g，蛋壳多为浅褐色。公鸡性成熟期 80～100d，公母鸡配种比例 1：15。平均种蛋受精率 84.5%，平均受精蛋孵化率 88%。

图 1-18 湘黄鸡(公)          图 1-19 湘黄鸡(母)

我国地方鸡种很多，除以上介绍品种之外，还有仙居鸡、浦东鸡、寿光鸡、霞烟鸡、中国斗鸡、白耳黄鸡、林甸鸡、大骨鸡、萧山鸡、鹿苑鸡、边鸡、彭县黄鸡、静原鸡、深阳鸡、武定鸡、藏鸡等。

### (二)鸡的标准品种

标准品种是指根据家禽育种组织制定的家禽品种标准选育而成，其品种外貌特征和生产性能可稳定遗传给后代的家禽品种。具有生产性能较高，体形外貌一致，遗传稳定的优点，但对饲养管理条件要求较高。主要有白来航鸡、洛岛红鸡、新汉夏鸡、白洛克鸡和科尼什鸡等，这些品种目前很少直接作为商品养殖使用，而主要用于现代家禽育种。

#### 1. 来航鸡

为世界著名的标准蛋鸡品种，原产于意大利，因最早从意大利的来航港向外输出而得名来航鸡。来航鸡按冠型和毛色分成 12 个品变种，如单冠白来航鸡、玫瑰冠褐来航鸡等。以单冠白来航生产性能高，该鸡体型较小而清秀，体质紧凑，羽毛全白，鸡冠和肉垂发达，公鸡的冠厚而直立，母鸡冠向一侧倾倒，喙、跖、趾及皮肤均为黄色，耳叶为白色，觅食能力强，反应灵敏，活泼好动，易受惊吓。适应性强，160 日龄左右性成熟，年平均产蛋量 220～240 枚，平均蛋重 55～60g，蛋壳白色，成年公鸡平均体重为 2.0～2.5kg，母鸡平均为 1.5～1.6kg。目前培育的一些白壳蛋鸡配套杂交种，主要是利用白来航鸡的血液(图 1-20)。

#### 2. 科尼什鸡

为典型的标准肉鸡品种，原产于英国的康瓦尔。有白色科尼什和红色科尼什。该鸡为豆冠，喙、跖、皮肤为黄色，羽毛紧密、体躯坚实，肩、胸很宽，胸、腿肌肉发达，肉用性能好，但产蛋量较低，年平均产蛋量 120～130 枚，平均蛋重 56g，蛋壳浅褐色，体重大，成年公鸡平均体重为 4.5～5.0kg，母鸡平均为 3.5～4.0kg。具有显性白羽的科尼什与其他有色鸡杂交后，其后代多为白色或近似白色(图 1-21)。

图 1-20  白来航鸡　　　　　　　　图 1-21　科尼什鸡

#### 3. 九斤鸡

为世界著名的标准肉鸡品种，原产于中国北京。该鸡头小，喙短，单冠，冠、肉垂、耳叶均为鲜红色，眼棕色，跖、皮肤黄色．颈短粗，体躯宽深，胸部饱满，背部向上隆起，羽毛蓬松，外形近方形。跖短，有跖羽和趾羽。体大而笨重，性情温顺，就巢性强。8～9 月龄性成熟，年平均产蛋量 100～120 枚，平均蛋重 55g，蛋壳黄褐色。成年公鸡平均体重为 4.9kg，母鸡平均为 3.7kg，肉质滑嫩，肉色微黄，肉味鲜美。目前九斤鸡在我国存量较少，但该鸡在世界一些优良品种的培育过程中曾做出过重大贡献，如洛岛红鸡、横斑洛克鸡、奥品顿鸡、三河鸡等均有九斤鸡的血液。

#### 4. 洛岛红鸡

属肉蛋兼用的标准品种，因在美国的洛岛州育成而得名（图1-22、图1-23）。该鸡羽毛深红色，尾羽黑色，冠、耳叶、肉垂、脸均为鲜红色，皮肤、喙、跖为黄色，体躯近似长方形，背部宽平，全身肌肉发育良好，体质强健，头中等大小，单冠或玫瑰冠，该鸡适应性强，具有良好的产肉和产蛋性能，平均180日龄开产，年平均产蛋量160～180枚，平均蛋重60g左右，蛋壳褐色。成年公鸡平均体重2.8～3.5kg，母鸡2.3～3.0kg。

图1-22　单冠洛岛红鸡　　　　　　　　图1-23　玫瑰冠洛岛红鸡

#### 5. 新汉夏鸡

属兼用型的褐壳品种，育成在美国的新汉夏州。此鸡主要是在洛岛红的基础上选育而成。因此，其体型外貌与洛岛红基本相似，只是背部较短，羽毛颜色稍浅，单冠，体型大。180日龄开产，年平均产蛋量180～200枚，平均蛋重约58g。成年公鸡平均体重达3.0～3.5kg，母鸡平均为2.5～3.0kg。

#### 6. 白洛克鸡

属于兼用型品种，原产于美国。该鸡全身羽毛白色，单冠，冠、肉垂、耳叶为红色，喙、跖、皮肤为黄色。体型为椭圆形，早期生长发育快，胸、腿肌肉发达，肉质较好。平均170～180日龄性成熟，年平均产蛋量160～180枚，平均蛋重58～60g，蛋壳浅褐色。因为白洛克具有良好的产蛋和产肉性能，因此，在现代化肉鸡生产中，多选其作为肉鸡的母系。

### (三)鸡的现代品种

现代鸡种都是配套品系，又称杂交商品系。它是在标准品种的基础上，先选育出具有不同特点的高产、专门化品系，再经品系杂交，筛选出配合力最佳，表现高产、稳产的杂交配套组合。按经济用途将现代鸡种分为蛋鸡系和肉鸡系。

#### 1. 蛋鸡系

主要用于生产商品鸡蛋，根据蛋壳颜色又分为白壳蛋鸡、褐壳蛋鸡、粉壳蛋鸡和绿壳蛋鸡。

(1)白壳蛋鸡

①京白938：是北京种禽公司利用三系配套育成的商品代蛋鸡。具有早熟、高产、蛋

重大、生活力强、饲料报酬高等特点。6周龄平均体重440～450g，20周龄成活率96％～98.5％。157日龄开产，高峰产蛋率96.2％，72周龄平均产蛋量279～292枚。平均蛋重59～60g，蛋壳白色，产蛋期日耗料105g，料蛋比2.33：1。

②海兰W-36：由美国海兰公司培育成的商品蛋鸡配套系。生长期(0～18周龄)：成活率95％～98％，饲料消耗5.67kg，18周龄平均体重1.28kg。产蛋期(19～80周龄)：高峰产蛋率92％～95％，159日龄开产，80周龄成活率92％～95％。80周龄入舍鸡平均产蛋量304～322枚；平均蛋重，32周龄时56.7g，70周龄时62.9g，蛋壳白色。70周龄平均体重1.70kg。料蛋比2.1：1～2.3：1。

③尼克白蛋鸡：美国辉瑞公司三系配套而成的白壳蛋鸡。该品种抗逆性强，成活率高，产蛋峰值高，持续时间长。生长期(0～20周龄)：成活率97％，6周龄平均体重445～456g，20周龄1450～1550g。70周龄成活率94％，高峰产蛋率93％，76周龄平均产蛋量295～305枚，平均蛋重55～60g。蛋壳白色。

(2)褐壳蛋鸡

①伊莎褐壳蛋鸡：伊莎褐壳蛋鸡是由法国伊莎公司，利用四系配套培育而成的褐壳蛋鸡之一。生长期(0～20周龄)：成活率93％～98％，1～20周龄耗料量7.8～8.0kg，20周龄平均体重1500～1620kg。产蛋期：153～160日龄达50％产蛋率，高峰产蛋率94％～95％，入舍母鸡72周龄平均产蛋量287～296枚，总蛋重18.0～19.0kg，平均蛋重63.5g，成活率92％～96％，料蛋比2.25：1～2.40：1，商品代雏鸡羽色自别雌雄。

②海兰褐壳蛋鸡：是由美国海兰公司培育的四系配套的杂交鸡。生长期：成活率96％～98％，饲料消耗5.9～6.8kg，18周龄平均体重1.55kg。产蛋期：155日龄达50％产蛋率，高峰产蛋率92％～96％，入舍母鸡72周龄平均产蛋数296枚，80周龄成活率92％～96％，平均蛋重63.3g，72周龄平均体重2.25kg，平均日耗料(19～80周龄)115g/只。羽毛红色带白绒毛，肤色黄，性情温顺，适应性强。

③罗曼褐壳蛋鸡：是由德国罗曼公司四系配套的杂交鸡。生产性能指标：生长期成活率97％～98％，耗料量7.4～7.8kg，20周龄平均体重1.5～1.6kg。152～158日龄达50％产蛋率，高峰期产蛋率92％～96％，入舍母鸡72周龄平均产蛋量285～295枚，平均蛋重63.5～64.5g，日耗料量115～122g/只，平均产蛋总量18.2～18.8kg。料蛋比2.3：1，成活率94％～96％，蛋壳褐色。

④海赛克斯褐壳蛋鸡：是由荷兰优利公司四系配套的杂交鸡。生产性能指标：0～18周龄死淘率3％，18周龄平均体重1400g，0～18周龄饲料总耗5.9kg。160日龄50％产蛋率，26周龄产蛋率大于或等于80％，平均产蛋量304枚，平均蛋重62.8g，平均饲料消耗115g/只，料蛋比2.44：1，每只鸡总耗料46.7kg；72周龄平均体重2250g。

(3)粉壳蛋鸡

①京白939：是由北京种禽公司培育成的浅褐壳蛋鸡。该品种产蛋多、耗料少、体型小、抗逆性强。商品代能进行羽速鉴别雌雄。生产性能指标：出壳平均重36～38g，成活率95％～98％，20周龄平均体重1500～1550g。157日龄开产，23周龄达50％产蛋率，高峰期产蛋率95％～96％，成活率89％～90％，80周龄平均产蛋量290～300枚，蛋总重

量18.6～19.3kg。蛋壳浅褐色(粉色)。

②亚康蛋鸡：是以色列PBU公司培育的。生产性能指标：育成期成活率95%～97%；产蛋期成活率94%～96%；152～161日龄达50%产蛋率；80周龄平均产蛋量330～337枚，平均蛋重62～64g。

③海兰粉壳蛋鸡：是美国海兰公司培育出的高产粉壳蛋鸡，我国近年才引进，主要饲养在北京等地。生产性能指标：0～18周龄成活率为98%；155日龄达50%产蛋率；高峰期产蛋率94%；20～74周龄平均产蛋量290枚，成活率达93%；72周龄平均产蛋量18.4kg；料蛋比2.3：1。

(4)绿壳蛋鸡

绿壳蛋鸡因产绿壳蛋而得名，其特征为"五黑一绿"，即黑毛、黑皮、黑肉、黑骨、黑内脏，绿壳蛋，集天然黑色食品和绿色食品为一体，是世界罕见的珍禽极品。该鸡种抗病力强，适应性广，喜食青草菜叶，饲养管理、防疫灭病和普通家鸡没有区别。绿壳蛋鸡体形较小，结实紧凑，行动敏捷，匀称秀丽，性成熟较早，产蛋量较高。成年公鸡平均体重1.5～1.8kg，母鸡平均为1.1～1.4kg，年平均产蛋量160～180枚。

## 2. 肉鸡系

主要用于生产商品肉仔鸡，有白羽和黄羽两种。前者早期生长快、饲料报酬高，又称"快大型"肉鸡，大多用新选育的白科尼什鸡作父系、白洛克鸡作母系，杂交配套育成；后者生长较慢，肉味浓香，又称为"优质型"肉鸡，多为具有"三黄"(黄羽、黄腿和黄皮肤)特征的地方良种及其杂种。

(1)快大型白羽肉鸡

①美国艾维茵(Avian)：是由美国艾维茵国际有限公司育成的三系配套杂交品种。该鸡种在国内肉鸡市场上占有40%以上的比例，为我国肉鸡生产的发展做出很大的贡献。该鸡体型大，商品代肉用仔鸡羽毛为白色，体型饱满，胸宽腿短，皮肤黄色而光滑。商品代肉鸡(混合雏)5周龄平均体重1.425kg，料肉比1.72：1。6周龄平均体重1.859kg，料肉比1.85：1。7周龄平均体重2.287kg，料肉比1.97：1。

②美国AA肉鸡：又称爱拔益加肉鸡，是由美国爱拔益加家禽育种公司培育的四系配套肉鸡。我国引入祖代种鸡已经多年，饲养量较大，效果也较好。特点是体型大、生长发育快，饲料转化率高，适应性强。商品代生产性能(混合雏)：6周龄平均体重1.863kg，料肉比1.78：1；7周龄平均体重2.306kg，料肉比1.96：1；8周龄平均体重2.739kg，料肉比2.14：1。

③海布罗(Hybro)：是由荷兰泰高集团下属的优利公司育成。其父母代种鸡生产性能：育成期1～20周龄死淘率6%，20周龄平均体重1.94kg；入舍母鸡总耗料量9.6kg，产蛋期20～64周龄，入舍母鸡平均产蛋量171枚，其中可孵蛋数160枚，入孵蛋平均孵化率84.2%；入舍母鸡平均产雏数135个；产蛋期总耗料量52kg，每枚蛋所需饲料290g；每月死亡率0.8%，产蛋结束时平均体重3.52kg。商品代生产性能(混合雏)：6周龄平均体重1.62kg，料肉比1.89：1；7周龄平均体重1.98kg，料肉比2.02：1；8周龄平均体重2.35kg，料肉比2.15：1。

④罗斯-308：是由英国罗斯育种公司培育成功的优质白羽肉鸡。其突出特点是体

质健壮、成活率高、增重速度快、出肉率和饲料转化率高；其父母代种鸡产合格种蛋多，受精率与孵化率高。该鸡种为四系配套，商品代雏鸡可以羽速自别雌雄。商品肉鸡适合全鸡、分割和深加工。商品代生产性能（混合雏）：6 周龄平均体重 2.474kg，料肉比 1.72∶1；7 周龄平均体重 3.052kg，料肉比 1.85∶1；8 周龄平均体重 3.579kg，料肉比 1.98∶1。

（2）优质型黄羽肉鸡　包括引进品种（如红布罗肉鸡、狄高黄羽肉鸡、安康红肉鸡等）和我国培育的配套系（如新兴黄鸡、康达尔肉鸡、岭南黄鸡等）。

①狄高黄羽肉鸡（Tegel）：是由澳大利亚狄高公司育成的二系配套杂交肉鸡，父本为黄羽，母本为浅褐色羽，其特点是仔鸡生长速度快，与地方鸡杂交效果好。羽毛颜色为黄麻色，1 日龄雏鸡可根据羽速鉴别雌雄。父母代母鸡 24 周龄平均体重 2.5kg，66 周龄平均体重 3～3.5kg；料肉比为 1.77∶1。商品代鸡 6 周龄平均体重可达 2.09kg，料肉比 1.94∶1。

②新兴矮脚黄鸡：属于新兴黄鸡的一种，是由广东温氏集团南方家禽育种有限公司和华南农业大学培育而成。种鸡性能好，早熟、体重均匀、脚细矮、黄脚、毛色金黄、羽毛紧凑贴身。商品代肉鸡性成熟早，抗病力强，生产性能高，公鸡为正常型，生长速度快，羽毛纯金黄；母鸡为矮脚型，体型紧凑，羽毛纯黄贴身，具备地方土鸡外形。种鸡 24 周龄开产，开产平均体重 2050g，产蛋期成活率 92%，产蛋高峰达 80%，种蛋合格率 92%，受精率 92%。商品代公鸡 63 日龄平均体重 1.65～1.75kg，料肉比 2.20∶1～2.35∶1，母鸡 80 日龄平均体重 1.35～1.4kg，料肉比 2.65∶1～2.80∶1。

③康达尔优质肉鸡：是由深圳康达尔养鸡公司选育而成的优质三黄鸡配套系，分黄鸡和麻鸡两种。康达尔黄鸡 56 日龄公鸡平均体重 1.6kg，料肉比 2.1∶1，母鸡 1.25kg，料肉比 2.2∶1；70 日龄公鸡平均体重 2.0kg，料肉比 2.3∶1，母鸡 1.6kg，料肉比 2.5∶1。康达尔麻鸡 56 日龄公鸡平均体重 1.8kg，料肉比 1.9∶1，母鸡 1.35kg，料肉比 2.1∶1；70 日龄公鸡平均体重 2.2kg，料肉比 2.2∶1，母鸡 1.7kg，料肉比 2.4∶1。

## 三、鸭的主要品种

鸭的品种根据经济类型分为肉用型品种、蛋用型品种和兼用型品种。常见的优良品种有北京鸭、樱桃谷鸭、康贝尔鸭、四川麻鸭、高邮鸭、绍兴鸭、金定鸭等。

### (一)肉用型品种

著名的肉用鸭包括北京鸭、樱桃谷鸭、狄高鸭、番鸭、天府肉鸭等。

### 1. 北京鸭

属世界著名的肉用鸭标准品种。原产北京近郊，北京鸭体型大，全身羽毛洁白、紧凑，喙、跖、蹼橘红色。肌肉纤维细致，肉味独特，适应性强，性情温驯（图 1-24、图 1-25）。较早熟，一般 150～160 日龄开产，自开产日起计年平均产蛋量 150～200 枚，高产的达 300 枚以上，平均蛋重 90～100g。仔鸭 50 日龄平均体重 1.75～2kg，经多年选育后，56 日龄鸭平均体重已达 3kg，料肉比为 2.7∶1。

图 1-24　北京鸭(母)　　　　　　　图 1-25　北京鸭(公)

### 2. 樱桃谷鸭

是由英国樱桃谷公司以我国的北京鸭和埃里斯伯里鸭为亲本,经杂交育成的优良肉鸭品种,是世界著名的瘦肉型鸭。体型外貌酷似北京鸭。羽毛白色,喙橙黄色,跖、蹼橘红色。体型较大,头大额宽,颈粗短,胸部宽深,背宽而长,脚粗短。成年公鸭平均体重4.0～4.5kg,母鸭3.5～4.0kg。父母代开产周龄为25周龄,50周龄平均产蛋量296枚,种蛋孵化率80%,其商品代鸭47日龄平均体重3.48kg,料肉比为2.28:1,成活率98%,瘦肉率70%以上。

### 3. 天府肉鸭

是由四川农业大学主持培育的肉鸭品种。羽毛有白色和麻色两种颜色。白羽类型是在樱桃谷鸭的基础上选育的,外貌特征与樱桃谷鸭相似。初生雏鸭绒毛金黄色,至4周龄左右变为白色,喙、跖、蹼为橙黄色,公鸭尾部有4根向背部卷曲的性指羽;母鸭腹部丰满,脚趾粗壮。麻羽类型是用四川麻鸭经过杂交后选育而成,羽毛为麻雀羽色,体型与北京鸭相似。父母代种鸭年平均产蛋量超过240枚;白羽商品肉鸭7周龄平均体重2.84kg,料肉比2.84:1。

## (二)蛋用型品种

蛋用鸭包括绍兴鸭、金定鸭、攸县麻鸭、莆田黑鸭、咔叽-康贝尔鸭、连城白鸭等。

### 1. 绍兴鸭

简称绍鸭,原产于浙江绍兴、萧山等地区,是我国优良的蛋用鸭品种。绍鸭属小型麻鸭,头小,喙长,颈细长,体躯狭长,前躯较窄,臀部丰满,腹略下垂,结构紧凑,体态均匀,体型似琵琶。站立或行走时,前躯高抬,体轴角度为45°。雏鸭绒毛为乳黄色,成年后以褐色麻雀羽毛为主。按其羽色分为两个高产品系:带圈白翼梢和红毛绿翼梢。

(1)带圈白翼梢　该品系母鸭全身被覆浅褐色麻雀羽,并有大小不等的黑色斑点。颈中部有2～4cm宽的白色羽圈。主翼羽白色,腹部中下部白色,故称为"带圈白翼梢"鸭(图1-26)。公鸭羽毛以深褐色为基色,颈圈、主翼羽、腹中下部羽毛为白色,头、颈上部及尾部性指羽均呈黑绿色,性成熟后有光泽。喙、跖、蹼橘红色,喙豆和爪白色,皮肤黄色(图1-27)。

图 1-26　绍兴鸭(母)　　　　　　图 1-27　绍兴鸭(公)

(2)红毛绿翼梢　该品系母鸭全身以红褐色的麻雀羽为主,并有大小不等的黑斑,不具白颈圈、白主翼羽和白色腹部的"三白"特征。颈上部深褐色无黑斑,镜羽墨绿色,有光泽,腹部褐麻色。公鸭全身羽毛以深褐色为主,从头至颈部均为墨绿色。镜羽和尾部性指羽墨绿色,有光泽。喙灰黄色,跖、蹼橘红色,喙豆和爪黑色,皮肤黄色。

出生雏鸭体重一般为 37～40g,30 日龄平均体重 450g,60 日龄平均体重 860g,90 日龄平均体重 1.12kg,成年平均体重 1.45kg 左右,且公母鸭体重无明显差异。130 日龄开产,产蛋期料蛋比 2.7∶1～2.9∶1。带圈白翼梢母鸭年平均产蛋量 250～290 枚,300 日龄平均蛋重约为 68g,蛋壳颜色以白色为主。红毛绿翼梢母鸭年平均产蛋量 260～300 枚,300 日龄平均蛋重为 67g,蛋壳颜色以青色为主。

2. 康贝尔鸭

康贝尔鸭有三个变种:黑色康贝尔鸭、白色康贝尔鸭和咔叽-康贝尔鸭(即黄褐色康贝尔鸭)。我国引进的是咔叽-康贝尔鸭。体躯高大,深广而结实。头部秀美,面部丰润,喙中等大,眼大而明亮,颈细长而直,背宽广、平直、长度中等。胸部饱满,腹部发育良好而不下垂。两翼紧贴体躯、两腿中等长、距离较宽。公鸭的头、颈、尾和翼肩部羽毛都是青铜色,其余羽毛为暗褐色,喙蓝色(优越者其颜色越深),跖和蹼为深橘红色。母鸭的羽毛为暗褐色,头颈是稍深的黄褐色,喙绿色或浅黑色,翼黄褐色,脚和蹼近似体躯的颜色。平均年产蛋量 260～300 枚,平均蛋重 70g,蛋壳白色。2 月龄公鸭平均体重 1820g,母鸭 1580g,成年公鸭平均体重 2400g,母鸭 2300g;其肉质鲜美,有野鸭肉的香味。120～140 日龄开产,公母鸭配种比例 1∶20～1∶15,种蛋受精率 85% 左右。公鸭利用年限 1 年,母鸭第一年较好,第二年生产性能明显下降。

3. 金定鸭

中心产区位于福建省龙海县紫泥乡金定村。金定鸭体型中等,体躯狭长,结构紧凑。母鸭体躯细长紧凑、后躯宽阔,站立时体长轴与地面呈 45°,腹部丰满。全身羽毛呈赤褐色麻雀羽,背部羽毛从前向后逐渐加深,腹部羽毛颜色较淡,颈部羽毛无黑斑,翼羽深褐色、有镜羽。公鸭体躯较大,体长轴与地面平行,胸宽背阔,头部、颈上部羽毛翠绿色,有光泽,因此又有"绿头鸭"之称,背部灰褐色,前胸红褐色,腹部灰白带深色斑纹,翼羽深褐色，有镜羽，尾羽黑褐色。公、母鸭喙呈黄绿色，跖、蹼橘红色，爪黑色。

30日龄公鸭平均体重为560g，母鸭平均为550g，60日龄公鸭平均体重为1.039kg，母鸭平均为1.037kg；90日龄公、母鸭平均体重为1.47kg；成年公、母鸭体重相近，1.8kg左右。110～120日龄达到性成熟，年平均产蛋量270～300枚，舍饲条件下，年平均产蛋量可达313枚。平均蛋重72g，蛋壳青色。

4. 莆田黑鸭

中心产区位于福建省莆田县。该品种是在海滩放牧条件下发展起来的蛋用型鸭，具有较强的耐热性和耐盐性。体型轻巧紧凑，行动灵活迅速。公、母鸭外形差别不大，全身羽毛均为黑色，喙墨绿色，跖、蹼、爪黑色（图1-28）。公鸭头颈部羽毛有光泽，尾部有性指羽（图1-29），成年公鸭平均体重1.4～1.5kg，母鸭1.3～1.4kg。年平均产蛋量260～280枚，平均蛋重65g，蛋壳颜色以白色居多，料蛋比为3.84:1。120日龄开产，公母配种比例1:25，种蛋受精率95%左右。

图1-28　莆田黑鸭（母）　　　　　　图1-29　莆田黑鸭（公）

## （三）兼用型品种

兼用型鸭包括高邮鸭、四川麻鸭、建昌鸭、大余鸭、巢湖鸭等。

1. 高邮鸭

主产于江苏省的高邮、兴化等地。母鸭颈细长，胸部宽深，臀部方形，全身为浅褐色麻雀羽毛，斑纹细小，主翼羽蓝黑色，镜羽蓝绿色，喙紫色，跖、蹼橘红色。公鸭体躯呈长方形，背部较深。头和颈上部羽毛墨绿色，背部、腰部羽毛棕褐色，胸部羽毛棕红色，腹部羽毛白色，尾部羽毛黑色，主翼羽蓝色，有镜羽；喙青绿色，跖、蹼橘黄色。

成年公鸭平均体重为2.0～3.0kg，母鸭平均约2.6kg。年平均产蛋量约248枚，平均蛋重84g，蛋壳颜色有青、白两种，以白壳蛋居多。120～140日龄开产，公母鸭配种比例为1:30～1:25，种蛋受精率达90%以上，受精蛋孵化率85%以上。

2. 巢湖鸭

兼用鸭种，原产于安徽省中部、巢湖周围的庐江县、无为县等地。体型中等大小，母鸭全身羽毛浅褐色带黑色细花纹，翅有蓝绿色镜羽。喙黄绿色、跖、蹼橘红色，爪黑色（图 1-30）。公鸭头颈上部墨绿色有光泽，前胸和背腰褐色带黑色条斑，腹部白色（图 1-31）。

图 1-30　巢湖鸭（母）

图 1-31　巢湖鸭（公）

初生平均体重为 48.9g，成年公鸭体重平均为 2.42kg，母鸭平均为 2.13kg。105～144 日龄开产，年平均产蛋量 160～180 枚，平均蛋重 70g 左右，蛋形指数 1.42，壳色白色居多，青色少。公母配种比例 1∶30～1∶25，种蛋受精率为 92％左右。

3. 大余鸭

肉蛋兼用型鸭种，主产于江西省大余县。该鸭以腌制板鸭而闻名，母鸭全身羽毛褐色，翼有墨绿色镜羽（图 1-32）。公鸭头颈背部羽毛红褐色，少数头部有墨绿色羽毛，翼有墨绿色镜羽（图 1-33）。初生平均体重 42g，成年公鸭平均体重 2147g，母鸭 2108g。205 日龄开产，年平均产蛋量 121.5 枚，平均蛋重 70.1g，壳白色。公母配种比例 1∶10，种蛋受精率约 83％。

图 1-32　大余鸭（母）

图 1-33　大余鸭（公）

## 四、鹅的主要品种

鹅是体型较大的食草型水禽，按羽毛分为白鹅和灰鹅两种，根据体重又可分为大型、中型、小型三种类型。我国鹅种较多，包括狮头鹅、四川白鹅、溆浦鹅、太湖鹅、豁眼鹅、皖西白鹅等。国外品种包括法国朗德鹅、德国的莱茵鹅等。

1. 狮头鹅

是我国和亚洲第一大型鹅种，产于广东省饶平县。体躯呈方形，头大颈粗，头部前额肉瘤发达，向前突出覆盖于喙上，肉瘤呈黑色。喙亦为黑色，与口腔交接处有角质锯齿。眼皮突出，外观眼球似下陷。颌下咽袋一直伸延至颈部。跖、蹼红色有黑斑。全身背面羽毛、前胸羽毛及翼羽均为棕褐色。腹面的羽毛白色或灰白色(图1-34)。

成年公鹅平均体重10kg以上，母鹅9kg以上。母鹅5～6个月龄开产，第一年平均产蛋量24枚，平均蛋重176.3g；第二年产蛋28枚，蛋重217.2g。种蛋受精率65%～80%，受精蛋孵化率87%～90%。母鹅产蛋盛期为2～4岁。种用年限5～6年。公母配比为1：6～1：5。仔鹅在较好的饲养条件下，30日龄平均活重达2kg以上，60日龄达5kg以上。

图1-34　狮头鹅

图1-35　四川白鹅

2. 四川白鹅

中型鹅种，产于四川省温江、乐山、宜宾等地。四川白鹅全身羽毛洁白，喙橘黄色，跖、蹼橘红色。公鹅额部有一呈半圆形的橘黄色肉瘤，母鹅头上的肉瘤不明显。成年公鹅平均体重5～5.5kg，母鹅4.5～4.9kg。公鹅180日龄左右性成熟，母鹅200日龄开产，母鹅基本无就巢性，平均年产蛋量60～80枚，高产者可超过100枚，平均蛋重146.28g。公母配比为1：4～1：3，种蛋受精率85%，受精蛋孵化率在84%左右。仔鹅60日龄平均活重2.5kg，90日龄3.56kg(图1-35)。

3. 溆浦鹅

中型鹅，产于湖南省溆浦县城附近的新坪、马田坪等地。羽毛颜色有灰、白两种，以白色居多，20%左右的个体有顶心毛。灰鹅腹部白色，跖、蹼橘红色，喙黑色，肉瘤突起，表面光滑，呈灰黑色。白鹅全身羽毛洁白，喙、肉瘤、跖、蹼皆橘黄色。公鹅平均体重5.89kg，母鹅平均5.33kg。性成熟期为7个月龄，平均年产蛋量30枚，平均蛋重212.5g，蛋壳多为白色，少数为淡青色。公母配比为1：5～1：3，种蛋受精率97%，受精蛋孵化率93.5%。仔鹅10周龄平均体重：放牧鹅3.5kg以上，舍饲鹅4kg以上。

#### 4. 太湖鹅

小型鹅，原产于江苏省太湖一带。太湖鹅全身羽毛洁白，偶在眼梢、头顶、腰背部有少量灰褐色羽毛。头上肉瘤圆而光滑，无皱褶、无咽袋。公鹅常昂首挺胸展翅行走，喜追逐啄人，母鹅肉瘤较公鹅小。喙、跖、蹼均为橘红色，爪白色(图1-36)。母鹅160日龄开产，年平均产蛋量60～80枚，平均蛋重135.3g。公母配比为1∶7～1∶6，种蛋受精率在90％以上，受精蛋孵化率在85％以上。仔鹅10周龄平均体重：放牧鹅2.5kg，舍饲鹅3～3.5kg。

#### 5. 朗德鹅

又称西南灰鹅，原产于法国朗德省，是世界著名的肥肝专用品种。毛色灰褐，颈部、背部接近黑色，胸部毛色较浅，呈银灰色，腹下部则呈白色。喙橘黄色，跖、蹼肉色。其鹅肥肝质地细腻、味道独特，营养价值很高，含有大量对人体有益的不饱和脂肪酸及多种维生素，被誉为"世界绿色食品之王"。年平均产蛋量30～40枚，成年公鹅平均体重为7～8kg，成年母鹅平均为6～7kg。肥肝均重700～800g(图1-37)。

图1-36　太湖鹅　　　　　　　　　　图1-37　朗德鹅

# *任务三　家禽繁殖技术

## 一、自然交配

### (一)家禽自然交配方式

自然交配的繁殖方式适用于地面散养或网上平养的家禽。交配方式有以下三种。

#### 1. 大群配种

在一个数量较大的母禽群体内按性别比例要求放入公禽进行随机配种。母鸡数量为300～600只，肉鸭为100～300只，鹅为30～150只。这种配种方法只能用于种禽的扩群繁殖和一般的生产性繁殖厂。

#### 2. 小群配种

小群配种是在一个隔离的小饲养间内根据家禽的种类、类型不同，放入8～15只母禽和1只公禽，或20只左右母禽配备2～3只公禽。这种方法一般用于水禽的家系育种。

### 3. 人工辅助配种

多用于种鹅繁殖，是在工作人员的帮助下，种鹅顺利完成自然交配过程的一种配种方式。通常在小圈内进行，把需要配种的母鹅放进圈内，再把公鹅放入。操作人员用手握母鹅两脚和翅膀，让母鹅伏卧在地面，引诱公鹅靠近，当公鹅踏上母鹅背上时，可一手抓住母鹅，另一手把母鹅尾羽毛提起，以便交配，训练几次，公鹅看到人捉住母鹅就会主动接近交配。

## (二)自然交配管理注意事项

### 1. 自然交配的配偶比例

配偶比例或公母比是指1只公禽能够负担配种的能力，即多少只母禽应配备1只公禽才能保证正常的受精率。在配种过程中需要根据家禽种类的不同分别制订配偶比例（表1-3）。

表1-3　各种家禽适宜的配偶比例

| 家禽种类 | 公母比 | 家禽种类 | 公母比 |
|---|---|---|---|
| 白羽肉鸡 | 1∶10～1∶8 | 肉用麻鸭 | 1∶15～1∶10 |
| 白羽肉鸭 | 1∶5 | 中型鹅 | 1∶7～1∶5 |
| 蛋用鸭 | 1∶20～1∶15 | 大型鹅 | 1∶4 |

在生产实践中配偶比例的确定还应该考虑多方面的因素，如饲养方式、种禽的年龄、配种方式、繁殖季节、种公禽体质等。

### 2. 种禽利用年限

种鸡和鸭的产蛋率以第一个产蛋年度为最高，其后每年降低15%～20%，因此一般利用1个繁殖年度。大多数品种的鹅在第三年产蛋性能最好，可以利用4个繁殖年度，有的品种如太湖鹅、扬州鹅只利用1个繁殖年度。

### 3. 种水禽配种环境

鸭和鹅水中交配的成功率高于陆地，因此饲养种水禽要有合适的水面供其活动。水的质量会影响交配效果。

## 二、人工授精

家禽的人工授精技术在我国推广应用始于20世纪80年代，随着人工授精技术的发展和完善，很好地解决了养殖过程中自然交配造成的受精率低、种蛋污染严重、孵化率低等问题。目前在养鸡、养鸭生产中已经得到普遍应用，养鹅生产中人工授精技术也在逐渐成熟。

## (一)家禽采精技术

### 1. 鸡的采精方法

一般家禽人工授精操作是三人一组，一人采精或输精，两人保定公、母禽。公鸡采精以背式按摩采精法为好，操作简单，又可减少透明液和粪尿污染。助手两手分别握住公鸡大腿基部，并用拇指压住部分翅膀，两腿自然分开，尾部向术者稍抬高，固定于助手腰部一侧。术者将集精杯夹于无名指和小指之间，食指和拇指横跨托在泄殖腔下方，另一手放在公鸡背部，自背部向尾部方向轻快地紧贴背部滑动按摩2～3次，引起公鸡性感，使公鸡泄殖腔外翻，当露出乳状突时，迅速将手翻到尾部下面，并尽快将拇指和食指横跨在泄殖腔两侧，从乳状突后面捏住外翻的乳状突，一松一紧地施加适当压力，公鸡射出乳白色如牛奶样精液时，用集精杯刮接精液(图1-38)。如此反复地按摩采精2～3次，直至公鸡排完精液为止。

图1-38　鸡的采精

2. 鸭、鹅的采精方法

公鸭、公鹅采精方法有按摩法、台禽诱情法、假阴道法和电刺激法，前两种方法在生产中使用较多。一般情况下，每天采精1次，连续5～6d，休息1～2d。

(1)台禽诱情法　是指使用母鹅(台禽)对公鹅进行诱情，促使其射精而获取精液的方法。首先将母鹅固定于诱情台上(离地10～15cm)，然后放出经调教的公鹅，公鹅会立即爬跨台禽，当公鹅阴茎勃起伸出交尾时，采精人员迅速将阴茎导入集精杯而取得精液。若公鹅爬跨台禽而阴茎不伸出时，可迅速按摩公鹅泄殖腔周围，使阴茎勃起伸出而射精。

(2)按摩法　将公禽放在采精台上，助手一手固定公禽两腿，另一手持集精杯。术者一手掌心向下由公禽翅膀根部向尾部方向按摩，至尾根部时稍用力挤压尾根部，另一手用拇指和食指从泄殖腔下面捏住泄殖腔环，双手有节奏地按摩8～10s，当阴茎在泄殖腔内勃起并感到其变硬时，迅速将在背部的手翻转到尾部下方，拇指和食指按压泄殖腔上1/3部位两侧。这时勃起的阴茎翻出，助手同时迅速将集精杯置于泄殖腔下方，使伸出的阴茎正好插入集精杯内，术者持续地一松一紧地挤压泄殖腔(阴茎基部)，直至排完精液为止。

### (二)家禽精液稀释和保存

目前在生产实践中，家禽精液多为现采现用，不作稀释保存。事实上采下的新鲜精液在室温下几小时就会影响受精率，因此进行稀释保存是必要的。

1. 精液稀释

精液稀释应根据精液的品质决定稀释倍数，一般稀释比例1∶1。常用稀释液是0.9%的氯化钠溶液(即生理盐水)。精液稀释应在采精后尽快进行。

2. 精液保存

精液保存主要包括短期保存和长期保存(冷冻保存)。

(1)家禽精液短期保存　精液的短期保存根据温度不同可分为常温保存和低温保存。

①常温保存：一般应用在人工授精时精液采集后立即输精的过程，保存时间比较短暂，一般为0.5h。常温保存家禽精液的温度尚有不同研究报导。胡善虎研究表明鸡精液在30～35℃保存并在0.5h内输精效果最为适宜；孙占田等人将精液分别保存在35℃、37℃、39℃下0.5h内完成输精，发现保存在39℃下的精子受精率最佳。

②低温保存：是指精液在2～5℃低温条件下保存。保存时间一般超过24h。

(2)家禽精液冷冻保存 家禽精液冷冻保存技术已取得了不少进展,但受精率远低于鲜精。这项技术还有待进一步完善才能很好地应用于生产。

### (三)家禽输精技术

人工授精的质量是提高种蛋受精率的技术关键,实行人工授精的技术人员应有丰富的人工授精技能和相关知识,如掌握采精时间、频率、精液保存温度、环境、输精的时间和次数等。必须熟练掌握人工授精的技术操作要领、注意事项和生产实践经验,这样才能保证人工授精质量,进而提高种蛋受精率。

**1. 输精方法**

(1)阴道输精法 亦称输卵管口外翻输精法。由助手保定母禽,一手紧紧握住母鸡的两腿基都,将鸡尾部及双腿拉出笼门,使鸡的胸部紧贴笼门下缘,以增加母鸡腹腔内压力,另一手拇指和食指横跨泄殖腔上下两侧,并按压泄殖腔,使泄殖腔外翻,露出输卵管口,术者将输精管插入,输入精液(图 1-39)。鸡、小型鹅用此法输精。

图 1-39 鸡的输精

(2)深部阴道输精法 亦称手指引导输精法。助手将母禽固定好,术者用食指插入母禽泄殖腔,探到输卵管口后插入食指,再将输精管沿食指插入输卵管内,输入精液。此法多用于鸭、鹅的输精。

(3)直接插入阴道输精法 助手固定好母禽,术者用左手将母禽尾巴压向一侧,并用拇指按压泄殖腔下缘,使泄殖口张开,右手以拿毛笔方式持输精管上部,输精管插入泄殖腔后就向左方插进,便可插入输卵管、输入精液。这亦是鸭、鹅常用的输精方法。

(4)扩张器输精法 利用扩张器扩张开母禽的泄殖腔,找到输卵管,然后插入输精管注入精液。此法应用最少。

**2. 输精部位**

家禽的输精方法实际上是由输精深度决定的,采用不同的输精部位对蛋的受精率有明显的影响,到达受精地点的精子数量在很大程度上取决于输精部位。输精深度的选择方面,鸡为注入输卵管口内 1.5~3cm,鸭、鹅为 4~6cm。

**3. 输精时间与输精量**

母禽输卵管子宫部有蛋存在时,会影响精子向受精地点运行,因此,鸡一般在 16:00 以后输精,鸭输精宜在上午进行,鹅的输精可在白天 12:00 以后进行。

由于公禽的精子能在雌禽生殖道内存活相当长的时间,故与家畜输精不同。鸡 5~7d 输精一次,输入剂量为 0.025~0.05mL 未稀释的新鲜精液。若以稀释的精液输精则要相应的增加输精量,一般鸡场均采用未稀释的新鲜精液输精。鸭、鹅 5~7d 输精一次,未稀释的新鲜精液输入剂量为 0.03~0.05mL。

以上只是对家禽繁殖作了简单的介绍,有关家禽繁殖的详细介绍请查阅畜禽繁殖学相关书籍。

**全国肉鸡遗传改良计划**（2014—2025 年）

我国是世界第二大肉鸡生产和消费国。鸡肉是仅次于猪肉的第二大肉类产品。良种是肉鸡产业发展的物质基础。为提高肉鸡种业科技创新水平、发挥政府导向作用，强化企业育种主体地位，加快肉鸡遗传改良进程，进一步完善国家肉鸡良种繁育体系，提高肉鸡育种能力、生产水平和养殖效益，制订本计划。

1. 我国肉鸡遗传改良现状

（1）现有基础　我国鸡肉产品主要来源于白羽肉鸡、黄羽肉鸡（肉用地方鸡品种及含有地方鸡血缘的肉用培育品种和配套系）和淘汰蛋鸡。白羽肉鸡行业起步于 20 世纪 80 年代，通过引进国外优良品种，经过 30 多年的发展，我国已成为全球三大白羽肉鸡生产国之一。黄羽肉鸡产业是具有中国特色的传统产业、遗传改良工作稳步推进。在保持鸡肉品质的前提下，繁殖性能、生长速度和饲料转化率明显提高，已占据我国肉鸡生产的近半壁江山。现代肉鸡种业支撑了我国肉鸡产业的持续快速发展。为加快畜牧业结构调整、满足城乡居民肉类消费和增加农民收入做出了重要贡献。

①保护了一批地方鸡种资源：我国是世界上鸡遗传资源最丰富的国家之一。收录在《中国畜禽遗传资源志·家禽志》中的地方鸡品种达到 107 个。为加强地方鸡种资源保护、农业部公布了包含 28 个地方鸡种在内的《国家级畜禽遗传资源保护名录》，建立了 2 个国家级地方鸡种活体保存基因库和 1 个畜禽遗传资源体细胞库，确定了 13 个国家级鸡遗传资源保种场。地方鸡种资源的保护丰富了家禽种质资源的生物多样性，为肉鸡新品种培育提供了宝贵的育种素材。

②培育和引进了一批肉鸡新品种（配套系）：截至目前，通过国家审定的黄羽肉鸡新品种和配套系（以下均简称品种）数量超过 40 个。我国自主培育的黄羽肉鸡品种大多肉品质优良、环境适应性强，具有较好的养殖效益，极大地丰富了我国肉鸡产品市场，满足了多样化的消费需求。白羽肉鸡生产种源全部从国外引进，品种主要有爱拔益加、罗斯和科宝等。年引进祖代数量超过 100 万套，为推动我国肉鸡业的稳步发展发挥了重要作用。

③初步建立了肉鸡良种繁育体系：我国肉鸡产业通过引进国外优良品种与国内自主培育相结合，基本形成了曾祖代（原种）、祖代、父母代和商品代相配套的良种繁育体系。我国现有肉鸡祖代场 123 个，父母代场 1633 个，年存栏祖代肉种鸡 310 多万套，父母代种鸡 9100 多万套，良种供应能力不断提高。在北京和扬州分别建立了家禽品质监督检验测试中心。承担全国种禽的监督、检测及生产性能测定等任务，为提升我国种禽质量水平提供了有力的支撑。

④保障了鸡肉产品市场有效供给：改革开放 30 多年来，我国肉鸡产业加快发展，产量持续增长。出栏肉鸡由 11.2 亿只增加至 87.7 亿只，年均增长 7.1%；鸡肉产量由 122.3 万 t 增加至 1217.0 万 t，年均增长 8.0%，鸡肉产量占肉类总产量的比重由 7.9% 提高到 15.0%，肉鸡产业已成为我国畜牧业中规模化、集约化、组织化和市场化程度最高的产业之一。肉鸡产业的转型升级。促进了我国肉类消费结构的进一步优化，对于现代畜牧

业持续平稳发展起到了积极的推动作用。

(2)存在的主要问题

①黄羽肉鸡育种企业多、低水平重复现象严重：我国黄羽肉鸡育种企业数量多，规模参差不齐，整体技术力量薄弱，先进育种技术应用不够，育种设施设备相对落后，低水平重复育种现象严重，生产中特征明显、性能优异、市场份额大的核心品种较少。黄羽肉鸡育种在体型外貌、生长速度等高遗传力性状方面取得一定的遗传进展。但对肉品质、繁殖和饲料利用率等重要经济性状的选择进展缓慢。

②白羽肉鸡育种滞后：20 世纪 90 年代，国内培育的艾维茵肉鸡一度占有白羽肉鸡50％左右的市场份额。进入 21 世纪，我国白羽肉鸡育种中断，生产中使用的良种全部从国外引进。长期大量的引种不仅威胁我国肉鸡种业安全，也给家禽生物安全带来了挑战。无论从产业稳定发展，还是国家长远战略考虑，都迫切需要重新启动白羽肉鸡育种工作。

③种鸡利用效率较低：与发达国家相比，我国肉用种鸡的利用效率相对较低，每套祖代白羽肉用种鸡年均提供父母代仅 50 套左右，比美国、巴西等国的平均水平低 10 套以上。养殖死淘率高直接影响了种鸡的生产效率，导致祖代种鸡资源的浪费。黄羽肉鸡品种数量多，但单个品种推广数量相对较少，祖代种鸡的使用期明显缩短。

④疫病因素制约了肉鸡种业的发展：国际大型肉鸡育种公司对禽白血病、沙门菌病等疫病的净化和防治工作开展得较早、较彻底，产品竞争力强。近些年来，我国禽流感等重大疫病时有发生，禽白血病等疾病种源净化工作亟待加强，疫病防控形势依然严峻。在目前国内饲养环境下，切实做好垂直传播疾病的净化工作，是肉鸡育种工作面临的首要问题。

⑤以企业为主体的育种机制有待加强：以市场为导向，以大型育种公司为主体开展育种工作，是国际肉鸡育种的通行模式，也是我国肉鸡育种的必由之路。我国肉鸡育种企业整体规模小，育种创新能力不强，政府引导、企业主体、产学研推相结合的育种机制亟待加强。

"十二五"期间，国家明确了加快发展现代农业种业的战略目标和措施，今后一个时期是发展我国现代肉鸡种业的重要机遇期。制订实施全国肉鸡遗传改良计划，对于提高我国肉鸡生产水平，满足畜产品有效供给和多元化市场需求，打破国外品种对白羽肉鸡市场的垄断，确立黄羽肉鸡育种的特色和优势，保障肉鸡种业安全，具有重要意义。

2. 指导思想、总体目标、主要任务和任务指标

(1)指导思想　以市场需求为导向，以提高育种能力和自主品牌市场占有率为主攻方向，坚持政府引导、企业主体的育种道路，推进"产、学、研、推"育种协作机制创新，整合和利用产业资源，健全以核心育种场和扩繁推广基地为支撑的肉鸡良种繁育体系，加强生产性能测定、疫病净化、实用技术研发和资源保护利用等基础性工作。全面提高肉鸡种业发展水平，促进肉鸡产业持续健康发展。

(2)总体目标　到2025 年，培育肉鸡新品种 40 个以上，自主培育品种商品代市场占有率超过 60％。提高引进品种的质量和利用效率，进一步健全良种扩繁推广体系。提升肉鸡种业发展水平和核心竞争力，形成机制灵活、竞争有序的现代肉鸡种业新格局。

（3）主要任务

①培育黄羽肉鸡新品种，持续选育已育成品种，扩大核心品种市场占有率；培育达到国际先进水平的白羽肉鸡新品种。

②打造一批在国内外有较大影响力的"育（引）繁推一体化"肉种鸡企业，建立国家肉鸡良种扩繁推广基地，满足市场对优质商品鸡的需要。

③净化育种群和扩繁群主要垂直传播疾病，定期监测净化水平。

④制定并完善肉鸡生产性能测定技术与管理规范，建立由核心育种场和种禽质量监督检验机构组成的性能测定体系。

⑤开展肉鸡育种新技术及新品种产业化技术的研发，及时收集、分析肉鸡种业相关信息和发展动态。

（4）任务指标

①遴选国家肉鸡核心育种场：遴选肉鸡核心育种场 20 个，其中白羽肉鸡 2 个以上。核心育种场突出核心育种群规模、育种素材、育种方案、设施设备条件、技术团队力量和市场占有率等。育成新品种 40 个以上，其中白羽快长型肉鸡 2～3 个。市场占有率超过 5％ 的黄羽肉鸡品种 5 个以上，国产白羽肉鸡品种市场占有率超过 20％。

快长型黄羽肉鸡新品种：入舍母鸡 66 周龄产合格雏鸡数增加 10 只以上；商品鸡 49 日龄体重提高 300g，饲料转化率改进 10％，胸腿肌率、成活率分别提高 3 个和 2 个百分点。

优质型黄羽肉鸡新品种：入舍母鸡 66 周龄产合格雏鸡数增加 15 只以上；商品鸡饲料转化率改进 5％，上市体重变异系数控制在 8％ 以内。

白羽肉鸡新品种：商品鸡 42 日龄体重 2.8kg 以上，料重比 1.70：1 以下，成活率 95％ 以上；综合指标有一项以上优于进口品种。

②遴选良种扩繁推广基地：从"育（引）繁推一体化"肉种鸡企业中遴选 25 个国家肉鸡良种扩繁推广基地，单个企业祖代鸡存栏量 2 万套以上，父母代鸡存栏量 30 万套以上，年推广商品代雏鸡不低于 3000 万只。

③疾病净化：鸡白痢沙门菌病、禽白血病等垂直传播疫病净化符合农业部有关标准要求。

## 3. 主要内容

（1）强化国家肉鸡良种选育体系

①实施内容：遴选国家肉鸡核心育种场。采用企业申报、省级畜牧兽医行政主管部门推荐的方式，遴选国家肉鸡核心育种场。建立长效的考核与淘汰机制，实行核心育种场动态管理。

培育新品种和选育提高已育成品种：通过整合育种优势资源和技术，优化育种方案，完善育种数据采集与遗传评估技术，开发应用育种新技术，培育肉鸡新品种。持续选育已育成肉鸡品种，进一步提高品种质量，推进肉鸡品种国产化和多元化，满足不同层次消费需求。

净化育种核心群主要垂直传播疫病：开展育种群主要垂直传播疫病的净化工作。完善环境控制和管理配套技术，巩固净化成果。

②任务指标：2014年发布核心育种场遴选标准，2015年遴选黄羽肉鸡核心育种场。2017年遴选白羽肉鸡核心育种场，逐步形成以核心育种场为主体的商业化育种模式。

到2025年，育成38个以上黄羽肉鸡新品种，核心育种场供应种鸡数量占全国黄羽肉鸡育成品种的75%以上；育成2~3个达到同期国际先进水平的白羽肉鸡新品种，商品鸡年出栏量达到白羽肉鸡总出栏量的20%。

核心育种场配备主要疫病检测实验室和净化专用设施，制订并执行主要垂直传播疫病检测、净化技术方案。核心育种群鸡白痢沙门菌病、禽白血病等血清学检测结果符合农业部有关标准。

(2)健全国家肉鸡良种扩繁推广体系

①实施内容：打造在国内外有较大影响力的"育(引)繁推一体化"肉种鸡企业。在企业自愿申报、省级畜牧兽医行政主管部门审核推荐基础上，以自主培育品种为主，兼顾引进品种，遴选国家肉鸡良种扩繁推广基地，提升肉鸡产业供种能力。

净化扩繁群主要垂直传播疫病，持续开展肉种鸡主要垂直传播疫病的净化工作，提高雏鸡健康水平。

②任务指标：2014年发布"育(引)繁推一体化"国家肉鸡良种扩繁推广基地遴选标准，2017年前遴选25个国家肉鸡良种扩繁推广基地。

良种扩繁推广基地制订并执行主要垂直传播疫病检测及净化技术方案，鸡白痢沙门菌病、禽白血病等的血清学检测结果符合农业农村部有关标准要求。

(3)构建国家肉鸡育种支撑体系

①实施内容：开展肉鸡生产性能测定。健全肉鸡生产性能测定技术与管理规范。核心育种场主要测定原种和祖代的生产性能。农业农村部家禽品质监督检验测试中心定期测定国家审定品种和引进品种父母代和商品代生产性能。种禽质量监督检验测定机构负责种鸡质量的监督检验。

研发肉鸡遗传改良实用技术。成立国家肉鸡遗传改良技术专家组，开展肉鸡育种实用新技术研发，为核心育种场提供指导，对测定场进行技术指导和培训，汇集各种来源的测定数据，及时掌握品种生产性能的动态变化情况。

保护利用地方鸡种资源。支持列入国家级和省级畜禽遗传资源保护名录的地方鸡种的保护和选育工作。利用分子生物学等先进技术手段，开展我国地方鸡种资源肉质、适应能力等优良特性评价。挖掘优势特色基因，为肉鸡新品种的选育提供育种素材。

②任务指标：制定发布肉鸡性能测定技术与管理规范。

依托农业农村部家禽品质监督检验测试中心定期开展性能测定工作。遴选20~25个农业农村部肉鸡标准化示范场纳入肉鸡生产性能测定体系，定期测定国家审定品种和引进品种生产性能，并及时公布测定结果。

种禽质量监督检验测定机构定期开展质量抽检，并及时通报检测结果。

4. 保障措施

(1)完善组织管理体系　农业农村部畜牧业司和全国畜牧总站负责本计划的组织实施。省级畜牧兽医主管部门负责本区域内国家肉鸡核心育种场、国家肉鸡良种扩繁推广基地以及纳入性能测定体系的肉鸡标准化示范场的资格审查与推荐，配合做好国家肉种鸡性能和主要垂直传播疫病的监测任务。依托国家肉鸡产业技术体系，成立肉鸡遗传改良计划技术专家组，负责制订肉鸡核心育种场遴选标准、生产性能测定方案，评信遗传改良进展，开展相关育种技术指导等工作。有条件的省份要结合实际，制订实施本省份肉鸡遗传改良计划。

（2）创新运行管理机制　加强本计划实施监督管理工作，建立科学的考核标准，完善运行管理机制。严格遴选并公布核心育种场，依据品种选育的遗传进展、生产性能等指标每三年对育种工作进行一次考核，通报考核结果，淘汰不合格核心育种场。严格遴选"育（引）繁推一体化"国家肉鸡良种扩繁推广基地，及时考核种鸡饲养规模和商品鸡推广量。严格遴选纳入性能测定体系的标准化示范场，定期对测定数据的可靠性和准确性进行考核。

（3）加大资金和政策支持力度　积极争取中央和地方加大对全国肉鸡遗传改良计划实施的政策和资金支持，引导社会资本进入肉鸡种业领域。继续加大肉鸡遗传资源保护，新品种选育、疫病净化、性能测定等方面的支持力度，整合项目资金，加强核心育种场和良种扩繁推广基地等建设，推进肉鸡遗传改良计划顺利实施。

（4）加强宣传和培训　加强全国肉鸡遗传改良计划的宣传，营造良好舆论氛围。依托国家肉鸡产业技术体系和畜牧技术推广体系，组织开展技术培训和指导，提高我国肉鸡种业从业人员素质。建立全国肉鸡遗传改良网络平台，促进信息交流和共享。在加强国内肉鸡遗传改良工作的同时，积极引进国外优良种质资源和先进技术，鼓励育种企业走出去，加强对外交流与合作，促进我国肉鸡育种产业与国际接轨。

## 实训一　家禽外貌部位识别与鉴定

### 【目的要求】

掌握家禽的保定方法；熟悉家禽的外貌部位及其名称；掌握公禽与母禽之间，高产蛋鸡与低产蛋鸡之间的外貌特征差异。

### 【材料和用具】

鸡、鸭、鹅外貌部位名称挂图、仿真软件，鸡笼，健康公、母鸡，健康公、母鸭，健康公、母鹅，高产蛋鸡和低产蛋鸡。

### 【内容和方法】

1. 鸡的保定

笼内抓鸡，动作要轻缓。先用右手伸入笼内，食指从前方插入鸡的两腿之间，并用拇指和中指夹住左右腿，将鸡从笼中拉出。然后改用左手，鸡头向内，大拇指和食指夹住鸡的右腿，无名指和小指夹住鸡的小腿，使鸡的胸腹部置于左手掌中。

2. 家禽各部位名称和特征识别

首先由教师结合挂图、仿真软件和实物，对照讲解禽的外貌各部位名称、特征。然后让学生反复观看，以加深记忆。观看内容如下：

(1)鸡的外貌各部位名称和特征识别

头部：包括冠、肉垂、喙、鼻孔、眼、脸、耳孔及耳叶。重点观察鸡的冠型。

颈部：包括颈部长短、羽毛特征等。

体躯：包括胸、腹、背腰三部分。重点观察鸡的背腰及鞍羽。

尾部：包括主尾羽和覆尾羽。

翅膀：翅上的主要羽毛包括主翼羽、副翼羽、轴羽、覆主翼羽等。

腿部：包括大腿、小腿、飞节、跖(胫)、距、趾、爪等。

根据以上各特征总结公鸡与母鸡，高产蛋鸡和低产蛋鸡之间的外貌特征区别。

(2)鸭的外貌各部位名称和特征识别

头部：包括喙、喙豆、鼻孔、眼、脸、耳等，重点观察喙的特征。

颈部：包括颈部长短、粗细和羽毛特征等。

体躯：包括背、胸、腹三部分。

尾部：重点观察成年公鸭卷羽、并可依此鉴别雌雄。

翅膀：翼羽包括轴羽、主翼羽、副翼羽、覆主翼羽和覆副翼羽，掌握镜羽特征。

腿部：包括大腿、小腿、跖(胫)、趾、蹼等，重点观察蹼的特征。

(3)鹅的外貌各部位名称和特征识别

头部：包括喙、喙豆、肉瘤、咽袋、鼻孔、眼、脸、耳等，重点观察喙、肉瘤和咽袋的特征。

颈部：包括颈部长短、粗细和羽毛特征等。

体躯：包括背、胸、腹三部分。重点观察腹部褶皱情况。

翅膀：重点观察翼羽。

腿部：包括大腿、小腿、跖(胫)、趾、蹼等，重点观察蹼的特征。

**【实训报告】**

记录观察到的鸡、鸭、鹅外貌部位名称及特征；总结公禽与母禽、高产蛋鸡和低产蛋鸡之间的外貌区别。

# 实训二　家禽品种识别

**【目的要求】**

了解鸡、鸭、鹅的品种类型及一些品种的产地、外貌特征和生产性能，并能根据体型外貌识别著名的和当地饲养较多的家禽品种。

**【材料和用具】**

不同鸡、鸭、鹅品种图片、相关课件，标本，投影仪，幻灯机，典型品种的健康活禽。

**【内容和方法】**

1. 家禽品种识别

放映家禽品种图片或相关课件，边看边讲授，重点介绍产地、类型、体型外貌特征。

具体观察内容如下：

（1）鸡的品种识别

标准品种：放映白来航鸡、白洛克鸡和科尼什鸡等品种的图片。

地方品种：放映仙居鸡、固始鸡、萧山鸡、寿光鸡、北京油鸡、桃源鸡、惠阳胡须鸡、清远麻鸡、河田鸡等品种的图片。

现代品种：可根据实际情况放映部分现代蛋鸡品种和现代肉鸡品种的图片。

（2）鸭的品种识别

肉用型鸭：放映北京鸭、樱桃谷鸭、番鸭等品种的图片。

蛋用型鸭：放映绍兴鸭、金定鸭、攸县麻鸭、莆田鸭、康贝尔鸭等品种的图片。

兼用型鸭：放映高邮鸭、建昌鸭、大余鸭等品种的图片。

（3）鹅的品种识别

大型鹅：放映狮头鹅、朗德鹅、图卢兹鹅等品种的图片。

中型鹅：放映皖西白鹅、四川白鹅、溆浦鹅、莱茵鹅等品种的图片。

小型鹅：放映太湖鹅、豁眼鹅、长乐鹅等品种的图片。

2. 体型体貌识别

展示标本活禽，让学生辨认主要品种的体型外貌，叙述其主要生产性能。

【实训报告】

用表格形式记录观察到的鸡、鸭、鹅主要品种的产地、外貌特征和生产性能。


# 实训三　鸡的人工授精

【目的要求】

初步掌握鸡人工授精的基本操作技术。

【材料和用具】

健康种公鸡、种母鸡若干只，采精杯，集精管，输精管，毛剪，显微镜，载玻片，盖玻片，保温桶，温度计，红细胞计数器，棉花，干燥箱，水浴锅，3％的氯化钠溶液，蒸馏水，显微镜，保温箱，75％酒精，0.5％龙胆紫，2％伊红溶液，0.9％的氯化钠溶液（即生理盐水）。

【内容和方法】

1. 鸡的采精与输精

（1）鸡的采精

①采精准备：

a. 将健康公鸡、母鸡提前分群饲养，加强对种公鸡的管理。

b. 在正式人工采精前一周对公鸡进行按摩训练，将性反射强、精液品质好的公鸡挑选出来。

c. 用毛剪将选好的公鸡剪去泄殖腔周围的羽毛。

d. 将所有的人工授精器材洗干净，消毒烘干备用。

②采精步骤(以腹式按摩法为例)：两人操作采精时，一人用左、右手分别将公鸡的两腿轻轻握住，使其自然分开，鸡的头部向后，尾部向采精者。另一个人采精时右手中指和食指夹住采精杯，杯口朝外，右手掌分开贴于鸡的腹部。左手掌自公鸡的背部向尾部方向按摩，到尾综骨处稍加力，此时可看到公鸡尾部翘起，当泄殖腔外翻时，左手顺势将鸡尾部翻向背部，并将左手的拇指和食指跨掐在泄殖腔两上侧作适当的挤压，精液即可顺利排出。精液排出时，右手迅速将杯口朝上承接精液。单人操作时，术者坐在凳子上将公鸡保定于两腿之间，采精步骤同上。公鸡每周采精以 3~5 次为宜。

(2)精液品质检查

①肉眼观测：

a. 颜色：正常为乳白色。被粪便污染的为黄褐色；尿酸盐污染为白色絮状物；血液污染的为粉红色；透明液过多为水渍状。稍带有腥味。

b. 采精量：正常采精量为 0.2~1.2mL。

②镜检观测：

a. 活力：采精后取精液或稀释后的精液，用平板压片法在 37℃ 条件下用 200~400 倍显微镜检查，评定活力的等级，一般根据在显微镜下呈直线前进运动的精子数(有受精能力)所占比例分为 1、0.9、0.8、0.7、0.6、…、0.1 等线级。转圈运动或原地摆的精子，都没有受精能力。

b. 密度：密——精子中间几乎无空隙。每毫升精子约 40 亿以上；中——精子之间有明显空隙。每毫升精子数 20 亿~40 亿；稀——精子之间有很大空隙。每毫升精子约 20 亿以下。只要每毫升精子在 30 亿个以上则可正常输精。

c. 畸形率检查：取 1 滴原精液在载玻片上，抹片自然阴干，干后用 75% 酒精固定 1~2min，水洗，再用 0.5% 龙胆紫(或红、蓝墨水)染色 3min，水洗阴干，在 400~600 倍显微镜检查。畸形精子有尾部盘绕、断尾、无头、盘绕头、钩状头、小头、破裂头、钝头、膨胀头、气球头、丝状段等。

(3)精液稀释和保存　精液的稀释应根据精液的品质决定稀释倍数，一般稀释比例为 1:1。常用稀释液是 0.9% 的氯化钠溶液。精液稀释应在采精后尽快进行。

精液的保存采用低温保存和冷冻保存。现在种鸡场或者采精后直接就输精，或者将精液稀释后置于 25~30℃ 的保温桶中暂存，并在 20~40min 内输完。

(4)鸡的输精

①输精前准备：挑健康、无病、开产的、产蛋率达 70% 以上的母鸡开始输精最为理想。

②输精时间：以每天 15:00 以后，母鸡输卵管子宫部内无硬壳蛋时最佳。

③输精方法：阴道输精是生产中广泛应用的方法。一般 3 人一组，2 人翻肛，1 人输精。翻肛者用左手在笼中捉住鸡的两腿，并紧握腿根部，将鸡腹贴于笼上，鸡呈卧伏状，右手对母鸡腹部的左侧施以一定腹压，输卵管便可翻出，输精者立即将吸有精液的输精管顺鸡的卧式插入输卵管开口中 1~2cm。输精时需翻肛者与输精者密切配合，在输入精液时，翻肛者要及时解除鸡腹部的压力，才能有效地将精液全部输入。

④输精量和输精次数：取决于精液品质。蛋用型鸡在产蛋高峰期每 5~7d 输一次，每次输精量为原液 0.025mL 或稀释精液 0.05mL。产蛋初期和后期则每 4~6d 输一次，每次

输精量原液 0.025～0.05mL 或稀释精液 0.05～0.075mL。肉种鸡每 4～5d 输一次，每次输精量原液 0.03mL，中后期原液 0.05～0.06mL，每 4d 一次。要保持高的受精率就要保证每只鸡每次输入的有效精子数不少于 8000 万至 1 亿。

**【实训报告】**

总结鸡人工授精的操作技术要点和注意事项；并写出实训体会。

## 练习与思考题

1. 母禽输卵管子宫部有蛋存在时，会影响精子向受精地点运行，因此，鸡一般在下午（　　）以后输精，鸭输精宜在（　　）进行，鹅的输精可在（　　）以后进行。

2. 鸡（　　）d 输精一次，输入剂量为（　　）mL 未稀释的新鲜精液。

3. 鸡输精深度一般注入输卵管口内（　　）cm，鸭、鹅为（　　）cm。

4. 公鸡采精方法以（　　）为好。

5. 家禽的体尺指标有哪些？如何进行测量？

6. 家禽的品种如何分类？我国有哪些优良的地方鸡、鸭品种？

7. 简述鸡的采精方法。

8. 简述家禽输精技术要领。

# 项目二
# 家禽场建设与设备选择

【知识目标】

- 掌握家禽场场址选择应考虑的各方面因素。
- 掌握各类禽舍的构造特点。
- 熟悉养禽场常用设备的性能和特点。
- 掌握设备的使用方法。

【技能目标】

- 能够设计中小型禽场。
- 能根据实际情况，选择禽舍类型并对内部进行合理布局。
- 能够科学选择和使用养禽场常用设备。

## *任务一　家禽场选址与布局

### 一、场址选择

选择家禽场址应以方便生产经营、便利交通、防疫条件好为原则。家禽场一旦建成，就不容易改变，所以在建场前要进行全面了解、综合考查。主要应考虑以下几个方面的问题。

1. 地理条件

养禽场场址应选择地势高燥、排水良好且向阳背风的地方；选择地形开阔、平坦或略有缓坡、长轴坐北朝南或东南，并利于防御大风、雷电暴雨和山体滑坡等自然灾害的地方建家禽场(图 2-1)。水源水质符合要求；了解地质土壤情况，调查地层构造，主要考虑其对建房基础的耐压力。要求未被传染病污染过，透气性和透水性良好，以保证场地干燥；

图 2-1　养鸡场地形地势(鸡舍依缓坡而建)

了解建场地区的气候气象资料。

2．环境条件

(1)供水　家禽场一般距城市较远，如果没有自来水公司供水，可以打井、修水塔以保证本家禽场供水；水质要达到《无公害食品 畜禽饮用水水质》(NY 5027—2008)规定的标准。禁止使用河流、池塘和水库等没有经过净化处理直接作为鸡场水源(表 2-1)。

表 2-1　家禽饮用水标准

| 级别 | 评价 | 细菌总数(个/mL) | 级别 | 评价 | 细菌总数(个/mL) |
|---|---|---|---|---|---|
| 优 | 纯水 | 0～10 | 中 | 尚可饮用水 | 1000～10 000 |
| 良 | 可饮用水 | 10～100 | 差 | 污水 | 100 000 以上 |

(2)供电　要认真了解有无双路供电的可能，如没有则需自备发电机以防停电。要保证任何时候都能正常供电，因为机械化程度越高的家禽场对电力的依赖性越强。

(3)交通　一般应选择交通方便的地方，接近公路，靠近消费地和饲料来源地。场地既要与主要交通干线有一定的距离(最好在 1000m 以上)，以利于防疫，又要能满足禽场运输的需要。

## 二、场区布局

1．禽场分区原则

各种房舍和设施的分区规划要便于防疫和组织生产。首先，应考虑人的工作和生活环境，尽量使其不受饲料粉尘、粪便、气味等污染；其次，要注意生产家禽群的防疫卫生，杜绝污染源对生产区的环境污染。

2．场区规划布局

(1)各区的设置　一般行政区和生产辅助区相连，有围墙隔开，而生活区最好自成一体。通常生活区分别距行政区和生产区 100m 以上。污粪处理区应在主风向的下方，与生活区保持较大的距离，各区排列顺序按主导风向，地势高低及水流方向依次为生活区、行政区、辅助生产区、生产区和污粪处理区(图 2-2)。

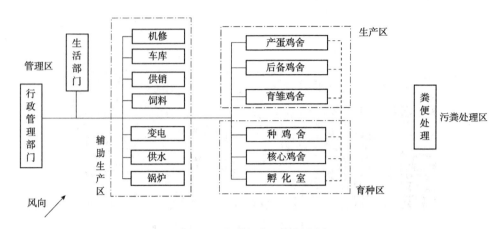

图 2-2　家禽场分区规划布局

（2）禽场道路　道路是养禽场各建筑物间联系的纽带，场内道路按大小可分为主干道（宽 5m 以上）和支干道（宽 2～5m）；按用途分净道和污道，净道是饲料和产品的运输通道；污道为运输粪便、死禽、淘汰禽以及废弃设备的专用道。为了保证养禽场的安全，净道和污道进行分离，互不交叉，且设在各禽舍的两端，出入口分开，避免感染清洁的或已消毒的物品（图 2-3）。

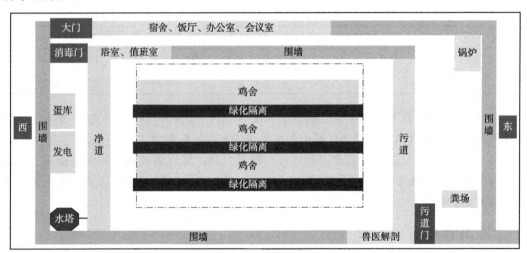

图 2-3　养鸡场净道与污道分离

（3）禽舍绿化　禽舍植树、种草绿化，对改善场区小气候、净化空气和水质、降低噪声等有重要意义，并可以形成疫病隔离的自然屏障。在进行家禽场规划时，必须规划出绿化地，其中包括防风林、隔离林、行道绿化、遮阳绿化、绿地等。

（4）禽舍间距　设计禽舍间距首先要考虑防疫要求、排污要求及防火要求等方面的因素。一般取 3～5 倍禽舍高度作为间距即能满足要求。

（5）禽舍配比　在生产区，育雏舍、育成舍和成鸡舍建筑面积比例一般为 1：2：6。

（6）生产区内各建筑物布局　生产区是禽场布局中的主体，应慎重对待。孵化室应和所有的禽舍相隔一定的距离，最好设立于整个禽场之外。育雏舍和成禽舍最好以围墙隔开，成禽舍要位于雏禽舍的下风向，尽量避免成禽舍对雏禽舍的污染。种禽舍、孵化室、育雏舍、育成舍、产蛋舍应依次排列成线，以符合防疫要求的最短路线运送种蛋、初生雏和转群。料库、饲料加工间应连成一体并位于生产区的边缘，以使场内外运输车辆分开，对防疫有利；其尽可能与耗料多的成禽舍、育成舍邻近，以缩短进料和送料的距离。兽医防治区包括兽医室、解剖室、化验室、病死禽焚烧炉等，应处于生产区的下风处，距离禽舍至少 100m 以上。

# <sup>*</sup>任务二　禽舍设计与建造

## 一、禽舍设计原则

满足家禽的生理要求，创造一个良好的环境条件，使家禽能够充分发挥其品种优势，发挥其生产潜能。适合工厂化生产要求，满足机械化、自动化所需条件或留有待日后添加设备的条件。符合安全卫生防疫要求，便于进行彻底的冲洗和消毒，禽舍的屋顶及墙壁没有缝隙，地面及墙壁裙要坚固；所有的口、孔之处均应安装有牢固的金属网罩，以防野禽飞入及老鼠打洞。符合家禽场的总体平面设计要求，布局合理，因地制宜，节约建材，降低造价。

## 二、禽舍类型选择（以鸡舍为例）

鸡舍分类的方法很多，一般根据外界环境对鸡舍内环境影响程度分为全开放式鸡舍、半开放式鸡舍和密闭式鸡舍三种类型。

### 1. 全开放式鸡舍

全开放式鸡舍是指舍内与舍外直接相通，可利用光、热、风等自然能源的鸡舍。此种鸡舍建筑投资低，通风效果好，但易受外界不良气候的影响，防寒、防暑、防雨、防风效果差，需要投入较多的人工进行调节（图 2-4、图 2-5）。主要用于育成鸡和成鸡的饲养，适用于热带或亚热带地区及我国北方夏季使用，但低温季节需做好保温防寒工作。我国大部分散养家鸡、山林养鸡、放牧养鸡均采用此种鸡舍。

图 2-4　移动开放式鸡舍

图 2-5　固定开放式鸡舍

## 2. 半开放式鸡舍

半开放式鸡舍是指四周有较矮围墙，前墙和后墙上部敞开或安装窗户的鸡舍。敞开的面积取决于气候条件及禽舍类型，一般敞开50％～60％的面积，敞开部分可安装窗户、卷帘、塑料布、草席等，高温季节打开窗户或拉起卷帘通风，低温季节关闭窗户或封闭卷帘保温(图2-6、图2-7)。此类鸡舍能够利用外界自然气候条件，并对舍内小气候环境有一定的控制能力，但外界环境对舍内环境影响仍然很大。主要用于种鸡、育成鸡和成鸡的饲养，适用于气候条件变化不太大的地区。

图2-6　半开放式鸡舍(外部)　　　　图2-7　半开放式鸡舍(内部)

## 3. 密闭式鸡舍

密闭式鸡舍是指四周用保温隔热效果良好的墙壁密封，不设窗户，只设置可调通风口，与外界环境隔离的鸡舍(图2-8、图2-9)。密闭式禽舍要求屋顶与四壁保温隔热效果良好，通过调控环境控制设备调节鸡舍内小气候环境，自然环境对鸡群的影响非常小，能够减弱或消除不利的自然因素对家鸡群的影响，使鸡群能在较为稳定的适宜的环境下充分发挥品种潜能，稳定高产。可以有效地控制和掌握育成鸡的性成熟，较为准确地监控营养和耗料情况，提高饲料的转化率。因几乎处于密闭的状态下，可以防止野禽与昆虫的侵袭，大大减少了污染的机会，从而减少了经自然媒介传播的疾病，有利于卫生防疫管理。使舍内小气候适于鸡体生理特点的需要。该鸡舍的建筑和设备投资高，对电的依赖性大，饲养管理技术要求高，需要根据当地的气候条件和资金能力慎重选用。主要适用于规模化、机械化养殖企业和家禽育种公司。

图2-8　密闭式鸡舍(外部)　　　　图2-9　密闭式鸡舍(内部)

## 三、禽舍朝向

正确的朝向不仅能帮助通风和调节舍温，而且能够使整体布局紧凑，节约土地面积。朝向主要是根据各个地区的太阳辐射和主导风向两个主要因素加以确定的。一般长轴坐北朝南或东南，有利于夏季防暑降温与冬季采光取暖。

## 四、禽舍结构设计

以鸡舍为例介绍禽舍结构设计的内容。

### 1. 鸡舍跨度、长度和高度

鸡舍的跨度根据鸡舍屋顶的形式、鸡舍类型和饲养方式而定，一般跨度为：开放式鸡舍6～10m，采用机械通风跨度可在9～12m，大型的可达20m以上。笼养鸡舍要根据安装列数和走道宽度决定鸡舍跨度。

鸡舍的长度取决于设计容量，应根据每栋舍具体需要的面积与跨度确定，大型机械化生产鸡舍较长，如果过短则机械效率较低，房舍利用也不经济，按建筑模数一般为66m、90m、120m。中、小型普通鸡舍为36m、48m、54m。计算鸡舍长度的公式如下：

$$平养鸡舍长度＝鸡舍面积/鸡舍跨度$$

鸡舍的高度应根据饲养方式、清粪方法、跨度与气候条件确定。跨度不大、平养及不太热的地区，鸡舍不必太高，一般鸡舍屋檐高度2.0～2.5m；跨度大，又是多层笼养，鸡舍的高度为3m左右，或者以最上层的鸡笼距屋顶1～1.5m为宜；若为高床密闭式鸡舍，由于下部设粪坑，高度一般在4.5～5m（相比一般鸡舍高出1.8～2m）。

### 2. 鸡舍建筑

鸡舍建筑方式有砌筑型和装配型两种。砌筑型常用砖瓦或其他建筑材料。装配型鸡舍使用的复合板块材料有多种，房舍面层有金属镀锌板、玻璃钢板、铝合金、耐用瓦面板。保温层有聚氨酯、聚苯乙烯等高分子发泡塑料，以及岩棉、矿渣棉、纤维材料等。

### 3. 地面

鸡舍地面应高出舍外地面30cm左右，多采用混凝土铺平，易于洗刷消毒，保持干燥。笼养鸡舍地面设有浅粪沟，比地面深15～20cm，便于舍内清洗消毒时的排水，中间地面与两边地面之间应有一定的坡度。

### 4. 墙壁

选用隔热性能良好的材料，为保证最好的隔热设计，应具有一定的厚度且严密无缝。多用砖或石头垒彻，墙外面用水泥抹缝，墙内面用水泥或白灰挂面，便于防潮和利于冲刷。近年来，也有使用彩钢板等材料作为墙体的。

### 5. 屋顶

屋顶必须有较好的保温隔热性能。此外，屋顶还要求承重、防水、防火、不透气、光滑、耐久、结构轻便、简单、造价低。小跨度鸡舍为单坡式，一般鸡舍常用双坡式、拱形或平顶式。在气温高雨量大的地区屋顶坡度要大些，屋顶两侧加长房檐。

### 6. 门窗

鸡舍的门应考虑所有设施和工作车辆都能顺利进出。一般单扇门高2m、宽1.2m；双扇门高 2m、宽 1.8m。鸡舍的窗户要考虑鸡舍的采光和通风,窗户与地面面积之比为 1:18～1:10。开放式鸡舍的前窗应宽大,离地面可较低,以便于采光。后窗应小,约为前窗面积的 2/3,离地面可较高,便于夏季通风、冬季保温。网上或栅状地面养鸡,在南北墙的下部应留有通风窗,尺寸为 30cm×30cm,在内侧覆以铁丝网和设外开的小门,便于防兽害和冬季封闭。密闭鸡舍不设窗户,只设应急窗和通风气孔。

## 五、禽舍内布局

以鸡舍为例介绍禽舍内布局的内容。

### 1. 平养鸡舍

根据走道与饲养区的布置形式,平养鸡舍分无走道式、单走道单列式、中走道双列式、双走道双列式等。

(1)无走道式　鸡舍长度由饲养密度和饲养定额确定,跨度没有限制,跨度在 6m 以内,设一台喂料器,12m 左右设两台喂料器。鸡舍一端设置工作间,工作间与饲养间用墙隔开,饲养间另一端设出粪和鸡转运大门(图 2-10)。

(2)单走道单列式　多将走道设在北侧,有的南侧还设运动场,主要用于饲养种鸡,但利用率较低,受喂饲宽度和集蛋操作长度限制,建筑跨度不大(图 2-11)。

(3)中走道双列式　两列饲养区中间设走道,利用率较高,比较经济。但如用一台链式喂料机,存在走道和链板交叉问题,若为网上平养,必须用两套喂料设备。此外,对有窗鸡舍,开窗困难(图 2-12)。

(4)双走道单列式　在鸡舍南北两侧各设一走道,配置一套饲喂设备和一套清粪设备即可,利于开窗。

(5)双走道双列式　在鸡舍南北两侧各设一走道,中间配置二套饲喂设备和二套清粪设备(图 2-13)。

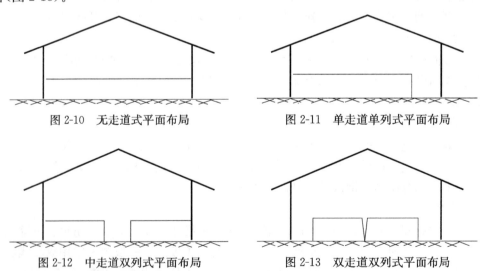

图 2-10　无走道式平面布局　　　　图 2-11　单走道单列式平面布局

图 2-12　中走道双列式平面布局　　　　图 2-13　双走道双列式平面布局

### 2. 笼养鸡舍

根据笼架配置和排列方式的差异,笼养鸡舍的平面布置分为无走道式和走道式两大类。

(1)无走道式　一般用于平置笼养鸡舍，把鸡笼分布在同一个平面上，两个鸡笼相对布置成一组，合用一条食槽、水槽和集蛋带。通过纵向和横向水平集蛋机定时集蛋；由笼架上的行车完成给料、观察和捉鸡等工作(图2-14)。其优点是鸡舍面积利用充分，鸡群环境条件差异不大。

(2)走道式　鸡舍走道布置时，鸡笼悬挂在支撑屋架的立柱上，笼间设走道作为机具给料、人工拣蛋之用。二列三走道式仅布置两列鸡笼架，靠两侧纵墙和中间共设三条走道，适用于阶梯式、叠层式和混合式笼养(图2-15)。三列二走道式一般在中间布置二或三阶梯全笼架，靠两侧纵墙布置阶梯式半笼架(图2-16)。三列四走道式布置三列鸡笼架，设四条走道，是较为常用的布置方式，建筑跨度适中(图2-17)。

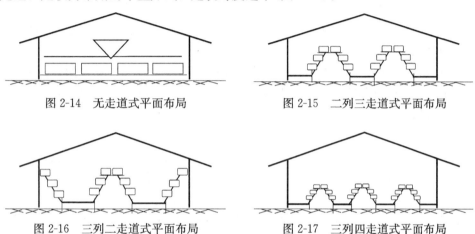

图2-14　无走道式平面布局　　　　　　图2-15　二列三走道式平面布局

图2-16　三列二走道式平面布局　　　　图2-17　三列四走道式平面布局

# 任务三　禽舍设备选择

## 一、笼具设备

### 1. 禽笼组装

将单个禽笼组装成为笼组，应根据禽场具体情况(禽舍面积、饲养密度、机械化程度、管理情况、通风及光照等)，组装成不同的形式。

(1)全阶梯式禽笼　组装时上下两层笼体完全错开，常见的为2～3层(图2-18)。优点是禽粪直接落于粪沟或粪坑；结构简单，停电或机械故障时可以人工操作；各层笼体敞开面积大，通风与光照面大。缺点是占地面积大，饲养密度低为10～12只/m²，设备投资较多，目前我国采用最多的是蛋禽三层全阶梯式禽笼和种禽两层全阶梯式人工授精笼。

(2)层叠式禽笼　禽笼上下两层笼体完全重叠，常见的为3～4层，高的可达8层，饲养密度大大提高(图2-19)。优点是禽舍面积利用率高，生产效率高。饲养密度在三层为16～18只/m²；四层为18～20只/m²。缺点是对禽舍的建筑、通风设备、清粪设备要求较

图 2-18　全阶梯式禽笼

图 2-19　层叠式禽笼

高。此外，不便于观察上层及下层笼的禽群，给管理带来一定的困难。目前条件下，我国只有极少数禽场使用。

（3）单层平列式禽笼　组装时每行笼体的顶网在同一水平面上，笼组之间不留车道，无明显笼组之分。管理与喂料等一切操作都需要通过运行于笼顶的天车完成。生产上一般不采用此种方法。

2. 禽笼规格

（1）育成禽笼　一般采用 2～3 层重叠式。通常每平方米饲养 10 只左右，此禽笼的尺寸为 187.5cm×44cm×33cm，可饲养育成家禽 20 只，肉用仔家禽可适当增多。

（2）产蛋禽笼　可分为深笼和浅笼，深笼的笼深为 50cm，浅笼则为 30～35cm。根据不同的规格可分为轻型、中型及重型产蛋禽笼。蛋禽笼一般每格可容纳 3～5 只家禽；单笼可饲养 20～30 只家禽。

（3）种禽笼　一般分为单层种禽笼和两层个体人工授精禽笼。单层种禽笼的尺寸为 190cm×88cm×60cm，为公母同笼自然交配，可饲养母家禽 20～22 只、公家禽 2 只。单体笼常用于进行人工授精的禽场，以及原种禽场进行纯系个体产蛋记录。

## 二、饮水设备

饮水设备包括水泵、水塔、过滤器、限制阀、饮水器以及管道设施等。

### （一）常用的饮水器类型

1. 长形水槽饮水器

此类型饮水器一般常用于老式禽场，常用镀锌、铁皮或塑料制成。其优点是结构简单，成本低，便于饮水免疫。缺点是耗水量大，易受污染，刷洗工作量大。

2. 真空饮水器

由聚乙烯塑料筒和水盘组成，筒倒扣在盘上。水由壁上的小孔流入饮水盘，当水将小孔盖住时即停止流出，适用于雏家禽和平养家禽（图 2-20）。优点是供水均衡，使用方便。缺点是清洗工作量大，当饮水量大时也不宜使用。

3. 塔式饮水器

主要由上部的阀门机构和下部的吊盘组成（图 2-21）。阀门通过弹簧自动调节并保持吊

图 2-20 真空饮水器

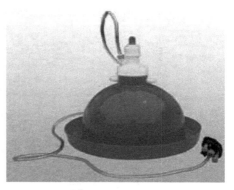

图 2-21 塔式饮水器

盘内的水位。一般都用绳索或钢丝悬吊在空中,根据禽体高度调节饮水器高度,故适用于平养,单套可供 50 只家禽饮水使用。优点是节约用水,清洗方便。

### 4. 乳头式饮水器

为现代最理想的一种饮水器。其直接同水管相连,利用毛细管作用控制滴水,使阀杆底端经常保持挂着水滴,饮水时水即流出,如此反复,有利于节约用水,并且不用经常清洗,经久耐用不需经常更换(图 2-22)。缺点是每层家禽笼均需设置减压水箱,不便进行饮水免疫,对材料和制造精度要求较高。

### (二)自动供水系统

乳头式、吊塔式饮水器一般与过滤器、减压装置、管路等设备相配套,形成自动供水系统(图 2-23),不需人工加水,有利于减轻劳动强度。

图 2-22 乳头式饮水器

图 2-23 自动供水系统

## 三、饲料供给设备

常用的喂饲设备包括螺旋弹簧式喂料机、轨道车式喂料机、料槽、料桶等。

### 1. 螺旋弹簧式喂料机

由料箱、内有螺旋弹簧的输料管以及盘筒形饲槽组成(图 2-24),属于直线型喂料设备。工作时,饲料由舍外的贮料塔运入料箱,然后由螺旋弹簧将饲料沿着管道推送,依次向套接在输料管道出口下方的饲槽装料,当最后一个饲槽装满时,限位控制开关开启,使喂饲机的电动机停止转动,即完成一次喂饲。一般只用于平养鸡舍。

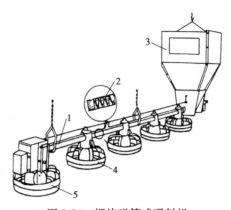

图 2-24　螺旋弹簧式喂料机

1. 输料管　2. 螺旋弹簧　3. 料箱　4. 盘筒式饲槽　5. 带料位器的饲槽

### 2. 轨道车式喂料机

用于多层笼养鸡舍，是一类骑跨在鸡笼上的喂料车。工作时，其沿鸡笼上边或旁边的轨道缓慢行走，将料箱中的饲料分送至各层食槽。根据料箱的配置形式可分为顶料箱式和跨笼料箱式。顶料箱行车式喂料机只有一个料桶，料箱底部装有搅龙，当喂料机工作时搅龙随之运转，将饲料推出料箱沿溜管均匀流入食槽。跨笼料箱喂料机根据鸡笼形式配置，每列食槽上都跨设一个矩形小料箱，料箱下部锥形扁口通向食槽，当沿鸡笼移动时，饲料便沿差面下滑落入食槽(图 2-25)。

### 3. 喂料槽

平养家禽时应用较多，适用于干粉料、湿料和颗粒料的饲喂，根据禽个体大小而制成大、中、小长形食槽。

### 4. 喂料桶

是现代养禽业常用的喂料设备。由塑料制成的料桶、圆形料盘和连接调节机构组成。料桶与料盘之间有短链相接，留一定的空隙。

图 2-25　轨道车式喂料机

## 四、温度控制设备

### (一)降温设备

#### 1. 湿帘—风机降温系统

该系统由湿帘(或湿垫)、风机、循环水路与控制装置组成(图 2-26)。具有设备简单、成本低廉、降温效果好、运行经济等特点，比较适合高温干燥地区。

湿帘风机降温系统的关键设备是湿帘(图 2-27)。国内使用比较多的是纸质湿帘，采用特种高分子材料与木浆纤维空间交联，加入高吸水、强耐性材料胶结而成，具有耐腐蚀、使用寿命长、通风阻力小、蒸发降温效率高，能承受较高的过流风速、安装方便、便于维护等特点。湿帘风机降温系统是目前最成熟的降温系统。

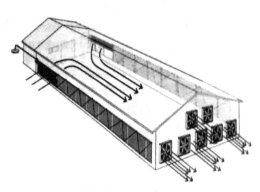

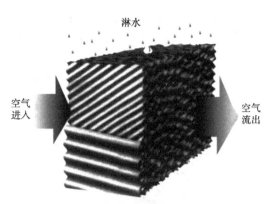

图 2-26 湿帘—风机降温系统示意　　　　图 2-27 湿帘模式

湿帘的厚度以 100～200mm 为宜，干燥地区应选择较厚的湿帘，潮湿地区则不宜过厚。

### 2.喷雾降温系统

水通过高压水泵加压，流出喷头形成直径小于 $100\mu m$ 的雾滴，雾滴在空气中迅速汽化而吸收热量使舍温降低。常用的喷雾降温系统主要由水箱、水泵、过滤器、喷头、管路及控制装置组成。该系统设备简单，效果显著，但易提高舍内湿度。若将喷雾装置设置在负压通风畜舍的进风口处，雾滴的喷出方向与进气气流相对，雾滴在下落时受气流的带动而降落缓慢，可延长雾滴的汽化时间，提高降温效果，但鸡舍雾化不全时，易淋湿羽毛影响生产性能(图 2-28)。

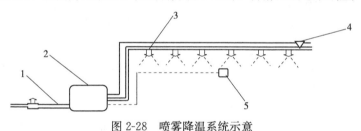

图 2-28 喷雾降温系统示意

1.供水源　2.微雾机　3.喷头　4.排水电磁阀　5.湿控器

## (二)保温设备

### 1.保温伞

保温伞适用于垫料地面和网上平养育雏期供暖，包括电热式和燃气式两类。

(1)电热式　发热源主要为红外线灯泡和远红外板，伞内温度由电子控温器控制，可将伞下距地面 5cm 处的温度控制在 26～35℃，调控方便。

(2)燃气式　主要由辐射器和保温反射罩组成。可燃气体在辐射器处燃烧产生热量，通过保温反射罩内表面的红外线涂层向下反射远红外线，达到提高伞下温度的目的。燃气式保温伞内的温度通过改变悬挂高度调节。

燃气式保温伞使用气体燃料(天然气、液化石油气和沼气等)，由于不完全燃烧产生一氧化碳而使雏鸡中毒，所以育雏室内应具备良好的通风条件。

### 2.热风炉

热风炉供暖系统主要由送风风机、风机支架、电控箱、连接弯管、有孔风管等组成(图

2-29)。热风炉分为卧式和立式两种，是供暖系统的主要设备。它以空气为介质，采用燃煤板式换热装置，送风升温快，热风出口温度为 80～120℃，热效率达 70％以上，相比锅炉供热成本降低 50％左右，使用方便、安全，是目前推广使用的一种采暖设备。可根据禽舍供热面积选用不同功率热风炉。立式热风炉顶部的水套还能利用烟气余热提供热水(图 2-30)。

图 2-29　热风炉　　　　　　　　　　图 2-30　水暖热风炉

## 五、粪便处理系统

### 1. 牵引式刮粪系统

一般由牵引机、刮粪板、框架、钢丝绳、转向滑轮、钢丝绳转动器等组成。通常在一侧设有贮粪沟。它是靠绳索牵引刮粪板，将粪便集中，刮粪板在清粪时自动落下，返回时自动抬起。主要用于清理禽舍内同一个平面的一条或多条粪沟，粪沟与相邻粪沟内的刮粪板由钢丝绳相连，可在一个回路中运转，当一刮粪板正向运行，另一个则逆向运行。也可楼上楼下联动同时清粪(图 2-31)。钢丝绳牵引的刮粪机结构比较简单，维修方便，但钢丝绳易被家禽粪腐蚀而断裂。

### 2. 传送带清粪系统

常用于高密度叠层式上下家禽笼间清粪，粪便可由底网空隙直接落于传送带上，因此省去承粪板和粪沟。采用高床式饲养的家禽舍，粪便直接落于深坑中，积粪经一年后再清理，便捷省事。

传送带清粪装置由传送带、主动轮、从动轮、托轮等组成。传送带的材料要求较高，成本也昂贵。如制作和安装符合质量要求，则清粪效果好，否则系统易出现问题，给日常管理工作带来许多麻烦(图 2-32)。

图 2-31　牵引式刮粪　　　　　　　　图 2-32　传送带清粪

## *散养鸡的五种鸡舍建设指南

### 一、简易棚鸡舍

在放养区找一背风向阳的平地，用油毡、帆布及茅草等借势搭成坐北朝南的简易鸡舍，可直接搭成金字塔形，南边敞门，另外三边可着地，也可四周砌墙，其方法不拘一格。要求随鸡龄增长及所需面积的增加，可以灵活扩展，棚舍能保温、挡风。只要不漏雨、不积水即可。或者用竹、木搭成"人"字形框架，两边滴水檐高 1m，顶盖茅草，四周用竹片间围，做到冬暖夏凉，鸡舍的大小、长度以养鸡数量而定。在荒山林地内搭起一定的临时荫棚，供鸡防风避雨和盛料盛水。值班室和仓库建在鸡舍旁，方便看管和工作。

### 二、普通型鸡舍

在建筑结构上，采用比较简单的方法，修建成斜坡式的顶棚，坡面向南，北面砌一道 2m 的墙，东西两侧可留较大的窗户，南侧可用尼龙网或铁丝网，但必须留大的窗户。面积以 16m² 为宜，这种鸡舍通风效果好，可以充分利用太阳光，保暖性能良好，南方、北方都适用。这种鸡舍配有较大的运动场，可以建在果园里采用半开放式饲养。鸡既可吃果园中的害虫及杂草，还可为果园施肥。既有利于防病，又有利于觅食。放牧场地可设沙坑，让鸡洗沙浴。地面平养，每平方米面积可载大鸡 10 只左右，用木屑、稻草橘等做垫料；笼养、网养用木料和塑料（1cm×1cm 的网目）自制。注意搭支架时，要保证鸡只自由进出、上下鸡舍休息和活动。

### 三、塑料大棚鸡舍

塑料大棚鸡舍采用塑料薄膜罩住鸡舍的露天部分，利用塑料薄膜的良好透光性和密闭性，将太阳能辐射和鸡体自身散发的热量保存下来，从而提高了棚舍内温度。它能人为创造适应鸡正常生长发育的微气候环境，减少鸡舍不合理的热能消耗，降低鸡的维持需要，从而使更多的养分供给生产。塑料大棚鸡舍的左侧、右侧和后侧为墙壁，前坡是用竹条、木杆或钢筋做成的弧形拱架，外覆塑料薄膜，搭成三面为围墙、一面为塑料薄膜的起脊式鸡舍。墙壁建成夹层，可增强防寒、保温能力，内径在 10cm 左右，建墙所需的原料可以是土或砖、石。后坡可用油毡纸、稻草、泥土等按常规建造，外面再铺一层稻壳等物。通常情况下，鸡舍的后墙高 1.2～1.5m，脊高为 2.2～2.5m，跨度为 6m，脊到后墙的垂直距离为 4m。塑料薄膜与地面、墙的接触处，要用泥土压实，防止漏风进入。在薄膜上每隔 50cm，用绳将薄膜捆牢，防止大风将薄膜刮掉。棚舍内地面可用砖垫起 30～40cm。棚舍的南部要设置排水沟，及时排出薄膜表面滴落的水。棚舍的北墙每隔 3m 设置一个 1m×0.8m 的窗户，在冬季时封严，夏季时逐渐打开。门应设在棚舍的东侧，向外开。棚内还要设置照明设施。

## 四、开放式网上平养无过道鸡舍

这种鸡舍适用于育雏和饲养育成鸡、仔鸡。鸡舍的跨度 6～8m，南北墙设窗户。南窗高 1.5m，宽 1.6m；北窗高 1.5m、宽 1m。舍内用金属铁丝隔离成小自然间。每一自然间设有小门，供饲养员出入及饲养操作。小门的位置依鸡舍跨度而定，跨度小的设在鸡舍内南或北一侧，跨度大的设在中间，小门的宽度约 1.2m。在离地面 70cm 高处架设网片。

## 五、旧设施改造型鸡舍

利用农舍、库房等其他设备改建鸡舍，达到综合利用，可以降低成本。必须做到通风、保温。一般旧房屋较矮，窗户小，通风性能差。改建时应将窗户改大，或在北墙开窗，增加通风和采光。舍内要保持干燥。旧房屋低洼，湿度大，改建时要在室内用石灰、泥土和煤渣打成三合土垫，在舍外开排水沟。

# 实训四　养鸡场的参观

【目的要求】

通过参观当地养鸡场，了解养鸡场的总体布局和建筑设计的形式和特点；认识鸡场内部设备和用具，并掌握其技术参数、适用范围和使用方法。

【材料和用具】

皮卷尺、钢卷尺和绘图用具等。

【内容和方法】

1. 观察认识养鸡场

参观讨论养鸡场的场址、地形、建筑物总体布局和种类及其配置等，评价其优缺点。家禽场的建筑物种类分为以下四种：

(1)行政用房　包括办公室、接待室、防疫室等。

(2)生产用房　包括孵化室、育雏舍、中雏舍、蛋鸡舍、肉鸡舍和种禽舍等。

(3)辅助用房　包括汽车用房、配电房、抽水站、饲料加工房、仓库、修理房和隔离舍等。

(4)生活用房　包括宿舍、食堂、浴室等。

2. 实测一栋鸡舍的建筑面积

根据地面或鸡笼组装的排列形式，计算其实际使用的面积和每平方米地面的容鸡数。评价禽舍的排水、通气和光照等系统的优缺点。

3. 详细观察并讨论禽舍的内部设备和用具的使用情况

包括给料系统、供水系统、清粪系统等设备的配置和优缺点，掌握其工艺流程及设备的使用方法。

**【实训报告】**

①绘制所参观鸡场平面布局图。

②记录观察饲养场的各种机械设备的类型、用途和使用方法等。

## 练习与思考题

1. 鸡的养殖场址如何选择?

2. 怎样规划家禽场?

3. 家禽舍的防暑降温措施有哪些?

4. 家禽场常用的生产设备有哪些?

# 项目三
# 家禽饲料配制

【知识目标】
- 掌握家禽常用饲料的营养特点与饲用价值。
- 掌握家禽饲料中的抗营养因子。
- 掌握家禽对各种营养物质的需要。
- 掌握家禽饲料的配制原则和配制方法。

【技能目标】
- 能够根据饲料的营养特点为不同品种、生理阶段的家禽选用饲料。
- 会加工处理家禽饲料，消除某些饲料中的抗营养因素，提高饲料的利用率。
- 能根据实际情况，选择适当原料，配制适用的家禽饲料。

# 任务一　家禽饲料挑选

## 一、能量饲料

### (一)谷物类饲料

1. 玉米

玉米是家禽的基础饲料，有"饲料之王"之称。我国是世界第二大玉米生产国。

玉米淀粉含量高达70%，粗纤维含量低(1.2%～2.6%)，粗脂肪含量较高(3.1%～5.3%)，且必需脂肪酸含量高达2%。粗蛋白含量低(7.8%～9.4%)，缺乏赖氨酸、蛋氨酸及色氨酸等必需氨基酸。钙含量低(0.02%～0.16%)，磷含量相对较高(0.25%～0.27%)。含水率、破粒率、杂质含量和发霉率是衡量玉米质量的关键指标。玉米在长期贮存过程中，很容易产生一种致癌性很高的黄曲霉素，应引起高度重视。

玉米也是家禽最重要的饲料原料，适口性好，容易消化，最适宜肉用仔鸡的肥育养殖，而且黄玉米含胡萝卜素和叶黄素，对蛋黄、脚和皮肤等有良好的着色效果。在鸡配合饲料中玉米用量可达 50%～70%。

### 2. 小麦

小麦是世界上主要粮食作物之一，只有少量小麦用作饲料，我国小麦产量居世界第二位。

小麦的有效能值略低于玉米，主要原因是小麦粗脂肪含量低(1.7%)，且必需脂肪酸的含量也低。粗蛋白质含量较高(13%左右)，品质好于玉米，但仍缺乏赖氨酸、蛋氨酸等必需氨基酸。粗纤维含量为 1.9%，矿物质含量不平衡，钙少磷多。

小麦等量取代鸡日粮中的玉米时，其饲用效果仅为玉米的 90%，故替代量以 1/3～1/2为宜。此外，小麦中含有较多的非淀粉多糖，饲喂过多，还会引起蛋鸡的饲料转化率下降。对肉用仔鸡常引起垫料过湿，氨气过多，生长受抑制，跗关节损伤增加，屠体等级下降等不良状况。一般配比不超过 30%。

### 3. 稻谷

稻谷是世界上最重要的谷物之一，是我国的第一大粮食作物。稻谷脱去壳后，大部分种皮仍留在米粒上，称为糙米；大米加工过程中产生的破碎粒称为碎米。

稻谷的有效能值低，主要是由于稻谷有坚硬的外壳包被，稻壳约占稻谷重的 20%～25%，粗纤维含量较高(9.0%以上)；另外，粗脂肪含量低(2.0%)，无氮浸出物(63.8%)比玉米低，粗蛋白含量(7.8%)及品质与玉米相似，赖氨酸和含硫氨基酸等必需氨基酸含量低。矿物质含量不多，钙少磷多，磷的利用率低。

因稻谷粗纤维含量高，所以对肉鸡应限制使用。糙米或碎米喂鸡，不论肉鸡还是蛋鸡效果均与玉米相近，只是鸡的皮肤和蛋黄颜色较浅，应注意补充必要的色素。

## (二)糠麸类饲料

### 1. 小麦麸

小麦麸是小麦加工面粉时的副产物，主要由种皮、糊粉层和少量胚芽及胚乳组成。具有特有的香甜味，形状为粗细不等的碎屑状。

小麦麸的粗蛋白质含量较高(14.3%～15.7%)，氨基酸较平衡，赖氨酸和蛋氨酸含量分别为 0.6%和 0.13%，粗脂肪含量为 4%左右，无氮浸出物低(56.0%～57.0%)，粗纤维含量高(6.3%～6.5%)，故属于能量价值较低的能量饲料，富含 B 族维生素和维生素E。矿物质含量较丰富，钙少磷多。

因为小麦麸的能量价值偏低，在肉鸡和高产蛋鸡饲料中用量有限，雏鸡阶段可以使用少量小麦麸；后备母鸡可使用较多的小麦麸，一般以不超过 10%～15%为宜。

### 2. 次粉

次粉同样是小麦加工面粉时的副产品，是介于麦麸与面粉之间的产品，主要由小麦的糊粉层、胚乳及少量细麸组成。次粉的粗蛋白质含量(13.6%～15.4%)稍低于小麦麸。粗脂肪含量(2.1%～2.2%)低于小麦麸。无氮浸出物较高(66.7%～67.1%)，粗纤维低(1.5%～2.8%)，故次粉的能量价值高于小麦麸。

次粉的饲用价值与小麦麸相似，对于鸡饲料可达10%～12%，但一般需要制粒，否则会造成黏嘴现象，降低适口性。在鸭饲料中用量可达35%左右。

3. 米糠

米糠是糙米加工过程中脱除的果皮层、种皮层及胚芽等混合物，有时混有少量稻壳和碎米。全脂米糠的粗蛋白质（12.8%）和赖氨酸（0.74%）均高于玉米，且品质比玉米好。粗纤维含量在13%以下。粗脂肪含量高达10%～18%，富含B族维生素和维生素E。

米糠一般不宜作为鸡的能量饲料，但可少量使用以补充鸡所需的B族维生素、矿物质和必需脂肪酸。一般以使用5%以下为宜，颗粒饲料可酌情增加至10%左右。

### (三)油脂类饲料

天然存在的油脂种类较多，主要来源于动植物，包括牛油、猪油、大豆油、花生油等，是畜禽重要的营养物质之一。油脂能够提供比任何其他饲料都多的能量，同时也是必需脂肪酸的重要来源，能促进色素和脂溶性维生素的吸收，降低畜禽的热增耗，提高代谢能的利用率，减轻畜禽热应激等。此外，还可改善饲料的适口性，减少粉尘和机械磨损，改善饲料外观，提高颗粒饲料的生产效率。

添加油脂后，日粮能量浓度提高，动物采食量降低，因此应相应提高日粮中其他养分的含量。建议油脂添加量为：产蛋鸡3%～5%，肉鸡5%～8%。

## 二、蛋白质饲料

### (一)植物性蛋白质饲料

1. 大豆饼(粕)

大豆饼(粕)是大豆提取油后的副产物。由于制油工艺不同，通常将压榨法提取油后的产品称为豆饼，而将浸提法提油后的产品称为豆粕。我国的主产区为北方，以黑龙江、吉林产量最高；国内市场上70%的大豆是进口的。

大豆饼(粕)的粗蛋白质含量高（40%～48%），必需氨基酸含量高且组成合理，其中赖氨酸含量达2.5%～2.9%，但缺乏蛋氨酸（0.6%）；粗纤维含量不高（4.0%～5.0%），主要来自豆皮。无氮浸出物主要是蔗糖、水苏糖及多糖类，淀粉含量低，所含可利用能量较低。矿物质中钙少磷多。

大豆饼(粕)含有胰蛋白酶抑制因子、大豆凝集素等抗营养因子，会对动物健康和生产性能产生不利影响，适当加热或膨化处理可破坏这些抗营养因子。

大豆饼(粕)适量添加蛋氨酸后，即是家禽饲料的最好蛋白质来源，任何生产阶段的家禽都可以使用，尤其对雏鸡的效果更为明显，是其他饼(粕)难以取代的。

2. 菜籽饼(粕)

油菜籽是我国主要的油料作物之一，菜籽饼(粕)是菜籽提取油后的副产物。我国的主产区为四川、湖北、湖南和江苏等地。

菜籽饼(粕)的粗蛋白质含量为35%～38%，各种氨基酸含量较丰富且平衡，但消化率较大豆饼(粕)低，矿物质中钙、磷均高。菜籽饼(粕)含有多种抗营养因子，主要有硫葡萄糖苷、芥子碱和单宁，使用上要注意其含量并加以限制。

在鸡配合饲料中菜籽饼(粕)应限量使用，肉鸡后期用量宜低于10％，蛋鸡、种鸡可用至8％，一般雏鸡避免使用。

**3. 棉籽饼(粕)**

棉籽饼(粕)是棉籽经去毛、去壳提取油后的副产品。我国的主产区为河北、河南、山东、安徽、江苏、新疆等地。

棉籽饼(粕)的粗蛋白质含量高(36.0％～47.0％)，氨基酸中赖氨酸含量低，为第一限制性氨基酸。粗纤维含量随去壳程度而不同，不脱壳者纤维含量可达18％。矿物质中钙少磷多，磷多为植酸磷，家禽对其几乎不能利用。棉籽饼(粕)含有游离棉酚和环丙烯脂肪酸等抗营养因子。

棉籽饼(粕)对鸡的饲用价值主要取决于游离棉酚和粗纤维的含量。含壳多的棉籽饼(粕)粗纤维含量高、热能低，应避免在肉鸡饲料中使用。游离棉酚含量在50mg/kg以下的棉籽饼(粕)，肉鸡饲料中可添加10％～20％，产蛋鸡可添加5％～15％。

**4. 花生饼(粕)**

花生饼(粕)是花生脱壳提取油后的副产品。我国是花生的生产大国，主要产区为山东、河南、河北、江苏等地。

花生饼(粕)的粗蛋白质含量很高(44.0％～47.0％)，但赖氨酸和蛋氨酸含量偏低，而精氨酸与组氨酸含量相当高。脱壳花生饼(粕)的代谢能水平很高，可达12.26MJ/kg，无氮浸出物中大多为淀粉和戊聚糖等。矿物质中钙少磷多，磷多为植酸磷，利用率低。

花生饼(粕)中含有少量胰蛋白酶抑制因子，也极易产生黄曲霉毒素，引起动物黄曲霉毒素中毒。花生饼(粕)适用于成年家禽，育成期可用至6％，产蛋鸡可用至9％，注意补充赖氨酸和蛋氨酸，或与鱼粉、豆粕配合使用，效果较好。

### (二)动物性蛋白质饲料

**1. 鱼粉**

鱼粉是以鱼类加工食品剩余的下脚料或全鱼加工的产品。世界上鱼粉产量最多的国家是日本、智利、秘鲁和美国等，国内鱼粉主要产区在浙江、福建、山东等地。

鱼粉的营养特点是粗蛋白质含量高，一般脱脂全鱼粉的粗蛋白质含量高达60％以上，而且品质好，消化率高，必需氨基酸含量高，比例平衡；粗脂肪含量高，尤其是海水鱼粉中的脂肪含有大量不饱和脂肪酸，具有特殊营养生理作用；富含B族维生素和维生素A、维生素D以及未知生长因子。鱼粉中含有肌胃糜烂素，引起鸡的"黑吐病"(图3-1、图3-2)，在高温高湿环境易受微生物浸染，氧化酸败，腐败变质。

鱼粉对鸡的饲养效果很好，不但适口性好，而且可以补充必需氨基酸、B族维生素及其他矿物质元素，一般用量为雏鸡、肉鸭和肉仔鸡3％～5％，蛋鸡3％。

**2. 肉骨粉**

肉骨粉是利用畜禽屠宰厂不宜食用的家畜躯体、残余碎肉、骨、内脏等做原料，经高温蒸煮、脱脂、干燥、粉碎制得的产品。除正常生产过程中无法避免少量杂质外，肉骨粉还混有毛、角、蹄、粪便等产物。

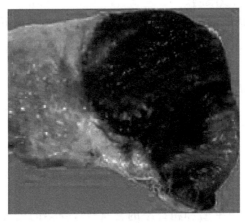

图 3-1　黑吐病

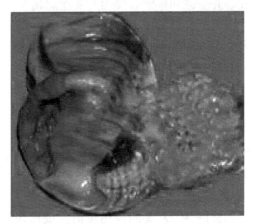

图 3-2　肌胃出血

　　脂溶性维生素 A 和维生素 D 因加工过程的大量破坏，含量较低，但 B 族维生素含量丰富，特别是维生素 $B_{12}$ 含量高，其他如烟酸、胆碱含量也较高。矿物质中钙含量 7％～10％，磷含量 3.8％～5.0％，是动物良好的钙磷供源，不仅含量高，且比例适宜。此外，微量元素锰、铁、锌的含量也较高。

　　肉骨粉品质变异大，饲养效果一般比鱼粉差。肉骨粉易感染沙门菌，肉骨粉中一般含有较高的动物脂肪，因此不能贮藏太久，否则贮存不当和通风不良时会产生脂肪氧化酸败，造成质量下降。肉粉和肉骨粉掺假掺杂情况也较普遍，通常掺有羽毛粉、蹄角粉、血粉及肠胃内容物等，在购买和使用时应进行检测。

　　肉骨粉是鸡良好的蛋白质、钙、磷、维生素 $B_{12}$ 的良好来源，但饲用价值远低于鱼粉及大豆饼（粕），而且品质稳定性差，用量以 6％以下为宜，并注意补充所缺乏的氨基酸。

　　3. 水解羽毛粉

　　家禽屠体脱毛处理所得的羽毛，经洗涤、高压水解处理后粉碎的产品即为水解羽毛粉。水解羽毛粉粗蛋白质含量高达 78％，氨基酸中以含硫氨基酸含量最高，其中以胱氨酸为主，含量达 3％左右。矿物质中硫含量很高，可达 1.5％。

　　水解羽毛粉可补充鸡饲料中的含硫氨基酸需要，在家禽饲料中用量以不超过 3％为宜，雏鸡饲料中可添加 1％～2％。

## 三、矿物质饲料

　　1. 含钠、氯饲料

　　(1)氯化钠　化学式为 NaCl，含钠 39.7％，含氯 60.3％。饲用氯化钠纯度为 98％，即含氯 59.1％，含钠 38.91％。家禽日粮中以 0.3％～0.5％为宜。

　　(2)碳酸氢钠　俗称小苏打，化学式为 $NaHCO_3$，纯品含钠 27.38％，工业品纯度为 99％，即含钠 27.10％。采用食盐供给动物钠和氯时，钠少氯多，尤其对产蛋家禽，更需要其他供钠的物质。碳酸氢钠，除提供钠离子外，还是一种缓冲剂，可缓解热应激，改善蛋壳强度。用量一般为 $0.2\% \sim 0.4\%$。

(3)无水硫酸钠　俗称芒硝，化学式为 $Na_2SO_4$。纯品含钠 $16.19\%$，硫 $22.57\%$。工业品纯度 $99\%$，即含钠 $16.03\%$，硫 $22.35\%$。硫酸钠既可补钠，又可补硫，对鸡的啄羽有预防作用。

**2. 含钙饲料**

(1)石灰石粉　为天然的碳酸钙，一般含钙 $35\%$ 以上，是补钙来源最广、价格最低的矿物质原料。质量指标：钙 $\geqslant 35\%$，铅 $\leqslant 0.002\%$，砷 $\leqslant 0.001\%$，汞 $\leqslant 0.0002\%$，水分 $\leqslant 0.5\%$，盐酸不溶物 $\leqslant 0.5\%$。在鸡饲料中的用量为雏鸡 $2\%$，蛋鸡和种鸡 $5\% \sim 7\%$，肉鸡 $2\% \sim 3\%$。

(2)贝壳粉　本品为各类贝壳外壳(牡蛎壳、蚌壳、蛤蜊壳等)经加工粉碎而成的粉状或颗粒状产品。主要成分为碳酸钙，一般含钙不低于 $33\%$。质量标准：钙 $\geqslant 33\%$，杂质 $\leqslant 1\%$，注意不得检出沙门菌，不得有腥臭味。

**3. 含钙、磷饲料**

最常用的是磷酸氢钙。我国饲料级磷酸氢钙的标准：磷 $\geqslant 16\%$，钙 $\geqslant 21\%$，砷 $\leqslant 0.003\%$，铅 $\leqslant 0.002\%$，氟 $\leqslant 0.18\%$。

## 四、饲料添加剂

饲料添加剂是指在饲料生产加工、使用过程中添加的少量或微量物质，在饲料中用量很少但作用显著。饲料添加剂在强化基础饲料营养价值，提高动物生产性能，保证动物健康，节省饲料成本，改善畜产品品质等方面有明显的效果。

**1. 双乙酸钠**

双乙酸钠是一种性质稳定的饲料防霉防腐剂、酸味剂和改良剂。外观白色粉末，带醋酸气味，易吸湿，极易溶于水。

**2. 微量元素**

包括铜、铁、锌、钴、锰、碘、硒、钙、磷等，具有调节机体新陈代谢，促进生长发育，增强抗病能力和提高饲料利用率等作用。

**3. 维生素**

包括维生素 A、$D_2$、E、$K_3$、$B_1$、$D_3$、$B_2$、$B_6$、C 等。

**4. 氨基酸**

包括赖氨酸、蛋氨酸、谷氨酸等 18 种氨基酸，使用最多的有赖氨酸和蛋氨酸等添加剂。

**5. 调味剂**

包括谷氨酸钠、食用氯化钠、乳糖、麦芽糖等。

**6. 中草药**

包括大蒜、艾粉、松针粉、芒硝、党参叶、野山楂、橘皮粉、刺五加、苍术、益母草等。

在蛋鸡养殖中应用饲料添加剂，除了能够防治疾病、提高生产性能和饲料报酬外，还对蛋品质量具有改善效果。研究表明，蛋鸡日粮中添加饲料添加剂，可提高鸡蛋的哈氏单位，降低鸡蛋的胆固醇含量，并具有改善蛋壳厚度、减少软壳蛋等有益效果。

# 任务二 家禽饲养标准

饲养标准是根据大量饲养实验结果和动物生产实践的经验总结得出，是对各种特定动物所需要的各类营养物质的定额做出规定，这种系统的营养定额及有关资料统称为饲养标准。简言之，即特定动物系统成套的营养定额就是饲养标准，简称"标准"。

饲养标准的种类大致可分为二类：一类是指国家规定和颁布的饲养标准，称为国家标准；另一类是指大型育种公司根据自己培育出的优良品种或品系的特点，制定的符合该品种或品系营养需要的饲养标准，称为专用标准。饲养标准在使用时应根据具体情况灵活运用。

## 一、鸡饲养标准

本标准引用中华人民共和国农业行业标准《鸡饲养标准》(NY/T 33—2004)。适用于专业化养鸡场和配合饲料厂。蛋用鸡营养需要适用于轻型和中型蛋鸡，肉用鸡营养需要适用于专门化培育的品系。

### (一)蛋用鸡营养需要

生长蛋鸡、产蛋鸡的营养需要见表 3-1，生长蛋鸡体重与耗料量见表 3-2。

表 3-1 蛋鸡营养需要

| 营养指标 | | 单位 | 生长蛋鸡营养需要 | | | 产蛋鸡营养需要 | | |
|---|---|---|---|---|---|---|---|---|
| | | | 0~8 周龄 | 9~18 周龄 | 19 周龄~ 开产 | 开产~高峰期 (>85%) | 高峰期后 (<85%) | 种鸡 |
| 代谢能 ME | | MJ/kg | 11.91 | 11.70 | 11.50 | 11.29 | 10.87 | 11.29 |
| | | Mcal/kg | 2.85 | 2.80 | 2.75 | 2.70 | 2.65 | 2.70 |
| 粗蛋白 CP | | % | 19.0 | 15.5 | 17.0 | 16.50 | 15.50 | 18.00 |
| 蛋能比 CP/ME | | g/Mcal | 66.67 | 55.36 | 61.82 | 61.11 | 58.49 | 66.67 |
| 赖能比 Lys/ME | | g/Mcal | 3.51 | 2.43 | 2.55 | 2.78 | 2.64 | 2.78 |
| 氨基酸 | 赖氨酸 | % | 1.00 | 0.68 | 0.70 | 0.75 | 0.70 | 0.75 |
| | 蛋氨酸 | % | 0.37 | 0.27 | 0.34 | 0.34 | 0.32 | 0.34 |
| | 蛋氨酸+胱氨酸 | % | 0.74 | 0.55 | 0.64 | 0.65 | 0.56 | 0.65 |

（续）

| 营养指标 | | 单位 | 生长蛋鸡营养需要 | | | 产蛋鸡营养需要 | | |
|---|---|---|---|---|---|---|---|---|
| | | | 0～8周龄 | 9～18周龄 | 19周龄～开产 | 开产～高峰期（＞85%） | 高峰期后（＜85%） | 种鸡 |
| 氨基酸 | 苏氨酸 | % | 0.66 | 0.55 | 0.62 | 0.55 | 0.50 | 0.55 |
| | 色氨酸 | % | 0.20 | 0.18 | 0.19 | 0.16 | 0.15 | 0.16 |
| | 精氨酸 | % | 1.18 | 0.98 | 1.02 | 0.76 | 0.69 | 0.76 |
| | 亮氨酸 | % | 1.27 | 1.01 | 1.07 | 1.02 | 0.98 | 1.02 |
| | 异亮氨酸 | % | 0.71 | 0.59 | 0.60 | 0.72 | 0.66 | 0.72 |
| | 苯丙氨酸 | % | 0.64 | 0.53 | 0.54 | 0.58 | 0.52 | 0.58 |
| | 苯丙氨酸＋酪氨酸 | % | 1.18 | 0.98 | 1.00 | 1.08 | 1.06 | 1.08 |
| | 组氨酸 | % | 0.31 | 0.26 | 0.27 | 0.25 | 0.23 | 0.25 |
| | 脯氨酸 | % | 0.50 | 0.34 | 0.44 | | | |
| | 缬氨酸 | % | 0.73 | 0.60 | 0.62 | 0.59 | 0.54 | 0.59 |
| | 甘氨酸＋丝氨酸 | % | 0.82 | 0.68 | 0.71 | 0.57 | 0.48 | 0.57 |
| | 可利用赖氨酸 | % | | | | 0.66 | 0.60 | |
| | 可利用蛋氨酸 | % | | | | 0.32 | 0.30 | |
| 矿物质 | 钙 | % | 0.90 | 0.80 | 2.00 | 3.5 | 3.5 | 3.5 |
| | 总磷 | % | 0.70 | 0.60 | 0.55 | 0.6 | 0.6 | 0.6 |
| | 非植酸磷 | % | 0.40 | 0.35 | 0.32 | 0.32 | 0.32 | 0.32 |
| | 钠 | % | 0.15 | 0.15 | 0.15 | 0.15 | 0.15 | 0.15 |
| | 氯 | % | 0.15 | 0.15 | 0.15 | 0.15 | 0.15 | 0.15 |
| | 铁 | mg/kg | 80 | 60 | 60 | 60 | 60 | 60 |
| | 铜 | mg/kg | 8 | 6 | 8 | 8 | 8 | 6 |
| | 锰 | mg/kg | 60 | 40 | 60 | 60 | 60 | 60 |
| | 锌 | mg/kg | 60 | 40 | 80 | 80 | 80 | 60 |
| | 碘 | mg/kg | 0.35 | 0.35 | 0.35 | 0.35 | 0.35 | 0.35 |
| | 硒 | mg/kg | 0.30 | 0.30 | 0.30 | 0.30 | 0.30 | 0.30 |

（续）

| 营养指标 | | 单位 | 生长蛋鸡营养需要 | | | 产蛋鸡营养需要 | | |
|---|---|---|---|---|---|---|---|---|
| | | | 0～8周龄 | 9～18周龄 | 19周龄～开产 | 开产～高峰期（>85%） | 高峰期后（<85%） | 种鸡 |
| 维生素 | 维生素 A | IU/kg | 4000 | 4000 | 4000 | 8000 | 8000 | 10 000 |
| | 维生素 D | IU/kg | 800 | 800 | 800 | 1600 | 1600 | 2000 |
| | 维生素 E | IU/kg | 10 | 8 | 8 | 5 | 5 | 10 |
| | 维生素 K | mg/kg | 0.5 | 0.5 | 0.5 | 0.5 | 0.5 | 1.0 |
| | 硫胺素 | mg/kg | 1.8 | 1.3 | 1.3 | 0.8 | 0.8 | 0.8 |
| | 核黄素 | mg/kg | 3.6 | 1.8 | 2.2 | 2.5 | 2.5 | 3.8 |
| | 泛酸 | mg/kg | 10 | 10 | 10 | 2.2 | 2.2 | 10 |
| | 烟酸 | mg/kg | 30 | 11 | 11 | 20 | 20 | 30 |
| | 吡哆醇 | mg/kg | 3 | 3 | 3 | 3 | 3 | 4.5 |
| | 生物素 | mg/kg | 0.15 | 0.10 | 0.10 | 0.10 | 0.10 | 0.15 |
| | 叶酸 | mg/kg | 0.55 | 0.25 | 0.25 | 0.25 | 0.25 | 0.35 |
| | 维生素 $B_{12}$ | mg/kg | 0.010 | 0.003 | 0.004 | 0.004 | 0.004 | 0.004 |
| | 胆碱 | mg/kg | 1300 | 900 | 500 | 500 | 500 | 500 |
| | 亚油酸 | % | 1 | 1 | 1 | 1 | 1 | 1 |

注：根据中型体重蛋鸡制定，轻型鸡可酌减10%；开产日龄按5%产蛋率计算。

1cal=4.18J。

表 3-2　生长蛋鸡体重与耗料量

| 周龄 | 体重（g/只） | 耗料量（g/只） | 累计耗料量（g/只） | 平均日采食量（g/只） | 周平均日增重（g/只） | 周平均料肉比 |
|---|---|---|---|---|---|---|
| 1 | 70 | 84 | 84 | 12.0 | — | — |
| 2 | 130 | 119 | 203 | 17 | 9 | 1.98 |
| 3 | 200 | 154 | 357 | 22 | 10 | 2.20 |
| 4 | 275 | 189 | 546 | 27 | 11 | 2.52 |
| 5 | 360 | 224 | 770 | 32 | 12 | 2.64 |
| 6 | 415 | 259 | 1029 | 37 | 8 | 4.71 |
| 7 | 530 | 294 | 1323 | 42 | 16 | 2.56 |
| 8 | 615 | 329 | 1652 | 47 | 12 | 3.87 |
| 9 | 700 | 357 | 2009 | 51 | 12 | 4.20 |
| 10 | 785 | 385 | 2394 | 55 | 12 | 4.53 |
| 11 | 875 | 413 | 2807 | 59 | 13 | 4.59 |

（续）

| 周龄 | 体重<br>（g/只） | 耗料量<br>（g/只） | 累计耗料量<br>（g/只） | 平均日采食量<br>（g/只） | 周平均日增重<br>（g/只） | 周平均<br>料肉比 |
|---|---|---|---|---|---|---|
| 12 | 965 | 441 | 3248 | 63 | 13 | 4.90 |
| 13 | 1055 | 469 | 3717 | 67 | 13 | 5.21 |
| 14 | 1145 | 497 | 4214 | 71 | 13 | 5.52 |
| 15 | 1235 | 525 | 4739 | 75 | 13 | 5.83 |
| 16 | 1325 | 546 | 5285 | 78 | 13 | 6.07 |
| 17 | 1415 | 567 | 5852 | 81 | 13 | 6.30 |
| 18 | 1505 | 588 | 6440 | 84 | 13 | 6.53 |
| 19 | 1595 | 609 | 7049 | 87 | 13 | 6.77 |
| 20 | 1670 | 630 | 7679 | 90 | 11 | 8.40 |

注：0～8周龄为自由采食，9周龄开始结合光照进行限饲。

## （二）肉用鸡营养需要

肉用仔鸡的营养需要见表3-3，肉用仔鸡体重与耗料量见表3-4，肉用种鸡的营养需要见表3-5，肉用种鸡体重与耗料量见表3-6。

表 3-3 肉用仔鸡的营养需要

| 营养指标 | 单位 | 周龄 | | |
|---|---|---|---|---|
| | | 0～2 | 3～6 | 7～8 |
| 代谢能 ME | MJ/kg | 12.75 | 12.96 | 13.17 |
| | Mcal/kg | 3.05 | 3.10 | 3.15 |
| 粗蛋白 CP | % | 22.0 | 20.0 | 17.0 |
| 蛋能比 CP/ME | g/Mcal | 72.13 | 64.52 | 53.97 |
| 赖能比 Lys/ME | g/Mcal | 3.93 | 3.23 | 2.60 |
| 氨基酸 赖氨酸 | % | 1.20 | 1.00 | 0.82 |
| 蛋氨酸 | % | 0.52 | 0.40 | 0.32 |
| 蛋氨酸＋胱氨酸 | % | 0.92 | 0.76 | 0.63 |
| 苏氨酸 | % | 0.84 | 0.72 | 0.64 |
| 色氨酸 | % | 0.21 | 0.18 | 0.16 |
| 精氨酸 | % | 1.25 | 1.12 | 0.95 |
| 亮氨酸 | % | 1.32 | 1.05 | 0.89 |
| 异亮氨酸 | % | 0.84 | 0.75 | 0.59 |
| 苯丙氨酸 | % | 0.74 | 0.66 | 0.55 |

（续）

| 营养指标 | | 单位 | 周龄 | | |
|---|---|---|---|---|---|
| | | | 0～2 | 3～6 | 7～8 |
| 氨基酸 | 苯丙氨酸＋酪氨酸 | % | 1.32 | 1.15 | 0.98 |
| | 组氨酸 | % | 0.36 | 0.32 | 0.25 |
| | 脯氨酸 | % | 0.60 | 0.54 | 0.44 |
| | 缬氨酸 | % | 0.90 | 0.74 | 0.72 |
| | 甘氨酸＋丝氨酸 | % | 1.30 | 1.10 | 0.93 |
| | 亚油酸 | % | 1 | 1 | 1 |
| 矿物质 | 钙 | % | 1.05 | 0.95 | 0.80 |
| | 总磷 | % | 0.68 | 0.65 | 0.60 |
| | 非植酸磷 | % | 0.50 | 0.40 | 0.35 |
| | 钠 | % | 0.20 | 0.15 | 0.15 |
| | 氯 | % | 0.20 | 0.15 | 0.15 |
| | 铁 | mg/kg | 120 | 80 | 80 |
| | 铜 | mg/kg | 10 | 8 | 8 |
| | 锰 | mg/kg | 120 | 100 | 80 |
| | 锌 | mg/kg | 120 | 80 | 80 |
| | 碘 | mg/kg | 0.70 | 0.70 | 0.70 |
| | 硒 | mg/kg | 0.30 | 0.30 | 0.30 |
| 维生素 | 维生素 A | IU/kg | 10 000 | 6000 | 2700 |
| | 维生素 D | IU/kg | 2000 | 1000 | 400 |
| | 维生素 E | IU/kg | 30 | 10 | 10 |
| | 维生素 K | mg/kg | 1.0 | 0.5 | 0.5 |
| | 硫胺素 | mg/kg | 2.0 | 2.0 | 2.0 |
| | 核黄素 | mg/kg | 10 | 5 | 5 |
| | 泛酸 | mg/kg | 10 | 10 | 10 |
| | 烟酸 | mg/kg | 45 | 30 | 30 |
| | 吡哆醇 | mg/kg | 4.0 | 3.0 | 3.0 |
| | 生物素 | mg/kg | 0.20 | 0.15 | 0.10 |
| | 叶酸 | mg/kg | 1.00 | 0.55 | 0.50 |
| | 维生素 $B_{12}$ | mg/kg | 0.010 | 0.010 | 0.007 |
| | 胆碱 | mg/kg | 1500 | 1200 | 750 |

表 3-4 肉用仔鸡体重与耗料量

| 周龄 | 体重<br>（g/只） | 耗料量<br>（g/只） | 累计耗料量<br>（g/只） | 平均日采食量<br>（g/只） | 周平均日增重<br>（g/只） | 周平均<br>料肉比 |
|---|---|---|---|---|---|---|
| 1 | 126 | 113 | 113 | 16.1 | — | — |
| 2 | 317 | 273 | 386 | 39 | 27 | 1.43 |
| 3 | 558 | 473 | 859 | 68 | 34 | 1.96 |
| 4 | 900 | 643 | 1502 | 92 | 49 | 1.88 |
| 5 | 1309 | 867 | 2369 | 124 | 58 | 2.12 |
| 6 | 1696 | 954 | 3323 | 136 | 55 | 2.47 |
| 7 | 2117 | 1164 | 4487 | 166 | 60 | 2.76 |
| 8 | 2457 | 1079 | 5566 | 154 | 49 | 3.17 |

表 3-5 肉用种鸡营养需要

| 营养指标 | | 单位 | 周龄 | | | 开产～高峰期<br>（>65%） | 高峰期后<br>（<65%） |
|---|---|---|---|---|---|---|---|
| | | | 0～6 | 7～18 | 19～开产 | | |
| 代谢能 ME | | MJ/kg | 12.12 | 11.91 | 11.70 | 11.70 | 11.70 |
| | | Mcal/kg | 2.90 | 2.85 | 2.80 | 2.80 | 2.80 |
| 粗蛋白 CP | | % | 18.0 | 15.0 | 16.0 | 17.0 | 16.0 |
| 蛋能比 CP/ME | | g/Mcal | 62.07 | 52.63 | 57.14 | 60.71 | 57.14 |
| 赖能比 Lys/ME | | g/Mcal | 3.17 | 2.28 | 2.68 | 2.86 | 2.68 |
| 氨基酸 | 赖氨酸 | % | 0.92 | 0.65 | 0.75 | 0.80 | 0.75 |
| | 蛋氨酸 | % | 0.34 | 0.30 | 0.32 | 0.34 | 0.30 |
| | 蛋氨酸＋胱氨酸 | % | 0.72 | 0.56 | 0.62 | 0.64 | 0.60 |
| | 苏氨酸 | % | 0.52 | 0.48 | 0.50 | 0.55 | 0.50 |
| | 色氨酸 | % | 0.20 | 0.17 | 0.16 | 0.17 | 0.16 |
| | 精氨酸 | % | 0.90 | 0.75 | 0.90 | 0.90 | 0.88 |
| | 亮氨酸 | % | 1.05 | 0.81 | 0.86 | 0.86 | 0.81 |
| | 异亮氨酸 | % | 0.66 | 0.58 | 0.58 | 0.58 | 0.58 |
| | 苯丙氨酸 | % | 0.52 | 0.39 | 0.42 | 0.51 | 0.48 |
| | 苯丙氨酸＋酪氨酸 | % | 1.00 | 0.77 | 0.82 | 0.85 | 0.80 |
| | 组氨酸 | % | 0.26 | 0.21 | 0.22 | 0.24 | 0.21 |
| | 脯氨酸 | % | 0.50 | 0.41 | 0.44 | 0.45 | 0.42 |
| | 缬氨酸 | % | 0.62 | 0.47 | 0.50 | 0.66 | 0.51 |
| | 甘氨酸＋丝氨酸 | % | 0.70 | 0.53 | 0.56 | 0.57 | 0.54 |
| | 亚油酸 | % | 1 | 1 | 1 | 1 | 1 |

(续)

| 营养指标 | | 单位 | 周龄 | | | 开产～高峰期（>65%） | 高峰期后（<65%） |
|---|---|---|---|---|---|---|---|
| | | | 0～6 | 7～18 | 19～开产 | | |
| 矿物质 | 钙 | % | 1.00 | 0.90 | 2.0 | 3.3 | 3.5 |
| | 总磷 | % | 0.68 | 0.63 | 0.65 | 0.68 | 0.65 |
| | 非植酸磷 | % | 0.45 | 0.40 | 0.42 | 0.45 | 0.42 |
| | 钠 | % | 0.18 | 0.18 | 0.18 | 0.18 | 0.18 |
| | 氯 | % | 0.18 | 0.18 | 0.18 | 0.18 | 0.18 |
| | 铁 | mg/kg | 60 | 60 | 80 | 80 | 80 |
| | 铜 | mg/kg | 6 | 6 | 8 | 8 | 8 |
| | 锰 | mg/kg | 80 | 80 | 100 | 100 | 100 |
| | 锌 | mg/kg | 60 | 60 | 80 | 80 | 80 |
| | 碘 | mg/kg | 0.70 | 0.70 | 1 | 1 | 1 |
| | 硒 | mg/kg | 0.30 | 0.30 | 0.30 | 0.30 | 0.30 |
| 维生素 | 维生素 A | IU/kg | 8000 | 6000 | 9000 | 12 000 | 12 000 |
| | 维生素 D | IU/kg | 1600 | 1200 | 1800 | 2400 | 2400 |
| | 维生素 E | IU/kg | 20 | 10 | 10 | 30 | 30 |
| | 维生素 K | mg/kg | 1.5 | 1.5 | 1.5 | 1.5 | 1.5 |
| | 硫胺素 | mg/kg | 1.8 | 1.5 | 1.5 | 2.0 | 2.0 |
| | 核黄素 | mg/kg | 8 | 6 | 6 | 9 | 9 |
| | 泛酸 | mg/kg | 12 | 10 | 10 | 12 | 12 |
| | 烟酸 | mg/kg | 30 | 20 | 20 | 35 | 35 |
| | 吡哆醇 | mg/kg | 3 | 3 | 3 | 4.5 | 4.5 |
| | 生物素 | mg/kg | 0.15 | 0.10 | 0.10 | 0.20 | 0.20 |
| | 叶酸 | mg/kg | 1.0 | 0.5 | 0.5 | 1.2 | 1.2 |
| | 维生素 $B_{12}$ | mg/kg | 0.010 | 0.006 | 0.008 | 0.012 | 0.012 |
| | 胆碱 | mg/kg | 1300 | 900 | 500 | 500 | 500 |

表 3-6　肉用种鸡体重与耗料量

| 周龄 | 体重（g/只） | 耗料量（g/只） | 累计耗料量（g/只） | 平均日采食量（g/只） | 周平均日增重（g/只） | 周平均料肉比 |
|---|---|---|---|---|---|---|
| 1 | 90 | 100 | 100 | 14.3 | — | — |
| 2 | 185 | 168 | 268 | 24 | 13.6 | 1.77 |
| 3 | 340 | 231 | 499 | 33 | 22.1 | 1.49 |
| 4 | 430 | 266 | 765 | 38 | 12.9 | 2.96 |
| 5 | 520 | 287 | 1052 | 41 | 12.9 | 3.19 |

（续）

| 周龄 | 体重<br>（g/只） | 耗料量<br>（g/只） | 累计耗料量<br>（g/只） | 平均日采食量<br>（g/只） | 周平均日增重<br>（g/只） | 周平均<br>料肉比 |
|---|---|---|---|---|---|---|
| 6 | 610 | 301 | 1353 | 43 | 12.9 | 3.34 |
| 7 | 700 | 322 | 1675 | 46 | 12.9 | 3.58 |
| 8 | 795 | 336 | 2011 | 48 | 13.6 | 3.54 |
| 9 | 890 | 357 | 2368 | 51 | 13.6 | 3.76 |
| 10 | 985 | 378 | 2746 | 54 | 13.6 | 3.98 |
| 11 | 1080 | 406 | 3152 | 58 | 13.6 | 4.27 |
| 12 | 1180 | 434 | 3586 | 62 | 14.3 | 4.34 |
| 13 | 1280 | 462 | 4048 | 66 | 14.3 | 4.62 |
| 14 | 1380 | 497 | 4545 | 71 | 14.3 | 4.97 |
| 15 | 1480 | 518 | 5063 | 74 | 14.3 | 5.18 |
| 16 | 1595 | 553 | 5616 | 79 | 16.4 | 4.81 |
| 17 | 1710 | 588 | 6204 | 84 | 16.4 | 5.11 |
| 18 | 1840 | 630 | 6834 | 90 | 18.6 | 4.85 |
| 19 | 1970 | 658 | 7492 | 94 | 18.6 | 5.06 |
| 20 | 2100 | 707 | 8199 | 101 | 18.6 | 5.44 |
| 21 | 2250 | 749 | 8948 | 107 | 21.4 | 4.99 |
| 22 | 2400 | 798 | 9746 | 114 | 21.4 | 5.32 |
| 23 | 2550 | 847 | 10 593 | 121 | 21.4 | 5.65 |
| 24 | 2710 | 896 | 11 489 | 128 | 22.9 | 5.60 |
| 25 | 2870 | 952 | 12 441 | 136 | 22.9 | 5.95 |
| 29 | 3477 | 1190 | 13 631 | 170 | — | — |
| 33 | 3603 | 1169 | 14 800 | 167 | — | — |
| 43 | 3608 | 1141 | 15 941 | 163 | — | — |
| 58 | 3782 | 1064 | 17 005 | 152 | — | — |

## 二、鸭饲养标准

本标准引用中华人民共和国农业行业标准《肉鸭饲养标准》（NY/T 2122—2012），适用于北京鸭、肉蛋兼用型肉鸭及番鸭、半番鸭等。鸭饲养标准见表 3-7～表 3-9。

表 3-7　商品代北京鸭营养需要

| 营养指标 | 单位 | 育雏期<br>（0～2 周龄） | 生长期<br>（3～5 周龄） | 肥育期<br>（6～7 周龄） |
|---|---|---|---|---|
| 代谢能 | kcal/kg | 2900 | 2900 | 2950 |
| 粗蛋白 CP | % | 20.0 | 17.5 | 16.0 |

（续）

| 营养指标 | | 单位 | 育雏期<br>（0～2 周龄） | 生长期<br>（3～5 周龄） | 肥育期<br>（6～7 周龄） |
|---|---|---|---|---|---|
| 氨基酸 | 赖氨酸 | % | 1.10 | 0.85 | 0.65 |
| | 蛋氨酸 | % | 0.45 | 0.40 | 0.35 |
| | 蛋氨酸＋胱氨酸 | % | 0.80 | 0.70 | 0.60 |
| | 苏氨酸 | % | 0.75 | 0.60 | 0.55 |
| | 色氨酸 | % | 0.22 | 0.19 | 0.16 |
| | 精氨酸 | % | 0.95 | 0.85 | 0.70 |
| | 异亮氨酸 | % | 0.72 | 0.57 | 0.45 |
| 矿物质 | 钙 | % | 0.90 | 0.85 | 0.80 |
| | 总磷 | % | 0.65 | 0.60 | 0.55 |
| | 非植酸磷 | % | 0.42 | 0.40 | 0.35 |
| | 钠 | % | 0.15 | 0.15 | 0.15 |
| | 氯 | % | 0.12 | 0.12 | 0.12 |
| | 铁 | mg/kg | 60 | 60 | 60 |
| | 铜 | mg/kg | 8.0 | 8.0 | 8.0 |
| | 锰 | mg/kg | 100 | 100 | 100 |
| | 锌 | mg/kg | 60 | 60 | 60 |
| | 碘 | mg/kg | 0.40 | 0.40 | 0.30 |
| | 硒 | mg/kg | 0.30 | 0.30 | 0.20 |
| 维生素 | 维生素 A | IU/kg | 4000 | 3000 | 2500 |
| | 维生素 $D_3$ | IU/kg | 2000 | 2000 | 2000 |
| | 维生素 E | IU/kg | 20 | 20 | 10 |
| | 维生素 $K_3$ | mg/kg | 2.0 | 2.0 | 2.0 |
| | 维生素 $B_1$ | mg/kg | 2.0 | 1.5 | 1.5 |
| | 维生素 $B_2$ | mg/kg | 10 | 10 | 10 |
| | 维生素 $B_6$ | mg/kg | 4.0 | 3.0 | 3.0 |
| | 泛酸 | mg/kg | 20 | 10 | 10 |
| | 烟酸 | mg/kg | 50 | 50 | 50 |
| | 吡哆醇 | mg/kg | 3 | 3 | 3 |
| | 生物素 | mg/kg | 0.1 | 0.09 | 0.08 |
| | 叶酸 | mg/kg | 1.0 | 1.0 | 1.0 |
| | 维生素 $B_{12}$ | mg/kg | 0.02 | 0.02 | 0.02 |
| | 胆碱 | mg/kg | 1000 | 1000 | 1000 |

注：营养需要量的数据，以饲料干物质含量 87％计。

表 3-8　北京鸭种鸭营养需要

| 营养指标 | | 单位 | 育雏期 1～3 周龄 | 育成前期 4～8 周龄 | 育成后期 9～22 周龄 | 产蛋前期 23～26 周龄 | 产蛋前期 27～45 周龄 | 产蛋前期 46～70 周龄 |
|---|---|---|---|---|---|---|---|---|
| 代谢能 ME | | MJ/kg | 11.91 | 11.91 | 11.29 | 11.70 | 11.29 | 11.29 |
| | | kcal/Kg | 2850 | 2850 | 2700 | 2800 | 2750 | 2700 |
| 粗蛋白 CP | | % | 20.0 | 17.5 | 15.0 | 18.0 | 19.0 | 20.0 |
| 氨基酸 | 赖氨酸 | % | 1.05 | 0.85 | 0.65 | 0.80 | 0.95 | 1.00 |
| | 蛋氨酸 | % | 0.45 | 0.40 | 0.35 | 0.40 | 0.45 | 0.45 |
| | 蛋氨酸＋胱氨酸 | % | 0.82 | 0.70 | 0.60 | 0.70 | 0.75 | 0.75 |
| | 苏氨酸 | % | 0.75 | 0.60 | 0.50 | 0.60 | 0.65 | 0.70 |
| | 色氨酸 | % | 0.22 | 0.18 | 0.16 | 0.20 | 0.20 | 0.22 |
| | 精氨酸 | % | 0.95 | 0.80 | 0.70 | 0.90 | 0.90 | 0.95 |
| | 异亮氨酸 | % | 0.72 | 0.55 | 0.45 | 0.57 | 0.68 | 0.72 |
| 矿物质 | 钙 | % | 0.90 | 0.85 | 0.80 | 2.00 | 3.10 | 3.10 |
| | 总磷 | % | 0.65 | 0.60 | 0.55 | 0.60 | 0.60 | 0.60 |
| | 非植酸磷 | % | 0.40 | 0.38 | 0.35 | 0.38 | 0.38 | 0.38 |
| | 钠 | % | 0.15 | 0.15 | 0.15 | 0.15 | 0.15 | 0.15 |
| | 氯 | % | 0.12 | 0.12 | 0.12 | 0.12 | 0.12 | 0.12 |
| | 铁 | mg/kg | 60 | 60 | 60 | 60 | 60 | 60 |
| | 铜 | mg/kg | 8.0 | 8.0 | 8.0 | 8.0 | 8.0 | 8.0 |
| | 锰 | mg/kg | 80 | 80 | 80 | 100 | 100 | 100 |
| | 锌 | mg/kg | 60 | 60 | 60 | 60 | 60 | 60 |
| | 碘 | mg/kg | 0.40 | 0.30 | 0.30 | 0.40 | 0.40 | 0.40 |
| | 硒 | mg/kg | 0.20 | 0.20 | 0.20 | 0.20 | 0.30 | 0.30 |
| 维生素 | 维生素 A | IU/kg | 6000 | 3000 | 3000 | 8000 | 8000 | 8000 |
| | 维生素 $D_3$ | IU/kg | 2000 | 2000 | 2000 | 3000 | 3000 | 3000 |
| | 维生素 E | IU/kg | 20 | 20 | 10 | 30 | 30 | 40 |
| | 维生素 $K_3$ | mg/kg | 2.0 | 1.5 | 1.5 | 2.5 | 2.5 | 2.5 |
| | 维生素 $B_1$ | mg/kg | 2.0 | 1.5 | 1.5 | 2.0 | 2.0 | 2.0 |
| | 维生素 $B_2$ | mg/kg | 10 | 10 | 10 | 15 | 15 | 15 |
| | 维生素 $B_6$ | mg/kg | 4.0 | 3.0 | 3.0 | 4.0 | 4.0 | 4.0 |
| | 泛酸 | mg/kg | 10 | 10 | 10 | 20 | 20 | 20 |
| | 烟酸 | mg/kg | 50 | 50 | 50 | 50 | 60 | 60 |
| | 生物素 | mg/kg | 0.20 | 0.10 | 0.10 | 0.20 | 0.20 | 0.20 |
| | 叶酸 | mg/kg | 1.0 | 1.0 | 1.0 | 1.0 | 1.0 | 1.0 |
| | 维生素 $B_{12}$ | mg/kg | 0.02 | 0.01 | 0.01 | 0.02 | 0.02 | 0.02 |
| | 胆碱 | mg/kg | 1000 | 1000 | 1000 | 1500 | 1500 | 1500 |

注：数据要求同表 3-7。

表 3-9　蛋鸭营养需要

| | 营养指标 | 单位 | 0～2 周龄 | 3～8 周龄 | 9～18 周龄 | 产蛋期 |
|---|---|---|---|---|---|---|
| | 代谢能 | kJ/kg | 11 506 | 11 506 | 11 297 | 2640 |
| | 粗蛋白 CP | % | 20.0 | 18.0 | 15.0 | 18.0 |
| 氨基酸 | 赖氨酸 | % | 1.20 | 0.90 | 0.65 | 0.920 |
| | 蛋氨酸 | % | 0.40 | 0.30 | 0.25 | 0.33 |
| | 蛋氨酸＋胱氨酸 | % | 0.70 | 0.60 | 0.50 | 0.65 |
| | 精氨酸 | % | 1.20 | 1.00 | 0.70 | 1.00 |
| 矿物质 | 钙 | % | 0.90 | 0.80 | 0.80 | 3.50 |
| | 总磷 | % | 0.50 | 0.50 | 0.45 | 0.50 |
| | 钠 | % | 0.15 | 0.15 | 0.15 | 0.15 |
| | 氯 | % | 0.15 | 0.15 | 0.15 | 0.15 |
| | 铁 | mg/kg | 80 | 80 | 80 | 80 |
| | 铜 | mg/kg | 8.0 | 8.0 | 8.0 | 8.0 |
| | 锰 | mg/kg | 100.0 | 100.0 | 100.0 | 100.0 |
| | 锌 | mg/kg | 60 | 60 | 60 | 60 |
| | 碘 | mg/kg | 0.60 | 0.60 | 0.60 | 0.60 |
| 维生素 | 维生素 A | IU/kg | 4000 | 4000 | 4000 | 8000 |
| | 维生素 $D_3$ | IU/kg | 600 | 600 | 600 | 1000 |
| | 维生素 E | IU/kg | 20 | 20 | 20 | 20 |
| | 维生素 K | mg/kg | 2.0 | 2.0 | 2.0 | 2.0 |
| | 维生素 $B_1$ | mg/kg | 4.0 | 4.0 | 4.0 | 2.0 |
| | 维生素 $B_2$ | mg/kg | 5.0 | 5.0 | 5.0 | 8.0 |
| | 维生素 $B_6$ | mg/kg | | | | |
| | 泛酸 | mg/kg | 15 | 15 | 15 | 15 |
| | 烟酸 | mg/kg | 60 | 60 | 60 | 60 |
| | 生物素 | mg/kg | 0.10 | 0.10 | 0.10 | 0.20 |
| | 叶酸 | mg/kg | 1.0 | 1.0 | 1.0 | 1.5 |
| | 维生素 $B_{12}$ | mg/kg | 0.01 | 0.01 | 0.01 | 0.01 |
| | 胆碱 | mg/kg | 1800 | 1800 | 1100 | 1100 |

## 三、鹅饲养标准

本标准引用山东省商品肉鹅饲养标准(DB37/T 2784—2016)，具体内容见表 3-10～表 3-13。

表 3-10　商品肉鹅营养需要(公母混养)

| 营养指标 | | 单位 | 育雏期 0～21d | 生长期 22～42d | 肥育期 43d～屠宰 |
|---|---|---|---|---|---|
| 代谢能 ME | | MJ/kg | 11.71 | 11.71 | 11.92 |
| | | kcal/kg | 2800 | 2800 | 2800 |
| 粗蛋白 CP | | % | 19.00 | 17.50 | 16.00 |
| 粗纤维 | | % | 3.0 | 4.0 | 5.0 |
| 氨基酸 | 赖氨酸 | % | 1.00 | 0.90 | 0.80 |
| | 蛋氨酸 | % | 0.45 | 0.45 | 0.40 |
| | 蛋氨酸＋胱氨酸 | % | 0.85 | 0.85 | 0.75 |
| | 苏氨酸 | % | 0.75 | 0.60 | 0.45 |
| | 色氨酸 | % | 0.20 | 0.17 | 0.16 |
| | 精氨酸 | % | 1.06 | 0.92 | 0.74 |
| | 亮氨酸 | % | 1.06 | 0.92 | 0.77 |
| | 异亮氨酸 | % | 0.63 | 0.58 | 0.50 |
| | 苯丙氨酸 | % | 0.57 | 0.51 | 0.44 |
| | 苯丙氨酸＋酪氨酸 | % | 1.06 | 0.95 | 0.81 |
| | 组氨酸 | % | 0.27 | 0.25 | 0.22 |
| | 甘氨酸＋丝氨酸 | % | 0.74 | 0.67 | 0.53 |
| 矿物质 | 钙 | % | 1.0 | 0.9 | 0.8 |
| | 食盐 | % | 0.35 | 0.40 | 0.40 |
| | 非植酸磷 | % | 0.45 | 0.40 | 0.35 |
| | 铁 | mg/kg | 100 | 80 | 80 |
| | 铜 | mg/kg | 7.0 | 6.0 | 6.0 |
| | 锰 | mg/kg | 120 | 100 | 85 |
| | 锌 | mg/kg | 100 | 80 | 80 |
| | 碘 | mg/kg | 0.42 | 0.42 | 0.42 |
| | 硒 | mg/kg | 0.30 | 0.30 | 0.30 |
| 维生素 | 维生素 A | IU/kg | 9000 | 8500 | 8000 |
| | 维生素 $D_3$ | IU/kg | 1600 | 1600 | 1600 |
| | 维生素 E | IU/kg | 20 | 20 | 20 |
| | 维生素 $K_3$ | mg/kg | 2.0 | 2.0 | 2.0 |
| | 维生素 $B_1$ | mg/kg | 2.2 | 2.2 | 2.2 |
| | 维生素 $B_2$ | mg/kg | 5.0 | 4.0 | 4.0 |
| | 泛酸 | mg/kg | 11.0 | 10.0 | 10.0 |
| | 烟酸 | mg/kg | 70 | 60 | 60 |

（续）

| | 营养指标 | 单位 | 育雏期 0～21d | 生长期 22～42d | 肥育期 43d～屠宰 |
|---|---|---|---|---|---|
| 维生素 | 维生素 B$_6$ | mg/kg | 3.0 | 3.0 | 3.0 |
| | 生物素 | mg/kg | 0.2 | 0.1 | 0.1 |
| | 叶酸 | mg/kg | 0.5 | 0.4 | 0.4 |
| | 维生素 B$_{12}$ | mg/kg | 0.025 | 0.020 | 0.020 |
| | 胆碱 | mg/kg | 1400 | 1400 | 1400 |

表 3-11　大型商品肉鹅体重与耗料量（公母混养）　　　　g/只

| 周龄 | 周增重 | 累积增重 | 体重 | 日耗料量 | 周耗料量 | 周累积耗料量 |
|---|---|---|---|---|---|---|
| 1 | 135 | 135 | 289 | 60 | 420 | 420 |
| 2 | 406 | 541 | 719 | 74 | 518 | 938 |
| 3 | 510 | 1051 | 1253 | 94 | 658 | 1596 |
| 4 | 585 | 1636 | 1672 | 104 | 728 | 2324 |
| 5 | 583 | 2219 | 2369 | 114 | 798 | 3122 |
| 6 | 573 | 2792 | 2966 | 124 | 868 | 3990 |
| 7 | 527 | 3319 | 3517 | 134 | 938 | 4928 |
| 8 | 443 | 3762 | 3984 | 144 | 1008 | 5936 |
| 9 | 371 | 4133 | 4379 | 154 | 1078 | 7014 |
| 10 | 307 | 4440 | 4710 | 164 | 1148 | 8162 |
| 11 | 241 | 4681 | 4975 | 169 | 1183 | 9345 |
| 12 | 177 | 4858 | 5176 | 175 | 1225 | 10 570 |

表 3-12　中型商品肉鹅体重与耗料量（公母混养）　　　　g/只

| 周龄 | 周增重 | 累积增重 | 体重 | 日耗料量 | 周耗料量 | 周累积耗料量 |
|---|---|---|---|---|---|---|
| 1 | 129 | 129 | 217 | 26 | 182 | 182 |
| 2 | 283 | 412 | 500 | 46 | 322 | 504 |
| 3 | 343 | 755 | 843 | 66 | 462 | 966 |
| 4 | 370 | 1125 | 1213 | 76 | 532 | 1498 |
| 5 | 383 | 1508 | 1596 | 88 | 616 | 2114 |
| 6 | 378 | 2238 | 2326 | 94 | 658 | 2772 |
| 7 | 352 | 2238 | 2326 | 110 | 770 | 3542 |
| 8 | 323 | 2561 | 2649 | 133 | 931 | 4473 |
| 9 | 291 | 2852 | 2940 | 140 | 980 | 5453 |
| 10 | 259 | 3111 | 3199 | 146 | 1022 | 6475 |
| 11 | 219 | 3330 | 3418 | 151 | 1057 | 7532 |
| 12 | 192 | 3522 | 3610 | 157 | 1099 | 8631 |

表 3-13　小型商品肉鹅体重与耗料量(公母混养)　　　　　　　　g/只

| 周龄 | 周增重 | 累积增重 | 体重 | 日耗料量 | 周耗料量 | 周累积耗料量 |
|------|--------|----------|------|----------|----------|--------------|
| 1 | 107 | 107 | 184 | 23 | 161 | 161 |
| 2 | 242 | 349 | 426 | 36 | 252 | 413 |
| 3 | 295 | 644 | 721 | 53 | 371 | 784 |
| 4 | 318 | 962 | 1039 | 71 | 497 | 1281 |
| 5 | 330 | 1292 | 1369 | 88 | 616 | 1897 |
| 6 | 325 | 1617 | 1694 | 100 | 700 | 2597 |
| 7 | 303 | 1920 | 1997 | 106 | 742 | 3339 |
| 8 | 277 | 2197 | 2274 | 112 | 784 | 4123 |
| 9 | 249 | 2446 | 2523 | 118 | 826 | 4949 |
| 10 | 221 | 2667 | 2744 | 124 | 868 | 5817 |
| 11 | 186 | 2853 | 2930 | 128 | 896 | 6713 |
| 12 | 163 | 3016 | 3093 | 133 | 931 | 7644 |

# 任务三　家禽饲料选购与贮藏

## 一、家禽优质饲料选购

### 1. 根据饲养水平确定选购档次

对养殖户而言，选购什么档次的配合饲料，或者添加剂、浓缩饲料，一要考虑价格；二要考虑质量；三要考虑饲养水平。如浓缩饲料，分别有蛋白质含量为 38%、42%、45% 的，蛋白质含量不同，价格不同。笼养的肉鸡、肉鸭、高产蛋鸡对营养要求较高，采用养分浓度高的优质日粮，对养殖户是有利的。

### 2. 考虑饲料的安全性

随着人们生活水平的提高，消费者对畜产品品质的要求越来越高。饲料安全直接关系到畜产品的安全。凡质量合格、使用可靠的饲料，应具备以下要素。

(1)合格证　包装袋内应有合格证，合格证加盖有检验人员印章、检验日期、批次。

(2)饲料标签标示完整、正确　完整的饲料标签应具有以下内容：

①品名：饲料产品名称应与产品标准一致，不得在产品名称前随意加修饰语。"浓缩饲料"不得称为"超级浓缩饲料"。

②饲料使用对象：饲料名称需指明使用对象和使用阶段。如"雏鸡配合饲料""育成鸡配合饲料"，不得统称为"鸡配合饲料"。

③使用的主要原料：配合饲料、浓缩饲料、预混料、精料补充料应列出饲料中决定饲料品质的原料和起主要作用的添加剂原料。

④产品成分分析保证值：分析保证值只标示范围值，不标示分析允许误差。如粗蛋白质保证值的正确标示应为粗蛋白质不低于 20.0%，如标示为粗蛋白质 20.0%±0.8% 就是

错误的。

⑤预混料、浓缩饲料、精料补充料不能直接饲喂家禽，应给出相应配套的推荐配方、使用说明。

⑥包含但不限于生产日期、保质期、厂名、厂址、电话等信息。

⑦应标有"本产品符合饲料卫生标准"字样。

⑧应标有生产该产品所执行的标准编号：有注册商标、合格证、标签完整无缺的饲料才是安全可靠的，可以购买及使用。

### 3. 采用全价配合饲料饲喂家禽

全价配合饲料能全面而又经济地满足家禽在不同生长发育阶段的营养需要（除水分外），既缩短饲养周期，又提高饲料报酬，能有效地发挥饲料养分之间的协同作用和互补作用。全价配合饲料利用率高，可直接饲喂家禽，不需再添加其他饲料。全价配合饲料是配合饲料的终级产品，有条件的养殖户应尽可能地根据自身经济条件和知识水平，选购全价配合饲料以追求最大养殖效益。

### 4. 根据家禽的品种、生产性能、生长发育阶段选购

家禽品种不同，生产性能迥异，需要的营养水平相差也较大；同一品种不同的生长发育阶段，需要的营养水平也有差异。不同家禽品种间，即使是同一品种处于不同的生长发育阶段，其饲料都不可混用。

### 5. 饲料的物理性状选择

饲料的性状可以影响家禽的采食量，养分的吸收率。饲料的外观形状，常见的有粉状饲料、颗粒饲料、块状饲料等。家禽的全价配合饲料一般选用颗粒饲料。

### 6. 感官上鉴别饲料质量优劣

优良的饲料从外观上看色泽鲜艳一致，无发霉、发酵、结块现象，颗粒饲料碎粒和粉末少；口尝无苦味、涩味；通过嗅觉感觉无焦糊味、酸败味。

### 7. 饲料厂家选择

一般而言，养殖户选择饲料，一要注重产品质量，大型企业、名牌企业一般能严格按照饲养标准生产，并建有强大的销售网络和售后服务网络；二要考虑到地区差异，我国地区间的饲料作物因品种、肥力、收获时间的不同养分含量有差异，因此养殖户在选购时应尽量挑选与本地气候、土质、种植条件相差较小的厂家饲料为佳。

## 二、家禽配合饲料贮藏

### 1. 防鼠害

老鼠对饲料的危害极大，特别是对颗粒饲料。老鼠的排泄物会污染饲料，传播疾病，直接危害家禽的健康。防老鼠最有效的措施是把饲料贮存在封闭严密、无孔可入的容器内或仓库内。在老鼠经常出没的地方，每年要下两次鼠药。

### 2. 防虫害

饲料保存不善，到了5～9月，饲料里的虫卵就会自行孵化出虫体，并不断生长和繁殖，大量消耗饲料中的营养成分，降低饲养家禽的效果。害虫的排泄物还会污染饲料，影

响家禽的生长发育。防止虫害和消除害虫的方法：

（1）晒干 贮存的饲料要尽量晒干，降低湿度，减少害虫滋生繁殖的水分条件。同时，经暴晒的饲料，虫卵也会部分被杀死。

（2）熏蒸 将贮存饲料的容器或仓库密封后，用二硫化碳等进行熏蒸；也可参照当地粮库的办法除虫。

### 3. 防霉变（病害）

谷物类饲料防止霉变的关键措施是将它们的含水量降到14％以下，并贮放在温度低的地方。饼粕、糟渣类饲料含脂肪较高，在高温多雨季节很容易发霉变质。轻者影响饲料的味道，重者使家禽呕吐、腹泻，甚至中毒死亡。精料粉碎后则更难贮存，因为粉碎的饲料吸水性强。因此，对这类饲料最好是现用现粉碎。如果贮存已粉碎的饲料，除须晒干防潮外，还要在饲料中加入防霉的添加剂。防霉剂主要有山梨酸、苯甲酸钠、醋酸等。

**知识链接**

## * 鸡饲料高效配制与使用

鸡养殖是畜牧业中数量最多、发展最快的产业之一。养鸡技术也逐渐与国际接轨，大多数鸡场都趋于专业化、规模化，不论是鸡的品种培育，还是鸡饲料的配置、生产都离不开现代化的配套措施，因此现在的养鸡场已经不再是一家一户的封闭生产，而是成为整个产业链的一部分，由种鸡场提供优质种鸡，专业饲料厂提供高效饲料，养殖场相当于饲料转换车间，将饲料转换为鸡蛋、鸡肉产品，养鸡场一方面要扩大养殖规模，获得规模效益，更重要的是要大幅度提高单位养殖效益，引进优良品种，饲喂高效饲料，获得最大效益。因此，配制高效饲料是整个鸡养殖产业中最重要的环节之一。

现在的养鸡场可以实现肉鸡快速增重，蛋鸡产蛋量增加，高效饲料功不可没。所谓高效饲料是指根据鸡的品种和不同生长阶段，配置出各种营养元素齐全的饲料，也就是常说的全价饲料，它是根据动物的营养需要，将多种饲料原料按一定的配方比例，经工厂化加工生产的饲料产品。全价饲料可以满足动物除水以外所有的营养需要。

饲料的高效不仅体现在各种营养元素要齐全，而且每种成分要均衡，符合鸡不同生长时期的不同需要，每种成分既不多，也不少，从而获得最高的养殖效率。

虽然蛋鸡和肉鸡饲料的配制方案有所不同，但使用的原料却基本相同，主要有能量原料、蛋白质原料和各种添加剂。

（1）能量原料 鸡的一切生理活动，包括运动、呼吸、循环、排泄、神经系统运行、体温调节等都需要能量。能量决定肉鸡的生长速度及后期增肥程度。对蛋鸡来说能量决定产蛋率。饲料消化后，会释放出能量，被鸡吸收利用。饲料中的能量主要来源于饲料中的碳水化合物和脂肪。一般将每千克鸡饲料中所含能量的多少称为代谢能，单位是 MJ/kg，它表示鸡饲料中所含能量的比例。

各种谷物类饲料中都含有丰富的碳水化合物，特别是玉米，其中所含的淀粉就是碳水化合物。常用的能量原料有玉米、麸皮和次粉。

①玉米：是广泛利用的最经济的能量饲料，淀粉含量高达70％，玉米在各类鸡饲料中

的配比为 30%～70%。适口性好，是饲鸡最理想的能量饲料。

②次粉：是小麦加工成面粉时的副产品，是较好的能量原料，也是饲料的天然黏合剂，一般配比不超过 30%。

③麸皮：是粗纤维含量较高的中低档能量原料。一定的粗纤维含量增加全价饲料容积，使鸡产生饱腹感。还能促进胃肠蠕动，确保肠道健康。

(2) 蛋白质原料　蛋白质是鸡饲料中最重要的营养物质，是细胞构成的主要成分，如鸡体的肌肉、血液、骨骼、神经、内脏等各种组织器官的主要成分都是蛋白质；饲料中的蛋白质不能用碳水化合物或脂肪等营养物质所代替。常用的蛋白质原料有大豆粕、棉籽粕、花生粕。如果饲料中蛋白质不足，会导致免疫力下降，食欲减退，生长缓慢。

①大豆粕：是大豆经提取豆油后得到的一种副产品，蛋白质含量在 40% 以上，鸡饲料中大豆粕用量可达 30%～40%

②棉籽粕：是棉籽未经脱壳直接提油后的产物，蛋白质含量可达 41% 以上。在鸡饲料中适宜的比例为 5%～10%

③花生粕：是一种良好的植物性蛋白质饲料，蛋白质含量在 48% 左右，鸡饲料中用量保持在 4% 以下。

(3) 多种添加剂　是指用来补充动物体所需的少量或微量营养物质。一般包括矿物质、维生素和酶制剂。

①矿物质：有钙、磷、钠、铁、硫、氯、铜、碘、锌、锰等元素。缺乏这些矿物质会引起很多疾病，阻碍生长。天然饲料中含有这些元素，但成分不全、含量不一，因此要适当补充这些矿物质。例如，食盐补充钠和氯，石粉、磷酸氢钙补充钙和磷。

②维生素添加剂：主要是人工合成的各种单项维生素及复合维生素。维生素对鸡生长、产蛋和维持体内正常物质代谢起重要作用。鸡对维生素需要量甚微，但必须从饲料中摄取。维生素缺乏时，造成物质代谢紊乱，影响鸡的生长、产蛋，或受精率、孵化率不高等。

③酶制剂：能加速营养物质在鸡消化道中的降解，从而促进营养物质的消化和吸收。

对于肉鸡，还有一种原料必不可少，那就是油。现在大多使用植物油脂，如豆油、玉米油、花生油、棕榈油等。试验研究证实，肉鸡饲料中添加油脂后，能量和蛋白质的利用率提高，肉鸡生长速度明显加快。

为了配制高效鸡饲料，需要对各种原料严加把关，检验员根据各种原料的标准值进行测量，保证原料新鲜，没有霉变，各种营养成分必须达标。

仅有优质原料并不能保证配制出优质饲料，还必须根据蛋鸡和肉鸡的不同生长特点制定不同的饲料配比。

## 一、肉鸡饲料配比与使用

肉鸡养殖是专门为人类提供鸡肉的，肉鸡品种很多，现在规模化养殖的肉鸡大都是从美国引进的白羽肉鸡，这种鸡生产性能好，主要体现在生长周期短、增重速度快、饲料转化率高、死亡率低、只要 42d 左右即可出栏。从育雏到出栏是肉鸡养殖效益最好的阶段，出栏时鸡群没有达到性成熟，因此还属于仔鸡。

有了好的肉鸡品种，更关键的是饲料的配制与使用，肉鸡在不同的生长时期，所需的营养比例有所不同，这是由鸡的生理特性决定的，一般将肉仔鸡的生长分为四个阶段：育雏前期、育雏后期、仔鸡中期、仔鸡后期。

**1. 育雏前期**

指刚孵出到 18 日龄的小鸡，这一时期是雏鸡生长发育最旺盛的阶段，也是最关键的时期，日粮中需要较高蛋白质和氨基酸水平，有利于刺激雏鸡食欲，使消化系统和免疫系统发育良好。

由于鸡龄小，消化道中的消化酶种类少，含量低，对饲料的消化、吸收能力差，因此雏鸡的配制饲粮要选择玉米、豆粕等优质能量和蛋白原料，尽量避免棉籽粕等不易消化吸收利用的原料。

研究表明，这期间饲料中粗蛋白含量要达到 21%，饲料代谢能要达到 12.65MJ/kg。根据这个标准选择饲料原料，首先测定每种原料的营养成分，然后通过计算机辅助设计各种原料的配比。

这期间的参考配方通常为玉米 55.3%、豆粕 38%、磷酸氢钙 1.4%、石粉 1%、食盐 0.3%、植物油 3%、复合添加剂 1%。

由于雏鸡消化道容积小，消化系统发育差导致消化能力差，进食量有限，因此投喂饲料时，要少加勤添，既让雏鸡可以自由采食，又可以防止未使用完的饲料变质，变质饲料会使雏鸡生长发育受阻或导致死亡。喂料设备要求既便于鸡采食，又不能让鸡进入料槽，生产上一般采用塔式料槽喂料，它由装料圆桶和料盘两部分组成，圆筒内装入饲料后，饲料从筒底流到盘内供鸡采食，料筒的高度和大小应随鸡生长而不断调节。加料时，工作人员将料加到料槽内，八成满即可，这样既方便雏鸡采食，也减少饲料污染。

总之，育雏前期，要使用优质的全价饲料，尽可能增加雏鸡早期采食量，对增效肉鸡后期的生产性能非常重要。

**2. 育雏后期**

指 19 至 29 日龄的小鸡，是肉鸡骨骼和肌肉生长最为关键的时期，需要较高的蛋白质水平，同时也需要较高的能量水平。育雏后期小鸡的消化吸收能力逐渐提高，可以适当增加能量饲料，投喂较粗的蛋白饲料。

研究表明：这期间饲料中粗蛋白含量要达到 19%，代谢能要达到 13.20MJ/kg。

这期间的参考配方通常为玉米 57.2%、豆粕 32%、棉籽粕 4%、磷酸氢钙 1.5%、石粉 1%、食盐 0.3%、植物油 3%、复合添加剂 1%。

水是肉鸡不可缺少的营养素之一，但是饮水并不需严格地划分为四个阶段。适当注意饮水管理即可。肉鸡饮用水应符合人类饮用水的标准，矿物质含量不应超标，不能有细菌污染。饮水量大概是饲料的 1.6～2 倍，饲料和水的摄入都随着鸡群日龄增长而稳定增加。通常情况下，应全天足量供应，使鸡能自由饮水即可。

**3. 仔鸡中期**

指 30 至 37 日龄的仔鸡，这一时期是肉鸡内脏器官生长发育的重要阶段。鸡采食量不断增加，适应能力显著提高，是生长发育的高峰时期，对营养物质的吸收、转化能力很强，日增重不断上升。为了使肉鸡的骨骼系统和心血管系统得到良好发育，同时增加脂肪含量，需要较高的能量水平。应饲喂比育雏期蛋白质含量较低、但能量较高的饲料，达到快速增重的目的。

研究表明，这期间饲料中粗蛋白需要量要达到18%，代谢能要达到13.40MJ/kg。

这期间的参考配方通常为玉米60.2%、豆粕33%、磷酸氢钙1.4%、石粉1.1%、食盐0.3%、植物油3%、复合添加剂1%。

### 4. 仔鸡后期

指38日龄至出栏的仔鸡，这一时期是鸡体快速增重的后期，是脂肪沉积的最佳时期，沉积脂肪能力强，所以对能量的需求也有所增加。但后期对蛋白质和氨基酸的需要量逐渐降低。研究表明，这期间饲料中粗蛋白含量要达到17%，代谢能要达到13.50MJ/kg。可见后期饲料的代谢能要高于中期，粗蛋白质含量要低于中期。6周龄以后肉鸡的增重高峰期就过去了，肉料比逐渐下降。为了提高养殖效率，如白羽肉鸡在喂养42d左右就可以出栏。

这期间的参考配方通常为玉米68.2%、麸皮3%、豆粕22%、磷酸氢钙1.3%、石粉1.2%、食盐0.3%、植物油3%、复合添加剂1%。

对于规模化养殖，肉鸡全部采用同进同出的饲养模式，是指在同一栋鸡舍同时间内只饲养同一日龄的雏鸡，经过一个饲养期后，又在同一天相同的时间内全部出栏。这种饲养制度有利于切断病源的循环感染，有利于疾病控制，同时便于饲养管理，提高劳动效率。

白羽肉鸡生长周期为42~45d，重量可达到2.5~2.7kg。肉鸡生长速度快，高效的全价饲料起到重要作用。

安全的饲料是鸡肉质量的保证，在我国绝对禁止饲料中添加激素类药品，这样生产的鸡肉品质优良，无激素、无药残，达到出口发达国家的肉质标准。

## 二、蛋鸡饲料配比与使用

我国养殖蛋鸡品种主要是褐壳蛋鸡，既有进口品种，也有国产品种，生产性能基本接近。养殖蛋鸡是为了快下蛋，多下蛋。

蛋鸡饲养一般可以分为三个阶段：0~6周龄为育雏期；7~18周龄为育成期；19周龄以后为产蛋期。产蛋期又可细分为产蛋前期、产蛋中期、产蛋后期。不同饲养阶段的蛋鸡其营养需求有较大的区别。因此，需要合理地制定各阶段饲料配比，充分发挥产蛋鸡的生产性能，获得数量多、品质好、成本低的商品蛋。

### 1. 育雏期

指0~6周龄的蛋鸡。这一时期是蛋鸡组织快速生长阶段，羽毛增长快，代谢旺盛。但体温调节机能不完善，抵抗力弱，抗病能力差。消化系统发育也不健全、胃的容积小，研磨饲料能力低。所以针对以上的生理特点，要饲喂雏鸡高蛋白质、高能量、低纤维含量、易消化的饲料。还需要补充足够的矿物质和各种添加剂，促进雏鸡对食物的消化，以满足肌肉、骨骼的快速生长。设计配方时可选用玉米、豆粕等优质原料。

研究表明，这期间饲料中粗蛋白含量要达到18%，代谢能要达到11.924MJ/kg。

这期间的参考配方通常为玉米62%、麸皮3.2%、豆粕30%、磷酸氢钙1.3%、石粉1.2%、食盐0.3%、复合添加剂2%。

### 2. 育成期

指7~18周龄的蛋鸡。这一时期蛋鸡生长发育旺盛，羽毛已经丰满，体重增长速度比较稳定。消化器官及其他器官日趋健全，消化能力较强，也具有较强的体温调节能力和生活能力。骨骼的生长速度超过肌肉的生长速度，这时应控制好体重、骨骼的协调增长，既不能太瘦，又不能过肥。

从雏鸡料转为育成鸡料，主要是降低蛋白质水平，防止性腺生长快，使鸡早熟而导致过早开产，影响产蛋期的产蛋量。但蛋白质水平也不宜过低，否则会影响骨骼和肌肉的发育，造成鸡的体型小。这阶段还应喂含钙量少的饲料，这样可使鸡体内贮存钙的能力提高。当到产蛋期时，再喂高钙的产蛋饲料，让其继续维持这种保留钙的能力，加快骨钙的储备，以保证高的产蛋率。

研究表明，这期间饲料中粗蛋白含量要达到16%，代谢能要达到11.715MJ/kg。

这期间的参考配方通常为玉米61.4%、麸皮14%、豆粕21%、磷酸氢钙1.2%、石粉1.1%、食盐0.3%、复合添加剂1%。

3. 产蛋期

指19周龄至淘汰期的蛋鸡。这一时期又按产蛋率高低分为产蛋前期、产蛋中期和产蛋后期。这一时期的饲养好坏将对整个时期的产蛋量和经济效益影响极大。

①产蛋前期：是指蛋鸡开产至40周龄，或者产蛋率由5%达70%。这一时期是蛋鸡刚开始产蛋的阶段，产蛋率还不稳定。在这一阶段，蛋鸡会随着日龄的增加而逐渐提高产蛋率，对营养物质的消化吸收能力逐渐增强，采食量也持续增加。

因此，这一时期蛋鸡需进食足够的能量和蛋白质等营养素才能满足生理需要，此外，蛋壳的形成需要大量的钙，对钙的需要量也有所增加。确保营养成分供应充足，力求延长产蛋高峰期，充分发挥其生产性能。

研究表明，这期间饲料中粗蛋白含量要达到16%，代谢能要达到11.506MJ/kg。

这期间的参考配方通常为玉米58.4%、麸皮3%、豆粕28%、磷酸氢钙1.3%、石粉8%、食盐0.3%、复合添加剂1%。

②产蛋中期：是指40～60周龄或产蛋率由80%至90%的高峰期，这一时期蛋鸡体重几乎没有增加，蛋重略有增加。这是产蛋鸡正常的体重发育规律，20周龄之前体重增长较多，24～40周龄平均日增重2～4g，此后保持相对平衡并少有增加。若产蛋高峰期体重减轻，意味着育成期时体内储备的能量过多被动用，如从饲料中得不到及时补充，即预示着产蛋率的下降和产蛋高峰期的提前结束。因此，必须保证母鸡每天摄入足够的营养，以满足产蛋高峰期的营养需要。

从开产到产蛋高峰是饲养蛋鸡的关键阶段。对于能量和蛋白质的需求有所下降，但由于蛋重的增加，饲粮中的粗蛋白质水平不能降得太快。同时，钙的水平要略有提高，以保证鸡蛋的质量。

研究表明，这期间饲料中粗蛋白含量要达到15%，代谢能要达到11.506MJ/kg。

这期间的参考配方通常为玉米57.9%、麸皮4%、次粉1.5%、豆粕21.5%、花生粕2%、棉籽粕2%、磷酸氢钙1.3%、石粉8%、食盐0.3%、复合添加剂1.5%。

③产蛋后期：是指60周龄以后或产蛋率降至70%以下，这一时期是产蛋率下降阶段。随着年龄的增长和产蛋高峰期的过去，产蛋率持续下降，蛋壳品质差，饲料中营养物质的消化和吸收能力也不断降低。因此，饲料中应适当增加矿物质和维生素等各种添

加剂的用量。还应适当增加饲料中钙磷成分。同时，随着产蛋量的下降，对蛋白质的需要量也相应减少，但在降低粗蛋白质水平的同时不可提高能量水平，以免肥胖而影响生产性能。

研究表明，这期间饲料中粗蛋白含量要达到 14%，代谢能要达到 11.506MJ/kg。

这期间的参考配方通常为玉米 57.4%、麸皮 4%、次粉 3%、豆粕 21%、棉籽粕 3%，磷酸氢钙 1.3%、石粉 8%、食盐 0.3%、复合添加剂 2%。

冬季蛋鸡逐渐停产进入休产期，是蛋鸡机体对营养物质的需要量大大减少的季节，只需要少部分营养物质供给本身的消耗，没有必要再继续供给产蛋高峰期的高质量的饲料。饲料调整的原则应是"减精增粗"，可减少玉米、豆粕等精饲料，增加麸皮等粗饲料。

在饲养过程中，除了使用科学高效的饲料外，还应注意饲喂的条件和环境，确保清洁、卫生、安静。因此，饲养员要注意观察鸡群；定时完成加料、添水、捡蛋、清粪等规定的日常工作；食槽、水槽、地面、墙壁也要经常涮洗，定时消毒，注意保持舍内卫生。

各种鸡饲料的配比是科研人员在养殖过程中不断总结出来的，具有严格的科学依据，不同品种的鸡在不同时期饲料的配比各不相同，需要专业人员严格把关，优质高效的饲料可以充分发挥优良品种的遗产属性。

过去养殖户一般根据自己的经验自己动手配置饲料，从饲料厂买来预混料，就是所谓的辅料，包括微量元素和各种添加剂的混合物，然后在自己的养殖区利用小型混合机械混合玉米等主饲料，期间往往对各种成分的配比控制不是很精确，在混合过程中还能造成饲料污染，现在更为高效的方法是完全工厂化加工，将全部营养物质在工厂生产线上完成混合、制粒，出厂的饲料已经是全价饲料，养殖户只需按饲料说明书，根据鸡的生长阶段按时投喂。这样养殖场和饲料加工厂分工协作，实现规模化、科学化养殖。

# *实训五　产蛋鸡的饲料配方设计

**【目的要求】**

提供鸡的饲养标准和饲料营养成分表，学生能根据鸡日粮配方设计的原则、要求及方法，设计出可用于生产的产蛋鸡日粮配方。

**【材料和用具】**

计算机、计算器、实验报告纸

**【内容和方法】**

1. 配方设计原则

①根据鸡对营养物质消化利用的特点，选择品质及适口性较好的饲料作为日粮组分，并注意保持日粮中粗纤维含量在 5% 以下。

②日粮组成力求饲料多样化。

③保持日粮相对稳定性。

2. 饲养标准的选用

选用我国蛋用鸡饲养标准中产蛋率为65％～80％的标准。

3. 示例

利用玉米、豆饼、花生饼、鱼粉、骨粉、石粉及食盐、添加剂预混料，为产蛋率65％～80％的母鸡配合饲粮。

①查饲养标准。

②查饲料营养成分价值表。

③假设，首先确定鱼粉2％、花生饼4％、矿物质饲料(骨粉、石粉、食盐)9％，添加剂预混料1％。则2％鱼粉和4％花生饼提供的蛋白质为$60.5×2％＋43.9×4％＝2.966％$。与饲养标准相比较，$15％－2.966％＝12.034％$，所以只能由玉米、豆饼提供。

④求玉米、豆饼用量。

根据$100％－2％－4％－9％－1％＝84％$。则玉米$x＋$豆饼$y＝84$；$8.6x＋43y＝1203.4$；则求得，$x＝70.02$，$y＝13.98$。

⑤求骨粉、石粉用量。

根据$2.9×2％＋0.31×4％＋0.31×13.98％＋0.12×70.02％＝0.20％$。由此尚缺0.12％的P，可用骨粉补充其不足，因为骨粉含有16.40％的P，则骨粉$＝0.12/16.40×100％＝0.73％$。

配方中鱼粉、花生饼、豆饼、玉米、骨粉提供的总Ca量为$3.91×2％＋0.25×4％＋0.32×13.98％＋0.04×70.02％＋36.40％×0.73％＝0.43％$，因此缺$3.40％－0.43％＝2.97％$。又因为石粉含Ca为35.0％，则石粉用量$＝2.97/35.0×100％＝8.50％$。

⑥调整配方。

【实训报告】

至少选10种饲料原料为产蛋率＞80％的母鸡配合日粮，要求与饲养标准差值在±5％以内。

## 练习与思考题

1. 家禽常用的饲料原料有哪些？
2. 试述家禽常用饲料原料的营养特点和饲用价值。
3. 简述鱼粉在家禽饲料中的应用特点。
4. 结合实践谈谈家禽配合饲料设计的原则和方法。

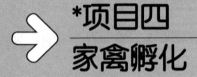

**\*项目四**

**家禽孵化**

【知识目标】

- 熟知种蛋选择要考虑的因素。
- 了解种蛋消毒目的及方法。
- 了解种蛋的保存方法。
- 通过理论学习和现场操作，掌握种蛋的选择、保存、包装和消毒的操作技术。
- 知道各种家禽孵化期，了解不同时期胚胎发育特征。
- 熟知孵化的基本条件。
- 了解孵化效果的检查与分析的方法。

【技能目标】

- 会种蛋的挑选、消毒、保存与运输。
- 能熟练进行蛋品质鉴定。
- 会调控孵化条件、进行孵化操作。
- 会进行孵化效果的检查与分析。
- 会进行雏鸡的分级、雌雄鉴别。

## 任务一　种蛋管理

### 一、种蛋选择

种蛋的质量对孵化有着很大的影响，直接影响胚胎的发育和雏鸡的品质。孵化之前必须对种蛋进行挑选，不合格的种蛋不能用来孵化。

#### (一)种蛋选择标准

首先种蛋应来源于生产性能高、无经蛋传播的疾病、受精率高、饲喂营养全面的饲料、管理良好的种禽群；蛋的品质好，新鲜；蛋表面清洁，未被粪便和垫料等污染；大小适中，不过大或过小，一般认为，鸡蛋重 50～65g，国际市场鸡蛋以 58g 为标准，鸭蛋、火鸡蛋为 80～100g；鹅蛋为 160～200g，形状符合品种标准；但不同品种间是有差异的。蛋壳质地致密均匀，壳厚适中(鸡蛋壳 0.27～0.37mm；鸭蛋壳 0.35～0.40mm，鹅蛋壳 0.40～0.50mm)；壳色符合本品种标准，无裂纹，无畸形。

### (二)种蛋选择方法

#### 1. 感官法

(1)观察清洁度　种蛋表面要清洁，合格种蛋不应被粪便或其他污物污染，凡是蛋壳表面被污染的种蛋不宜用来孵化。轻度污染的种蛋，认真擦拭或用消毒液洗净后可以入孵。

(2)观察蛋形　种蛋蛋形要良好，合格种蛋蛋形应为椭圆形，蛋形指数(长径/短径)为 1.30～1.35，剔除细长、短圆、橄榄形(两头尖)、腰凸等异形蛋。

(3)观察蛋壳颜色　种蛋蛋壳颜色要正常，育成品种或纯系所产种蛋蛋壳颜色应符合品种标准。如京白鸡蛋壳应为白色，伊莎褐的蛋壳应为褐色。选育程度不高的地方品种或杂交鸡可适当放宽些。

(4)观察蛋厚度　种蛋蛋壳应均匀致密，厚薄适度。壳面粗糙、皱纹蛋不作种用。

(5)观察破损情况　破损蛋孵化时水分蒸发过快，微生物容易感染，不但孵化不出雏禽，而且对其他种蛋造成威胁，因此应及早剔出。

(6)观测蛋重　种蛋过大或过小都影响孵化率和雏鸡质量，蛋种应符合品种标准。鸡蛋重 50～65g，鸭蛋、火鸡蛋重 80～100g；鹅蛋重 160～200g。

#### 2. 透视法

采用照蛋的方法，对蛋的蛋壳结构、气室大小、位置、血斑、肉斑等情况进行透视检查，挑出有下列特征的蛋：

(1)裂纹蛋　蛋壳表面有树枝状亮纹。

(2)砂壳蛋　蛋壳表面有许多不规则亮点。

(3)钢壳蛋　蛋壳透明度低，蛋色暗。

(4)气室异常　气室破裂、气室不正、气室过大(陈蛋)。

(5)蛋黄上浮　运输过程中受震引起系带断裂或种蛋保存时间过长，蛋黄阴影始终在蛋的上端。

(6)蛋黄沉散　运输过程中受剧烈震动或细菌侵入，引起蛋黄膜破裂，看不见蛋黄阴影。

#### 3. 抽样剖视法

将蛋打开倒在衬有黑纸的玻璃板上，观测新鲜度、蛋白浓度、蛋黄指数以及有无血斑、肉斑等指标。此法多用于外购种蛋或孵化率异常时。

(1)新鲜蛋　系带完整，蛋白浓厚，浓稀蛋白界限清楚，蛋黄高突，蛋黄指数(高/直径)0.401～0.442。

(2)陈蛋　系带不完整或脱落，蛋白稀薄成水样，浓稀蛋白界限不清楚，蛋黄扁平甚至散黄。

## 二、种蛋保存

合理地保存种蛋也与孵化雏鸡的品质有密切关系。即使来自优良种鸡，又经过严格挑选的种蛋，如果保存不当也会导致孵化率下降，甚至造成不能孵化的后果。因为受精蛋中的胚胎在蛋的形成过程中(输卵管里)已开始发育，因此，种蛋产出至入孵前要注意保存温度、湿度和时间。

### 1. 适宜温度

蛋产出后，胚胎发育暂时停止，随后在一定的外界环境下又开始发育。当环境温度偏高，则胚胎发育是不完全和不稳定的，易引起胚胎早期死亡。当环境温度长时间偏低时(如 0℃)，会使胚胎活力严重下降，甚至死亡。胚胎发育的临界温度是 23.9℃，但一般在生产中保存种蛋的温度要低于临界温度。种蛋保存的适宜温度应为 12~18℃。保存时间短时采用温度上限；时间长则采用下限。

此外，刚产出的种蛋应该逐渐降到保存温度，以免突然降温危及胚胎的活力。一般降温过程以 0.5~1d 为宜。将种蛋保存在透气性好的瓦楞纸箱里，对降温是合适的，如果须多层堆放，则应在纸箱的侧壁上开一些直径为 1.5cm 的孔，并使每排留有空隙，以利空气流通。切勿将种蛋存放在敞开的蛋托上，因空气流通过大导致种蛋降温过快，会造成孵化率下降。

### 2. 适宜相对湿度

种蛋保存期间，蛋内的水分通过气孔不断蒸发，其蒸发速度与储存室里的湿度成反比。为了尽量减少蛋内水分蒸发，必须提高储存室里的湿度。一般相对湿度应保持在 75%~80%，这样既能降低蛋内水分的蒸发，又可防止霉菌孳生。

### 3. 储存室条件

因环境湿度是多变的，为保证适宜的温、湿度，需专设种蛋储存室，要求其隔热性能好，清洁卫生，防沙尘，杜绝蚊蝇和老鼠，不让阳光直射种蛋和穿堂风直吹种蛋。

### 4. 保存时间

种蛋保存时间的长短与孵化率也有直接的关系，要求越新鲜越好。一般 7d 内的种蛋最好，最长不能超过 15d，15d 以上的种蛋孵化率逐渐降低。

种蛋即使保存在适宜的环境下。种蛋的孵化率也会随着保存时间的延长而下降。有空调设备的种蛋储存室，种蛋保存在两周以内，孵化率下降幅度小；两周以上孵化率下降较明显；3 周以上孵化率急剧降低。一般种蛋保存以 5~8d 为宜，不要超过两周。如果没有适宜的条件，应缩短保存时间。温度在 25℃ 以上时，种蛋保存最多不能超过 5d。温度超过 30℃ 时，种蛋应在 3d 内入孵。原则上，天气凉爽时(春、秋季)，种蛋保存时间长些，严冬和酷暑，保存时间短些。总之，种蛋入孵越早越好。

## 三、种蛋消毒

蛋产出后，蛋壳表面很快就通过粪便、垫料感染了病原微生物且繁殖速度很快。有关研究表明，新生蛋的蛋壳表面细菌数为 100~300 个，15min 后为 500~600 个，1h 后达到 4000~5000 个。种蛋受到污染不仅影响孵化率，更严重的是污染孵化机和其他用具，容易传播各种疾病。因此，蛋产出后应立即进行消毒处理，以杀灭蛋壳表面的病原微生物。种蛋消毒至少需要两次，第一次在鸡舍捡蛋后立即进行；第二次在种蛋入孵前进行。种蛋消毒方法主要有以下几种。

### 1. 福尔马林(含40%甲醛的溶液)熏蒸消毒法

每立方米禽舍用30mL福尔马林加15g高锰酸钾，在温度为20～26℃、相对湿度为60%～65%的条件下密闭熏蒸30min，可杀死蛋壳上95%～98.5%的病原体。为了节省用药量，可在蛋盘上罩塑料薄膜。此法消毒效果好，操作简便，对外表清洁的蛋消毒效果较好，对那些外表黏有粪便或其他污垢的脏蛋效果不良。

应用福尔马林熏蒸消毒种蛋应注意以下事项：一是福尔马林与高锰酸钾的化学反应剧烈且具有很大的腐蚀性，要用容积较大的陶瓷盆，先加少量温水，再加高锰酸钾，最后加福尔马林。注意不要伤及人的眼睛和皮肤。二是种蛋从储存室取出或从禽舍送孵化厂消毒室后，在蛋壳上会凝有水珠(俗称"冒汗")时，应让水珠蒸发后再消毒，否则对胚胎不利。三是福尔马林溶液挥发性很强，要随用随取。如果福尔马林与高锰酸钾混合后只产生少量烟雾，说明福尔马林失效。四是要严格控制消毒时间和用药剂量，以免对发育中的胚胎产生影响。

### 2. 新洁尔灭浸泡消毒法

孵化量少的种蛋消毒可用此方法，即用含5%的新洁尔灭原液加50倍水，配成1∶1000的新洁尔灭水溶液，水温40～43℃，将种蛋浸泡5min。采用此方法应注意以下事项：一是水溶液的温度应略高于蛋的温度，一般要求水温在40℃，这一点在夏季尤为重要。二是注意药物配伍，在使用新洁尔灭时，不要与肥皂、高锰酸钾、碱等并用，以免药液失效。三是种蛋在保存前不能用药液浸泡法消毒，因浸泡法消毒能破坏蛋壳表面的胶护膜，加快蛋内水分蒸发和细菌入侵。

### 3. 碘液浸泡消毒法

将种蛋浸入1∶1000的碘溶液中(10g碘片＋15g碘化钾＋1000mL水，溶解后倒入9000mL清水)0.5～1min。浸泡10次后溶液浓度下降，可延长消毒时间至1.5min或更换新碘液。溶液温度40～43℃。种蛋保存前不能用此溶液浸泡法消毒。

### 4. 过氧乙酸消毒法

过氧乙酸是一种高效、快速、广谱消毒剂。消毒种蛋时，每立方米体积用含16%的过氧乙酸溶液40～60mL，加高锰酸钾4～6g，熏蒸15min。注意其遇热不稳定，如40%以上的浓度加热至50℃易引起爆炸，应在低温下保存。它是无色透明液体，腐蚀性很强，不要接触衣服和皮肤，消毒时用陶瓷盆或搪瓷盆，现配现用，稀释液保存不要超过3d。

种蛋消毒方法很多，但在国内仍以甲醛熏蒸法和过氧乙酸熏蒸法较为普遍。

## 四、种蛋包装和运输

种蛋运输要尽量减少途中震动，导致种蛋破损，系带和卵黄膜松弛及气室破裂等而使孵化率下降。因此，要重视种蛋的包装与运输，以提高孵化率。

### 1. 种蛋包装

种蛋应采用规格化的专用种蛋箱包装，箱子要结实，有一定的承受压力，蛋托最好用纸质的。包装材料应干燥、洁净、无异味、无外来污染物。每个蛋托装蛋 30 枚，每 12 或 14 托装一箱，最上一层应覆盖一个不装蛋的蛋托保护种蛋。也可用一般的纸箱或箩筐等装种蛋，但蛋与蛋之间，层与层之间应用碎稻草、木屑、稻壳等柔软物质隔开并填实。包装种蛋时，钝端向上放置(图 4-1)。种蛋箱外面应注明"种蛋""防震""易碎"等字样或标记，印上种禽场名称、时间及许可证编号等，并开具检疫合格证(图 4-2)。

图 4-1　种蛋保存(保持钝端向上)

图 4-2　种蛋保存箱

### 2. 种蛋运输

运输工具应清洁、干燥，并有防污染措施，不得与有毒、有害物品混运。运输过程中避免阳光暴晒、雨淋。冬季运输时注意保暖以防受冻。装卸时轻装轻放，避免强烈震动。种蛋运到后，应立即开箱检查，抛除破损种蛋，尽快完成消毒入孵。

# 任务二　孵化厂建设与设备

## 一、孵化厂建设

### (一)孵化厂选址

孵化厂应远离粉尘较大的工矿区和饲料厂、饲料加工贮存车间。不能与禽舍、饲料厂、办公室、食堂等设施放在一起，与禽舍至少保持 150m 以上的距离；孵化厂应建在交通便利、水源、电力充足并易于排污水的地方；但又要远离交通干线、居民区、家禽场、卫生院、屠宰厂等，以免污染环境和交叉污染，离交通干线 500m 以上，居民点 1000m 以上；如果是作为种鸡场的附属孵化厂，应建在鸡场的下风向，离鸡场至少 500m 以上，有独立的出入口，而且与养鸡场分开。

### (二)孵化厂规模

孵化厂规模的大小应根据种禽饲养量和市场情况，预计每年需要孵化多少种蛋、提供多少雏禽，尤其要考虑在集中供雏的季节需要提供雏禽的数量，确定孵化批次、入孵种蛋量、每批间隔天数等与供雏有关的事项。在此基础上确定孵化室、出雏室及附属房屋的面积，确定孵化器的类型、尺寸、数量。一般入孵器和出雏器数量或容量的比例以 4：1 较为合理。例如，容蛋量 10 万枚的孵化室，使用 19200 型孵化器，可以有 4 台入孵器，1 台出雏器，每 4d 入孵一批，17d 转到出雏器，每月可以孵化 7 批鸡，按入孵蛋 85% 出雏率计算，可以孵出母雏约 5.7 万只。

规划孵化厂的占地面积时，首先计算出孵化室、出雏室及附属操作室和沐浴间等的面积，还要考虑废杂物、污水处理、场内道路、停车场等的占地面积。

### (三)孵化厂布局

孵化厂生产用房的布局应遵循入孵种蛋由一端进入，雏鸡由另一端输出的原则。一般的流程是："种蛋→种蛋消毒→种蛋贮存→分级码盘→孵化→移盘→出雏→鉴别、分级、免疫→雏禽存放→外运"(图 4-3)。

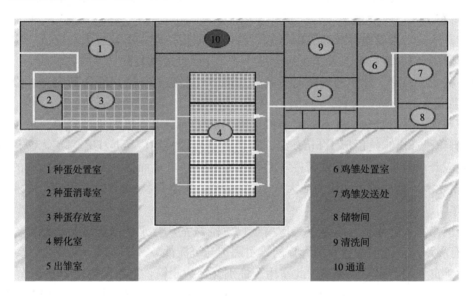

图 4-3 孵化厂平面布局图

小型孵化厂可采用长条形布局，大型孵化厂为了提高建筑物的利用率，在安排时应以孵化室和出雏室为中心，缩短种蛋的移动路程，减少工作人员在各室之间的工作量。孵化厂内办公室、休息室、仓库、兽医室、鉴别室、洗手间等配套设施应齐备。

### (四)孵化厂建造要求

#### 1. 土建要求

孵化室的墙壁、地面、天花板应选用防水、防潮、便于冲洗且耐腐蚀的材料。墙壁采用混凝土磨面，用防水涂料将表面涂光滑。天花板至地面的高度一般为 3.2m 以上，天花板的材料最好用防水的压制木板或金属板，天花板上面使用隔热材料。门要求高度 2.4m 以上、宽 1.5m 以上，以利于运输车进出。门的密封性能要好，以推拉门为宜。地面用混凝土浇筑，并用钢筋镶嵌防止开裂，地面要平整，且有一定的坡度，方便冲洗水流入下水道。

## 2．通风换气要求

孵化厂必须安装通风换气系统，目的是供给氧气、排出废气和驱散余热，保持室温在25℃左右。为使孵化机内通风良好，天花板与孵化机顶部需有1.2～1.5m的距离。最好各室单独通风，至少应使孵化室与出雏室分别通风。一般空气流量依次为雏鸡存放室＞出雏室＞孵化室＞种蛋处置室。

## 3．排水要求

孵化厂必须确保用水和排水顺畅，孵化厂用水量与排水量很大，应注意下水道的修建，坡度要稍大，有助于碎壳蛋和污物流泻，下水道最好是明沟加盖板。自来水的管径要足够大，才能保证足够的水压，以便冲洗。

## 4．孵化厂各类建筑物要求

(1)种蛋接收与装盘室　此室的面积宜宽大一些，以利于蛋盘的码放与蛋架车的运转。室温保持在18～20℃为宜。

(2)熏蒸室　用以熏蒸或喷雾消毒入厂待孵的种蛋。此室不宜过大，应按一次熏蒸种蛋总数计算。门、窗、墙、天花板结构要严密，并设置通风装置。

(3)种蛋存放室　此室的墙壁与天花板应隔热性能良好，通风缓慢而充分。设置空调机，室温保持13～15℃为宜。

(4)孵化室、出雏室　此室的大小以选用的孵化机与出雏机的机型确定。吊顶的高度应高于孵化机或出雏机顶板1.5m。无论双列或单列排放均应留足工作通道，孵化机前约30cm处应开设排水沟，上盖铁栅栏，栅孔1.5cm，并与地面保持平齐。孵化室的水磨地面应平整光滑，地面的承载压力应大于700kg/m²，室温保持22～24℃为宜。专业孵化厂应设预热间。

(5)洗涤室　孵化室与出雏室旁应单独设置洗涤室，分别洗涤蛋盘与出雏盘。洗涤室内应设有浸泡池。地面配备有漏缝板的排水阴沟与沉淀池。

(6)雏禽性别鉴定与装箱室　此室用于性别鉴定与装箱，室温保持在25～31℃为宜。

(7)雏禽存放室　装箱后的暂存房间，室外设雨篷，便于雨天装车。室温要求保持在25℃左右。

(8)照检室　应安装可调光线明暗的百叶塑料窗帘。

# 二、孵化设备

## (一)孵化机

孵化机的种类很多，按照孵化机的热源和动力来源，可分为煤电两用和单用电两种类型；按照孵化种蛋类型，可分为鸡种蛋孵化机、鸭种蛋孵化机和鹅种蛋孵化机、鸽子种蛋孵化机和珍禽种蛋孵化机等；按照自动化程度，可分为全自动孵化机和半自动孵化机；按照孵化程序，可分为孵化机、出雏机和孵化出雏一体机；按照孵化机大小，可分为大型孵化机(巷道式孵化机)和小型孵化机(箱体式孵化机)。

目前常用的孵化机是以电能作热源和动力的全自动孵化出雏一体机，根据种蛋胚胎发育所需条件不同，分孵化和出雏两部分，统称孵化机(图4-4)。孵化部分是从种蛋入孵至出雏前3～4d胚胎生长发育的场所，称为入孵器；出雏部分是胚蛋从出雏前的3～4d至出雏结束期间发育的场所，称为出雏器。两者最大的区别是入孵器有转蛋装置，出雏器无转蛋装置，温度也低些，但通风换气要求比入孵器更严格。总的来说，孵化机质量优劣的首要指标是孵化机内的左右、前后、上下、边心各点的温差。如果温差在±0.28℃范围内，说明孵化机质量好。此温差受孵化机外壳的保温性能、风扇的均温性能、热源功率大小和布局、进出气孔的位置及大小等因素影响(图4-5)。

图4-4　孵化机外观

图4-5　孵化机内部结构及控制器

### (二)运输设备

孵化场应配备一些运输工具运送蛋箱、蛋盘、种蛋及雏禽。常用装有转向轮的木质工作台，即能运输种蛋、雏禽，又能用作照蛋、落盘的工作台。还可用皮带轮式的输送机，用于卸下种蛋和雏鸡装车。孵化场最好备有带空调的运雏车，便于雏鸡运送。

### (三)冲洗消毒设备

孵化场一般采用高压水枪清洗地面、墙壁及用具设备。目前国内冲洗设备型号众多，常用喷射式清洗机(图4-6)，很适合孵化场的冲洗作业。它可转换成硬雾、中雾和软雾3种不同压力的水柱。"硬雾"用于冲洗地面、墙壁、蛋盘车及其他车辆；"中雾"用于冲洗孵化机外壳、出雏盘和孵化蛋盘；"软雾"可冲洗入孵器和出雏器内部。

图4-6　喷射式清洗机

### (四)照蛋设备

目前广泛使用的照蛋器外形类似电吹风(图4-7)，利用便携式变压器将220V电压变为12V电压，采用聚光灯泡，光线强，使用方便且安全可靠。

图4-7　照蛋器

### (五)其他设备

除了上述孵化用的主要仪器设备外，还需要一些辅助设备，见表 4-1 所列。

表 4-1　孵化场辅助设备

| 序号 | 设备(仪器)名称 | 设备(仪器)用途 |
|---|---|---|
| 1 | 发电机 | 停电时备用，发电机功率要根据孵化机的总负荷而定 |
| 2 | 供暖设备 | 供保持室温、工作人员沐浴及清洗消毒使用 |
| 3 | 雌雄鉴别设备 | 用于初生雏雌雄鉴别，包括鉴别盒、鉴别桌、鉴别灯等用具 |
| 4 | 雏鸡盒 | 运输初生雏的装具 |
| 5 | 标准温度计 | 用于观察机内温度 |
| 6 | 连续注射器 | 用于 1 日龄雏鸡的马立克氏疫苗注射 |

# 任务三　孵化技术

## 一、蛋的形成与构造

### 1. 蛋的形成

卵巢卵泡成熟排卵后，立即被输卵管漏斗部接纳进入输卵管。蛋的形成到产出体外，实际上就是卵黄经过输卵管的时间。

(1)漏斗部　从卵黄排出到漏斗部接纳需 3min 左右，全部进入漏斗部需 13min，通过漏斗部还需 18min。从排卵到通过漏斗部总共需约 30min。

(2)蛋白分泌部　蛋黄进入蛋白分泌部后，蛋白分泌部有很多腺体分泌蛋白，包围蛋黄。输卵管蠕动推动蛋黄旋转前进。经过蛋白分泌部约需要 3h。

首先分泌包围蛋黄的浓蛋白，然后分泌稀蛋白，形成内稀蛋白层。再分泌浓蛋白形成浓蛋白层。最后分泌稀蛋白形成外稀蛋白层。蛋由于旋转运动引起物理变化，形成明显的蛋白分层。

(3)峡部　靠输卵管的蠕动，使包上了蛋白的卵进入峡部。在峡部由腺体分泌角质蛋白纤维，形成由角质蛋白纤维编织而成的内外壳膜。卵在峡部吸收少量水分。经过峡部约需 70min。

(4)子宫部　卵在子宫部形成蛋壳和吸收水分、盐分，增重一半。同时分泌蛋壳胶护膜，分泌色素使蛋壳着色。通过子宫部约需 20h。

(5)阴道部　此时蛋已全部形成，在阴道部只停留大约 30min，阴道部肌肉发达，靠肌肉的收缩使蛋产出体外。

### 2. 蛋的构造

蛋是鸡的生殖细胞，一枚鸡蛋是一个卵细胞，受精蛋是精卵结合后的胚胎(鸡蛋内有胚盘)。鸡蛋从外向内包括如下结构：①胶护膜；②蛋壳；③外壳膜；④气室；⑤内壳膜；⑥外稀蛋白；⑦浓蛋白；⑧内稀蛋白；⑨系带；⑩系带层浓蛋白；⑪卵黄膜；⑫深色蛋黄；⑬浅色蛋黄；⑭胚珠或胚盘；⑮蛋黄心。

### 3. 蛋的产出

激素和神经控制蛋的产出。母鸡产蛋都具有一定的光周期反应，产蛋的时间常在开始光照 5～10h 内产出。

光刺激作用于眼，通过神经传导刺激脑下垂体释放产蛋激素，再通过血液循环作用于输卵管（子宫部和阴道部）的肌肉使其收缩，阴道自泄殖腔翻出使蛋产出。所以，光照很重要，产蛋鸡每天要保持 16h 的光照。

### 4. 畸形蛋种类及原因

产蛋旺季，由于机械的、物理的、化学的、病理的原因，以及环境骤变、惊吓等引起的异常刺激，导致输卵管和卵巢的一系列异常变化而导致畸形蛋。主要分为多黄蛋、软壳蛋、异形蛋、特小蛋、无黄蛋、异物蛋、蛋包蛋等。

（1）多黄蛋　一枚鸡蛋有两个或以上蛋黄，主要原因：一是刚开产，卵巢机能旺盛，由于生理机能调节不好，两个或以上卵同时成熟排除；二是受机械性损伤、惊吓等异常刺激，使未成熟的卵与刚排出的卵相遇，同时被包上蛋白，形成双黄蛋或三黄蛋等。

（2）软壳蛋　蛋没有硬壳。主要原因：一是饲料缺钙造成；二是病理状态下，子宫部机能衰减，无法分泌钙而形成蛋壳；三是由于惊吓等刺激，使子宫非正常收缩，未形成硬壳就被排出体外。

（3）异形蛋　是指形状长、圆、扁、葫芦、皱纹、沙壳、带把的蛋。主要原因：一是子宫部机能不正常，钙分泌不正常；二是子宫部在形成蛋壳过程中发生痉挛，反常收缩，使蛋的形状发生变化。

（4）无黄蛋、特小蛋　有时发现特小的蛋，无黄。主要原因：一是产蛋旺季受惊吓，输卵管突然扭转，使浓蛋白形成团状物，继续被包上蛋白送到峡部，包上壳膜，继续下移包上蛋壳，排出体外；二是卵巢出血，滤泡组织脱落被输卵管伞接纳，误当作蛋黄而被包上蛋白和膜及壳送出输卵管。

（5）异物蛋　蛋打开后，见到血块、壳膜、寄生虫等。主要原因：一是卵巢出血；二是卵巢滤泡组织脱落；三是体内寄生虫移到泄殖腔，又爬行到输卵管开口处，上行至输卵管又随蛋黄下行包上蛋壳排出体外。

（6）蛋包蛋　大蛋打开后又有一个正常蛋或小蛋。主要原因：在子宫部形成蛋壳后，由于惊吓、机械等异常刺激，使输卵管发生逆蠕动。逆行到蛋白分泌部又被包上蛋白后下行包上蛋壳排出体外，形成蛋包蛋。

## 二、家禽胚胎发育

家禽是卵生动物，其胚胎发育主要依靠种蛋内部的营养物质和适宜的外部条件。

### （一）家禽孵化期及其影响因素

#### 1. 家禽孵化期

受精蛋从入孵至出雏所需的天数即为孵化期。家禽种类不同，其孵化期也不一样，各种家禽孵化期见表 4-2。

表 4-2　家禽孵化期

| 家禽 | 孵化期(d) | 家禽 | 孵化期(d) |
| --- | --- | --- | --- |
| 鸽 | 18 | 鹌鹑 | 17～18 |
| 鸡 | 21 | 鸥鸪 | 24～25 |
| 珍珠鸡 | 26 | 火鸡 | 28 |
| 鸭 | 28 | 瘤头鸭 | 33～35 |
| 鹅 | 31 | 鸵鸟 | 42 |

由于胚胎发育快慢受诸多因素影响，实际表现的孵化期有一个变动范围，在一般情况下，孵化期上下浮动12h以内。

2. 影响孵化期因素

同一种家禽孵化期有所差异，其孵化期长短主要受以下几方面因素的影响：

(1)种蛋保存时间　种蛋保存时间越长，孵化期越长，且出雏时间参差不齐。

(2)孵化温度　孵化期温度偏高，则孵化期缩短；孵化温度偏低，则孵化期延长。

(3)家禽类型　蛋用型家禽的孵化期比兼用型、肉用型的时间短。

(4)种蛋大小　种蛋越大的家禽孵化期越长。

孵化期的缩短或延长，对孵化率及雏禽的健康状况均有不良影响。

## (二)家禽胚胎发育过程

家禽胚胎发育全过程分为体内阶段和体外阶段，体内阶段是蛋形成过程中的发育，体外阶段是孵化过程中的发育。

1. 蛋形成过程中的胚胎发育

成熟的卵子落入输卵管漏斗部受精后不久就开始发育。受精卵在输卵管停留24h左右，经过不断分裂，发育到囊胚期或原肠期早期，外观为蛋黄表面呈白色的圆形盘状，故称为胚盘。胚盘中央较薄的透明部分为明区，周围较厚的不透明部分为暗区。胚胎在胚盘的明区部分开始发育，分化形成内胚层和外胚层。胚胎形成两个胚层之后，蛋即产出。蛋产出体外后因温度下降(23.9℃以下)，胚胎发育暂时停止。

2. 孵化过程中的胚胎发育

(1)胚胎发育的外部特征　受精蛋入孵后，胚胎即开始体外阶段发育，在原有两个胚层的基础上很快形成中胚层，以后就从内、中、外三个胚层分化形成新个体的所有组织和器官。外胚层形成羽毛、皮肤、喙、趾、感觉器官和神经系统；中胚层形成肌肉、骨骼、生殖泌尿器官、血液循环系统和结缔组织等；内胚层形成呼吸系统的上皮、消化系统的黏膜部分以及内分泌器官。

从形态上看，家禽胚胎发育大致分为四个阶段：内部器官发育阶段(鸡1～4d，鸭1～5d，鹅1～6d)；外部器官发育阶段(鸡5～14d，鸭6～16d，鹅7～18d)；禽胚生长阶段(鸡15～20d，鸭17～27d，鹅19～29d)；出壳阶段(鸡20～21d，鸭28d，鹅30～31d)。家禽胚胎逐日发育过程中的照蛋特征和解剖特征如图4-8所示。

1 日龄照蛋图

1 日龄解剖图

2 日龄照蛋图

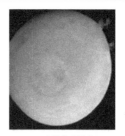

2 日龄解剖图

　　孵化天数：鸡 1d，鸭 1～1.5d，鹅 2d；

　　照蛋特征：蛋黄表面有一颗颜色稍深，四周稍亮的圆点，俗称"鱼眼珠"或"白光珠"；

　　胚胎发育特征：胚盘开始发育，器官原基出现。

　　孵化天数：鸡 2d，鸭 2.5～3d，鹅 3～3.5d；

　　照蛋特征：卵黄囊血管的形状像樱桃，俗称"樱桃珠"；

　　胚胎发育特征：胚盘心脏开始跳动，卵黄囊血管出现，开始循环血液。

3 日龄照蛋图

3 日龄解剖图

4 日龄照蛋图

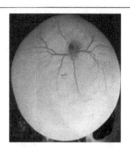

4 日龄解剖图

　　孵化天数：鸡 3d，鸭 4d，鹅 4.5～5d；

　　照蛋特征：卵黄囊血管的形状象蚊子，俗称"蚊虫珠"，卵黄下部颜色稍深象月芽，故又称"月芽珠"；

　　胚胎发育特征：胚盘头尾分明，内脏、尿囊开始发育，卵黄由于蛋白水分的渗入而明显变大。

　　孵化天数：鸡 4d，鸭 5d，鹅 5.5～6d；

　　照蛋特征：转动蛋时，蛋黄不易跟随转动，俗称"钉壳"胚胎和卵黄囊血管形状像小蜘蛛，故又称"小蜘蛛"；

　　胚胎发育特征：卵黄囊血管贴靠蛋壳，通过蛋壳气孔进行气体代谢，胚盘头部明显增大，尿囊从脐带向外凸出形成有柄的囊。

5 日龄照蛋图

5 日龄解剖图

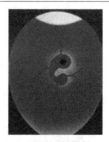

6 日龄照蛋图

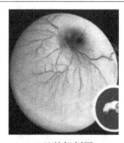

6 日龄解剖图

　　孵化天数：鸡 5d，鸭 5.5d，鹅 6.5d；

　　照蛋特征：明显看到黑色的眼点，俗称"起珠""单珠"或"起眼"，还可以看到些许羊水；

　　胚胎发育特征：眼球始开发黑，胚胎开始发育。

　　孵化天数：鸡 6d，鸭 7d，鹅 8d；

　　照蛋特征：胚胎形状似"电话筒"，一端是头部另一端是躯干部，俗称"双珠"，能看到羊水；

　　胚胎发育特征：胚胎躯体增大并开始活动，羊膜开始收缩。

| 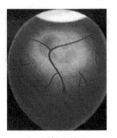 | 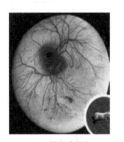 | 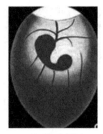 | 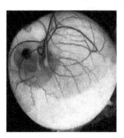 |
|---|---|---|---|
| 7 日龄照蛋图 | 7 日龄解剖图 | 8 日龄照蛋图 | 8 日龄解剖图 |

孵化天数：鸡 7d，鸭 8d，鹅 9d；

照蛋特征：白茫茫的羊水增多，胚胎似沉在羊水中，俗称"沉珠"，正面已布满扩大的卵黄和血管；

胚胎发育特征：羊水增多，胚胎出现鸟类特征，肉眼可以分辨出雌雄性腺，卵黄达到最大。

孵化天数：鸡 8d，鸭 9d，鹅 10d；

照蛋特征：胚胎较易看到，象在羊水中浮动一样，俗称"浮珠"，卵黄已扩大到背面并不易转动，俗称"边口发硬"；

胚胎发育特征：胚胎活动加强，象在羊水中浮游一样，四肢成形，用放大镜可以看到羽毛原基。

| 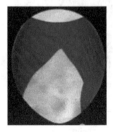 | 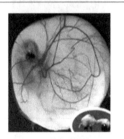 |  | 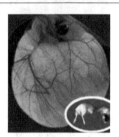 |
|---|---|---|---|
| 9 日龄照蛋图 | 9 日龄解剖图 | 10 日龄照蛋图 | 10 日龄解剖图 |

孵化天数：鸡 9d，鸭 10～11d，鹅 11～12d；

照蛋特征：背面尿囊血管上部连在一起，并容易晃动，俗称"晃的动"，下部尿囊血管伸展越出卵黄，故又称"发边"；

胚胎发育特征：尿囊向小头伸展，腹腔闭合，软骨开始骨化。

孵化天数：鸡 10d，鸭 12～13d，鹅 14～15d；

照蛋特征：背面尿囊血管伸展在小头合拢，整个蛋除气室外都布满了血管，俗称"合拢"或"长足"；

胚胎发育特征：尿囊合拢，胎体生出羽毛。

| 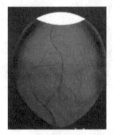 | 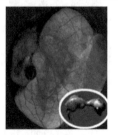 |  | 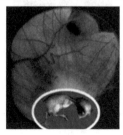 |
|---|---|---|---|
| 11 日龄照蛋图 | 11 日龄解剖图 | 12 日龄照蛋图 | 12 日龄解剖图 |

孵化天数：鸡 11d，鸭 14d，鹅 16d；

照蛋特征：血管开始加粗，血管颜色开始加深；

胚胎发育特征：胚盘各器官进一步发育。

孵化天数：鸡 12d，鸭 15d，鹅 17d；

照蛋特征：血管加粗，血管颜色逐渐加深；

胚胎发育特征：小头蛋白由浆羊膜道输入羊膜浆中。

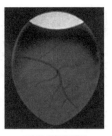
13 日龄照蛋图

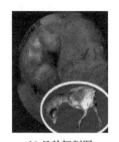
13 日龄解剖图

14 日龄照蛋图

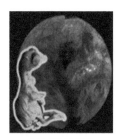
14 日龄解剖图

孵化天数：鸡 13d，鸭 16d，鹅 18d；

照蛋特征：小头发亮的部分逐日缩小；

胚胎发育特征：胚胎开始吞食羊膜浆中的蛋白。

孵化天数：鸡 14d，鸭 17d，鹅 19d；

照蛋特征：小头发亮部分逐日缩小，蛋内黑影逐日增大；

胚胎发育特征：胚胎大量吞食羊膜浆中的蛋白。

15 日龄照蛋图

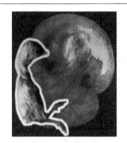
15 日龄解剖图

16 日龄照蛋图

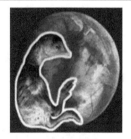
16 日龄解剖图

孵化天数：鸡 15d，鸭 18d，鹅 20d；

照蛋特征：小头发亮部分逐日缩小，蛋内黑影逐日增大；

胚胎发育特征：尿囊中有白絮状排泄物出现。

孵化天数：鸡 16d，鸭 19d，鹅 21d；

照蛋特征：小头发亮部分逐日缩小，蛋内黑影逐日增大；

胚胎发育特征：胚胎生长迅速，绒毛覆盖全身，气室逐渐增大。

17 日龄照蛋图

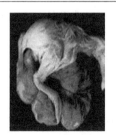
17 日龄解剖图

18 日龄照蛋图

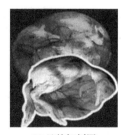
18 日龄解剖图

孵化天数：鸡 17d，鸭 20d，鹅 22～23d；

照蛋特征：以小头对准光源，再也看不到发亮的部分，俗称"关门"或"封门"；

胚胎发育特征：小头蛋白已全部输入羊膜囊中，胚胎长满小头。

孵化天数：鸡 18d，鸭 22～23d，鹅 25d；

照蛋特征：气室向一边倾斜，这是胚胎转身的缘故，俗称"斜口"或"转身"；

胚胎发育特征：胚胎喙转上气室，蛋白已吞食干净。

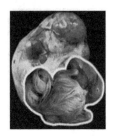

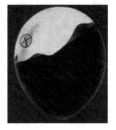

| 19日龄照蛋图 | 19日龄解剖图 | 20日龄照蛋图 | 20日龄解剖图 |
|---|---|---|---|
| 孵化天数：鸡19d，鸭25d，鹅28d；<br><br>照蛋特征：气室内可以看到黑影在闪动，俗称为"闪毛"；<br><br>胚胎发育特征：胚胎头颈进入气室，卵黄全部纳入腹中。 | | 孵化天数：鸡20d，鸭27d，鹅30d；<br><br>照蛋特征：胚胎喙部穿破壳膜，伸入气室内，俗称"起嘴"，接着开始啄壳，俗称"啄壳"；<br><br>胚胎发育特征：肺呼吸开始，尿囊血管枯萎。 | |

图4-8　禽胚胎发育标准彩图组

（2）胎膜形成及其功能　家禽胚胎发育是一个非常复杂的生理代谢过程，胚胎的呼吸和营养主要靠胎膜实现的，胚胎发育过程中形成四种胎膜，包括卵黄囊、羊膜、浆膜（亦称绒毛膜）和尿囊。

①卵黄囊：是形成最早的胚膜，在孵化第2天开始形成，以后逐渐向卵黄表层扩展，第4天卵黄囊包裹1/3的蛋黄；第6天，包裹1/2的蛋黄；第9天，几乎覆盖整个蛋黄表面。孵化第19天，卵黄囊及剩余蛋黄绝大部分进入腹腔；第20天，完全进入腹腔；出壳时，剩余5～8g蛋黄；出壳后6～7d被小肠吸收完毕，仅留一卵黄蒂（空肠中部小突起）。卵黄囊表面分布很多血管汇成循环系统，通入胚体，供胚胎从卵黄中吸收营养；卵黄囊在孵化初期（前6d）还有与外界进行气体交换的功能，其内壁还能形成原始的血细胞和血管，所以卵黄囊是胚胎的营养器官、早期的呼吸器官和造血器官。

②羊膜：在孵化的第2天即覆盖胚胎的头部并逐渐包围胚胎全身，第4天在胚胎背上方合并（称羊膜脊）并包围整个胚胎，而后增大并充满液体（羊水），5～6d羊水增多，17d开始减少，18～20d急剧降低至枯萎。因羊膜腔内有羊水，可缓冲外部震动，胚胎在其中可受到保护。羊膜是由能伸缩的肌纤维构成，能产生有规律的收缩，促使胚胎运动，防止胚胎和羊膜黏连。

③浆膜（又称绒毛膜）：绒毛膜与羊膜同时形成，孵化前6d紧贴羊膜和蛋黄囊外面，其后由于尿囊发育而与尿囊外层结合形成尿囊绒毛膜。浆膜透明无血管，不易看到单独的浆膜。

④尿囊：孵化第2天末至第3天初开始生出，第6天长到壳膜内表面，以后迅速生长，10～11d延伸至蛋的小头包围整个胚胎内容物，并在蛋的小头合拢，以尿囊柄与肠连接。17d尿囊液开始下降，19d尿囊动静脉萎缩，20d尿囊血液循环停止。出壳时，尿囊柄断裂，黄白色的排泄物和尿囊膜留在壳内壁上。尿囊在接触壳膜内表面继续发育的同时，与绒毛膜结合成尿囊绒毛膜。这种高度血管化的结合膜由尿囊动脉、尿囊静脉与胚胎循环相连接，其位置紧贴在多孔的壳膜下面，起到排出二氧化碳，吸收外界氧气的作用，

并吸收蛋白营养和蛋壳上的无机盐供给胚胎生长发育。尿囊还是胚胎蛋白质代谢产生废物的贮存场所。所以，尿囊既是胚胎的营养和排泄器官，又是胚胎的呼吸器官。

### 三、孵化前准备

#### (一)制订孵化计划

孵化前应依据孵化设备条件、种蛋供应和雏禽销售市场等具体情况，制订周密的孵化计划并填写孵化工作计划表(表4-3)，非特殊情况不要随便变更计划，以便孵化工作顺利进行。

表4-3　孵化工作日程计划表

| 批次 | 入孵日期 | 入孵蛋数 | 照蛋时间 | 移盘时间 | 出雏时间 | 出雏结束时间 | 接种疫苗 | 雌雄鉴别 | 接雏时间 | 备注 |
|---|---|---|---|---|---|---|---|---|---|---|
| | | | | | | | | | | |
| | | | | | | | | | | |
| | | | | | | | | | | |

制订孵化计划时，尽量把费力、费时的工作(如上蛋、照蛋、落盘、出雏等)错开。一般每周入孵两批，工作效率高。如采用分组作业(码盘、照蛋、移盘、出雏、雌雄鉴别等作业组)，可2~3d入孵一批，孵化效果更好，工作效率更高。

#### (二)孵化用具准备

孵化前一周要准备好发电机、供暖设备、照蛋器、温度计、消毒药品及设备、防疫注射器材等用品，并制好和记录孵化记录表(表4-4)。

表4-4　孵化记录表

| 批次 | 入孵日期 | 品种 | 入孵数量 | 头照 | | | 二照 | | 出雏 | | | 受精蛋数 | 受精率(%) | 受精蛋孵化率(%) | 入孵蛋孵化率(%) | 健雏率(%) |
|---|---|---|---|---|---|---|---|---|---|---|---|---|---|---|---|---|
| | | | | 无精蛋 | 死胚蛋 | 破损蛋 | 死胚蛋 | 破损蛋 | 落盘数 | 弱死雏 | 健雏 | | | | | |
| | | | | | | | | | | | | | | | | |
| | | | | | | | | | | | | | | | | |
| | | | | | | | | | | | | | | | | |

#### (三)消毒工作

孵化前一周，对孵化室、孵化机和孵化用具进行清洗消毒，有的可同入孵种蛋一起进行。消毒药品用福尔马林溶液和高锰酸钾晶体。操作方法一般是按孵化室每立方米容积配备福尔马林溶液30mL加高锰酸钾15g。将消毒药品放瓷盆中，封闭门窗，熏蒸0.5~1h。

### (四)孵化机检修与试机

#### 1.检修

检查电动机并测试运转是否正常；检查蛋盘、蛋架是否牢固，风扇、转蛋、加湿等转动装置运转是否灵活，螺丝是否松动，且加足润滑油。手摇转蛋杆，观察蛋盘架转动角度是否满足要求；检查自控系统的指示灯、超温报警装置等是否正常；校对温度计，测试机内不同部位的温差。

#### 2.试机

打开电源开关，分别启动各系统开机试运行 1~2d，安排值班人员做好机器运行情况记录，运转正常即可入孵。

## 四、孵化操作技术

### (一)码盘入孵

#### 1.种蛋预热

从蛋库取出的种蛋或在冬天孵化的种蛋需放在 22~25℃环境下预热 12h。预热的作用是减少孵化机内温度下降的幅度，使胚胎从静止状态中逐渐苏醒过来，除去蛋表凝水，便于入孵后立即消毒。

#### 2.码盘

入孵前将种蛋钝端向上放置在孵化盘上称码盘，这样有利于胚胎的气体交换。蛋盘一定要码满，蛋盘上要做好标记(如种蛋来源、入孵时间、批次等)。码盘结束，对剔除的不合格种蛋和剩余的种蛋及时处理，然后清理工作现场。

#### 3.入孵

一般整批孵化，每周入孵两批，分批孵化时，3~5d 入孵一批。入孵时间最好安排在 16:00~17:00，这样大批出雏时间会赶到白天，有利于出雏操作。整批孵化时，将装有种蛋的孵化盘由下往上插入孵化车架内，并推入孵化机中；若分批入孵，新蛋孵化盘与老蛋孵化盘应交错插放，以利于新、老蛋相互调温，使孵化机内温度更为均匀。为避免差错，同批种蛋用相同的颜色标记，或在孵化盘上注明。如在入孵前没有对种蛋进行消毒，种蛋在码盘后或上蛋架后即进行消毒。

### (二)温度调控

温度是孵化的首要条件，孵化温度掌握得适当与否会直接影响孵化效果。只有在适当的温度下才能保证家禽胚胎正常发育，温度过高或过低均对胚胎发育不利，严重时造成胚胎死亡。

#### 1.适宜的孵化温度

家禽胚胎发育对温度也有一定的适应能力，在 35~40.5℃的较大范围内，都能孵出雏禽，但孵化率低，雏禽品质差。胚胎发育的最适温度范围为 37~39℃。当种蛋整批入孵时(一次性上满蛋，同时出雏)，随着胚龄的增加胚胎自身产热增加，孵化温度要逐渐下降，因此孵化温度呈前期高、中期平、后期低的规律，称其为变温孵化。当种蛋分批入孵时

（分几次上蛋，隔5～7d上一批种蛋），孵化温度保持37.8℃，出雏温度保持37.3℃，因孵化和出雏温度是恒定不变的，故称为恒温孵化。不同家禽种类在不同孵化室温度下的最适孵化温度见表4-5。

**表4-5　鸡、鸭、鹅蛋的最适孵化温度**　　　　　　　　　　　℃

| 禽种类型 | 室温 | 入孵机内温度 | | | | 出雏机内温度 |
| --- | --- | --- | --- | --- | --- | --- |
| | | 恒温（分批） | 变温（整批） | | | |
| | | 1～17d | 1～5d | 6～12d | 13～17d | 18～20.5d |
| 鸡 | 15～20 | 38.0 | 38.3 | 38.0 | 37.8 | 37.3左右 |
| | 20～25 | 37.8 | 38.1 | 37.8 | 37.5 | |
| | 25～30 | 37.6 | 37.9 | 37.6 | 37.3 | |
| | 30～35 | 37.2 | 37.8 | 37.2 | 36.7 | |

| 禽种类型 | 室温 | 入孵机内温度 | | | | | 出雏机内温度 |
| --- | --- | --- | --- | --- | --- | --- | --- |
| | | 恒温（分批） | 变温（整批） | | | | |
| | | 1～23d | 1～5d | 6～11d | 12～16d | 17～23d | 24～28d |
| 蛋鸭 | 23～29 | 38.1 | 38.3 | 38.1 | 37.8 | 37.5 | 37.2 |
| | 29～32 | 37.8 | 38.1 | 37.8 | 37.5 | 37.2 | 36.9 |
| 大型肉鸭 | 23～29 | 37.8 | 38.3 | 37.8 | 37.5 | 37.2 | 36.9 |
| | 29～32 | 37.5 | 37.8 | 37.5 | 37.2 | 36.9 | 36.7 |

| 禽种类型 | 室温 | 入孵机内温度 | | | | 出雏机内温度 |
| --- | --- | --- | --- | --- | --- | --- |
| | | 恒温（分批） | 变温（整批） | | | |
| | | 1～23d | 1～7d | 8～16d | 17～23d | 24～30.5d |
| 鹅 | 15～20 | 37.5 | 38.1 | 37.5 | 36.9 | 36.4左右 |
| | 20～25 | 37.2 | 37.8 | 37.2 | 36.7 | |
| | 25～30 | 36.9 | 37.5 | 36.9 | 36.4 | |
| | 30～35 | 36.4 | 36.9 | 36.4 | 35.8 | |

## 2. 温度调节

孵化机控温系统，在入孵前已经校正、检验并试机运转正常，一般不要随意更动。刚入孵时，开门入蛋引起热量散失以及种蛋和孵化盘吸热，导致孵化机里温度暂时降低，是正常的现象。待蛋温、盘温与孵化机内部温度相同时就会恢复正常。在正常情况下，机温偏低或偏高0.5～1℃时，应予调整，并密切注视温度变化情况。每隔30min通过观察窗观察一次孵化机内温度计温度，每2h记录一次温度。有经验的孵化人员，还经常用手触摸胚蛋或将胚蛋放在眼皮上测温。必要时，进行看胎施温，即孵化人员定时抽查照蛋，根据标准照蛋图的"蛋相"与抽查照蛋时"蛋相"的差距，调整孵化温度。温度低，发育慢；温度高，发育快，通过几批次的看胎施温，可制订出适合本机型、本品种的最佳施温方案。种蛋在孵化过程中，每天的"蛋相"均不相同，但差异较小，实际生产中重点把握以下三个关键时期蛋相变化来调整孵化温度(图4-9)。

(1)"黑眼"期 鸡蛋孵化5d、鸭蛋6d、鹅蛋7d，随机抽查20枚，水平放置5min后照看，发育正常的可以看见黑色眼点，若多数看见黑色眼点，表示用温恰当，若少数看见黑色眼点，或看不见黑色眼点，表现的只是4d的"蛋相"，说明用温偏低，应提高0.2~0.5℃，若都能看见黑色眼点，甚至已经达到6d的"蛋相"，说明用温偏高，应降低0.2~0.5℃。

(2)"合拢"期 鸡蛋孵化10d、鸭蛋12d、鹅蛋15d，发育正常的两侧血管在小头合在一起，称为"合拢"。若多数已"合拢"，表示用温恰当。若30%以上没"合拢"，则是施温偏低，应提高0.2~0.5℃；若合拢时间提前，则降低温度。此阶段应注意过高的温度也会影响胚胎"合拢"。

(3)"封门"期 鸡蛋孵化17d、鸭蛋21d、鹅蛋23d，照蛋时小头看不见发亮的部分，称为"封门"，若70%以上已经"封门"说明施温恰当。若30%以上没"封门"，则是施温偏低，应提高0.2~0.5℃；若封门提前，则降低温度。

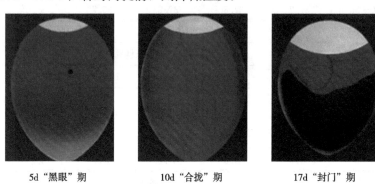

| 5d "黑眼"期 | 10d "合拢"期 | 17d "封门"期 |

图4-9 正常鸡胚三个关键时期蛋相图

### (三)湿度调控

**1. 作用及影响**

湿度也是孵化成功的重要条件，适宜的孵化湿度可使胚胎初期受热均匀，后期散热加强，既有利胚胎发育，又有利于破壳出雏。孵化湿度过低蛋内水分蒸发多，胚胎易与壳膜发生黏连，孵出的雏禽较轻，有脱水现象；湿度过高，影响蛋内水分蒸发，孵出的雏禽肚子大，软弱，脐部愈合不良，成活率低。孵化时应特别注意避免高温高湿和高温低湿。

**2. 适宜的孵化湿度**

胚胎发育对环境相对湿度的适应范围比温度要宽些，一般为40%~70%，出雏机内的相对湿度要求比孵化机内的高，入孵机内适宜的湿度为50%~60%，出雏机内的适宜湿度为65%~75%。孵化室和出雏室的相对湿度为75%。出雏机内高湿度能使蛋壳中的碳酸钙在水分的参与下转变成碳酸氢钙，从而使蛋壳变软脆，利于啄壳出雏，同时防止雏鸡绒毛黏壳。

**3. 湿度调节**

孵化湿度是否正常，可用干湿温度计测定，也可根据胚蛋气室大小、失重多少和出雏情况判定。孵化机内挂有干湿温度计，每2h观察记录1次，并换算出机内的相对湿度。对无自动控湿系统的孵化机，相对湿度通过放置水盘多少、控制水温和水位高低调节；自动控湿孵化机，要常检查各控制装置是否正常工作。孵化的任何阶段都必须防止同时高温和高湿。

### (四)通风换气

#### 1. 作用及影响

一是通风换气可使空气保持新鲜，供给胚胎发育所需氧气，排出胚胎发育产生的二氧化碳，有利于胚胎正常发育；二是良好的通风可以调节孵化机内的温度和湿度，有利于保持孵化机内温度均衡和适宜的湿度；三是有利于孵化后期胚胎散热，防止胚胎闷死和烧死。

#### 2. 调控措施

通风换气的原则是在保证正常温度、湿度的前提下，达到通风换气充分。通过调节孵化机内通风孔大小和进气孔开启程度，可以控制通风换气量。但要注意换气、温度、湿度三者之间的关系和相互影响。通风量太大，机内温度降低，湿度变小，能耗增加；通风量太小，机内空气不流畅，机内温度不均衡，湿度上升。孵化初期，可关闭进、排气孔，随着胚龄的增加逐渐打开，到后期可全部打开。生产中一般按"前小后大"原则打开风门通风，具体做法是孵化 1～5d，通气孔关闭；孵化 4～10d，通气孔打开 1/3；孵化 11～15d，通气孔打开 2/3；孵化 16～18d，通气孔打开 3/4；孵化 18d 以后，通气孔全开。

### (五)翻蛋

#### 1. 作用及影响

翻蛋又称转蛋，是指改变种蛋的孵化位置和角度。其作用是改变胚胎位置，使胚胎受热均匀，防止胚胎与壳膜黏连，促进胚胎运动，保证胎位正常，改善胚胎血液循环。

#### 2. 次数要求

从入孵开始即可进行翻蛋，直至落盘停止。一般每天翻蛋 6～8 次，机器孵化每 2h 自动翻蛋 1 次，人工孵化可 4～6h 翻 1 次。翻蛋在孵化前期更为重要，尤其是入孵前两周。据试验，整个孵化期都不翻蛋，孵化率仅为 29%；仅第 1 周翻蛋，孵化率为 78%；第 1～14 天翻蛋，孵化率为 85%；第 1～18 天翻蛋，孵化率为 92%。

#### 3. 角度要求

鸡蛋以水平位置为标准，前俯后仰 45°为宜，而鸭蛋以 50°～55°为宜，鹅蛋以 55°～60°为宜。翻蛋角度不足，会降低孵化率。目前大型孵化机，均有自动转蛋装置，按要求设置好即可。翻蛋时，动作要轻、稳、慢。

### (六)凉蛋

#### 1. 作用及影响

凉蛋是指孵化到一定时间，关闭电源停止加热甚至将孵化机门打开，让胚蛋温度下降的一种孵化措施。胚胎发育到中后期，因物质代谢产生大量的热量，需要及时凉蛋。其目的是驱散孵化机内余热，防止胚胎被烧死，保持适宜的孵化温度；同时供给新鲜空气，排除孵化机内污浊的气体。凉蛋也可通过较低的温度刺激胚胎，促使胚胎发育并增加将来雏鸡对外界气温的适应能力。

### 2. 适用范围

鸭蛋、鹅蛋含脂量高，物质代谢产热量多，孵化至 $16\sim17\mathrm{d}$ 以后必须进行凉蛋，否则易引起胚胎"自烧至死"。对于鸡蛋而言，在炎热的夏季，在入孵容量大的情况下可考虑凉蛋。若孵化机有冷却装置则不必凉蛋。

### 3. 方法措施

凉蛋的方法依孵化机类型、禽蛋种类和胚龄而定。鸡蛋在封门前、水禽蛋在合拢前采用不开机门、关闭电源、风扇转动的方法降温，以后采用打开机门、关闭电源、转动风扇甚至抽出孵化盘、喷施冷水等方法降温。每天凉蛋的次数和每次凉蛋时间的长短，应根据外界温度、禽蛋类型和胚龄而定，一般每天上、下午各凉蛋一次，每次凉蛋 $15\sim30\mathrm{min}$，凉蛋时间不宜过长，否则死胎增多，脐带愈合不良。生产上常采用眼皮试温，即以蛋贴眼皮，感到微凉($31\sim33\,^{\circ}\mathrm{C}$)就应停止凉蛋。

## (七)照蛋

### 1. 作用及影响

照蛋是在禽蛋孵化到一定时间后，用照蛋器在黑暗条件下对胚蛋进行透视，检查禽胚胎发育情况，剔除无精蛋、死胚蛋和破损蛋的过程。它是检查胚胎发育状况和调节孵化条件的重要依据。

### 2. 时间要求

孵化过程中应照蛋 3 次，具体时间见表 4-6。孵化正常情况下，一般孵化厂每批胚蛋照 2 次（即省去表中的抽验），在大型孵化厂，为节省工时，减轻劳动强度和避免照蛋对胚胎产生的应激反应，通常只照 1 次（省去表中的头照和抽验），即只在移盘前进行二照。

表 4-6　不同家禽 3 次照蛋时间

| 家禽种类 | 头照(d) | 抽验(d) | 二照(d) |
| --- | --- | --- | --- |
| 鸡 | $5\sim7$ | $10\sim11$ | $18\sim19$ |
| 鸭 | $6\sim7$ | $13\sim14$ | 25 |
| 鹅 | $7\sim8$ | $15\sim16$ | $27\sim28$ |

### 3. 方法措施

当前普遍使用孵化机进行孵化，种蛋数量大，采用照蛋器进行照蛋速度快，省工省力。把要照蛋的蛋盘从孵化机内取出，放在桌子上，直接在蛋盘上照，光源从种蛋的钝部由上向下照。"头照"是剔出无精蛋和死胚蛋，以便充分利用孵化空间，尤其是观察胚胎发育情况。抽验仅抽查孵化机中不同点的胚蛋发育情况，把死胚蛋剔出，防止腐臭变质污染活胚蛋和孵化机。"二照"在移盘时进行，剔出死胚蛋，防止其混在活胚蛋中间吸收热量，影响活胚蛋温度的均匀度而影响出雏率。一般头照和抽验结果作为调整孵化条件的参考；二照结果作为掌握移盘时间和控制出雏环境的参考。

### 4. 胚蛋识别

(1)正常胚蛋 头照可明显看到黑色眼点，血管成放射状，扩散面占蛋体的4/5，蛋色为暗色(图4-10)；抽验时，尿囊绒毛膜"合拢"，整个胚蛋除气室外全部布满血管；二照时，可见蛋内全为黑色，蛋的小头部不透光(已"封门")，气室口变斜，气室边界弯曲明显，气室内有颈、喙的阴影，形似小山丘，有时可见胚胎颤动(俗称"闪毛")。

(2)弱胚蛋 头照胚体小，黑色眼点不明显，有的看不到黑眼点，血管淡而纤细，扩散面不足蛋体的4/5(图4-10)；抽验时，胚蛋小头淡白(尿囊绒毛膜未合拢)；二照时，气室较正常胚蛋的小，且边缘不整齐，可见红色血管，看不见胎动，有的小头有少部分透亮。

(3)死胚蛋 俗称"血蛋"。头照只见蛋内有不规则的血线、血点或紧贴内壳的血环。有时可见到死胚小黑点贴壳静止不动(图4-10)；抽验时，气室较模糊，胚胎呈黑团状，看到很小的胚胎与蛋分离，固定在蛋的一侧，胚胎不动；二照时，气室口未变斜，气室边界颜色较淡，无血管分布，大头紧贴气室无一条宽约1cm的红带子，黑阴影混浊不清，摸之感觉发凉。

(4)无精蛋 照蛋时，蛋内发亮，只看到淡黄色的影子，为无精蛋(图4-10)。

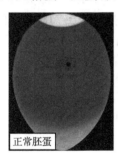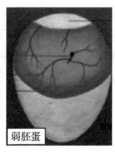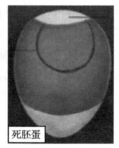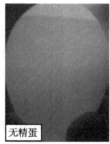

| 正常胚蛋 | 弱胚蛋 | 死胚蛋 | 无精蛋 |

图4-10 鸡胚头照时各类型胚蛋

### 5. 注意事项

照蛋要稳、准、快，尽量缩短时间，有条件时可提高室温。照完一盘，用外侧蛋填满空隙，这样不易漏照。照蛋时发现胚蛋小头朝上应倒过来。放盘时，有意识地对角倒盘(即左上角与右下角孵化盘对调，右上角与左下角孵化盘对调)。照蛋完毕后再全部检查一遍，以免转蛋时滑出。最后统计无精蛋、死胚蛋及破蛋数，登记入表，计算受精率。

## (八)移盘

鸡胚孵至19d(鸭25d、鹅28d)，经过最后一次照蛋后，将胚蛋从孵化机的孵化盘移到出雏器的出雏盘的过程，称为落盘或移盘。具体掌握是以约有10%鸡胚"打嘴"时进行移盘为宜。移盘时，如有条件应提高室温。动作要轻、稳、快，尽量减少破蛋，移盘后停止翻蛋，增大湿度，适当加大通风量。出雏期间，用纸遮住观察窗，使出雏器里保持黑暗，这样出壳的雏鸡安静，不致因骚动踩破未出壳的胚蛋，而影响出雏效果。

## (九)捡雏

鸡胚孵化满20d、鸭胚满27d、鹅胚满30d就开始出雏了。应及时拿出绒毛已干的雏禽和空蛋壳，在出雏高峰期，应每4h左右捡雏1次。捡出雏鸡的同时，清理蛋壳，以防蛋壳套在其他胚蛋上闷死雏鸡。取出的雏禽置于 25～28℃ 室温内存放。捡雏时动作要轻、快，尽量避免碰破胚蛋。前后开门的出雏器，不要同时打开，以免温度大幅度下降而推迟出雏。出雏期间机门尽量少开，以防降温和减少应激。大部分出雏后，将已"打嘴"的胚蛋并盘集中，放在上层，以促进弱胚出雏。

对少数未能自行脱壳的雏禽，应进行人工助产。助产时只需破去钝端蛋壳，拉直头颈，然后让雏禽自然出壳，不能全部人为拉出。以防出血而引起死亡或成为残弱雏。

### (十)清扫消毒

出雏完毕(一般在 22d 的上午)后，先把死胎蛋(毛蛋)、残雏、死雏捡出，并分别登记入表，把蛋壳、绒毛、胎粪清扫干净，然后对出雏器、出雏室、雏鸡存放室、鉴别注苗室、洗涤室等场地和用具进行彻底冲洗消毒。

## 五、停电应对措施

孵化场应备有小型的发电机组，以便停电后急用。遇到停电首先拉开电闸，如果有计划停电，时间又不超过 4～6h，可不必采取特别措施，因室温本来就有 22～27℃；若超过 6h，要提前升室温至 27～30℃，最低不低于 25℃，孵化前期，停电后应立即关闭孵化机所有进出气口，尽量保存机内原有的温度，待室温升起来后，再打开进出气口及机门，利用室温调控。若遇到孵化后期停电，又遇到热季，要立即打开所有进出气孔，甚至机门，放出过高的自温，并每隔 20min 用手牵动风扇，搅匀机内上部的高温。由于停电，风扇停转，机内温差很大，此时门表温度已不能代表机内孵化温度。因孵化量及孵化季节的不同，停电的具体处理措施也有所不同。

## 六、孵化效果检查与分析

### (一)衡量指标

1. 入孵种蛋合格率

入孵种蛋合格率应大于 98%。
$$入孵种蛋合格率＝(入孵种蛋数/接到种蛋数)×100\%$$

2. 受精率

种蛋的受精率，鸡蛋要求在 90% 以上。鸭蛋要求在 85% 以上。受精率在头照后可算出，计算受精蛋包括活胚蛋和死胚蛋，血圈、血线蛋按受精蛋计数，散黄蛋按未受精蛋计数。
$$受精率＝(受精蛋数/入孵蛋数)×100\%$$

3. 早期死胚率

早期死胚是指孵化前 5d 内的死胚，正常情况下，早期死胚率在 1%～2.5%。
$$早期死胚率＝(1～5d 胚龄死胚数/受精蛋数)×100\%$$

4. 受精蛋孵化率

受精蛋孵化率应在 90% 以上，高水平应达 93% 以上，此项是衡量孵化效果的主要指标。

$$受精蛋孵化率＝（出雏总数/受精蛋总数）×100\%$$

### 5. 入孵蛋孵化率

该指标反映出种禽场及孵化场的综合水平。入孵蛋孵化率应达到80%以上。

$$入孵蛋孵化率＝（出雏总数/入孵蛋总数）×100\%$$

### 6. 健雏率

健雏是指能够出售且用户认可的雏禽。健雏率应达97%以上。

$$健雏率＝（健雏数/出雏总数）×100\%$$

### 7. 死胎率

死胎蛋指出雏结束后扫盘时尚未出壳的胚蛋，也称毛蛋。死胎率一般低于4%～5%。

$$死胎率＝（死胎蛋数/受精蛋数）×100\%$$

## (二)检查方法

### 1. 照蛋检查

正常情况下，每批蛋入孵后要进行照蛋（第10天的抽样照检可免去）。每次照蛋时根据照检时特征，判断胚胎发育是否正常。同时根据死胚蛋的多少推测种蛋品质的好坏和孵化条件是否适宜。

头照时，如果死亡率高，则说明种蛋是陈蛋或受震严重；如果多数发育良好，但有充血、溢血、异位现象，说明孵化初期温度偏热；胚胎发育缓慢，可推测温度偏低；血环蛋和无精蛋多，说明种禽维生素A缺乏。二照时（落盘时进行），若死亡率高可推测种禽营养不良或蛋白中毒所致；如果胚胎畸形多说明孵化温度过高，羊水中有血液或内脏充血、淤血则是通风不良所致。

### 2. 观测蛋重和气室变化

孵化期间，由于蛋内水分的蒸发，蛋重逐渐减轻。在开始孵化至移盘时，蛋重减轻约为原蛋重10.5%。平均每天减重为0.55%。具体方法是先称一个孵化盘的质量，然后将种蛋码在该孵化盘内再称重，减去孵化盘的质量，得出入孵时的总蛋重；以后定期称重，算出各个时期减重的百分率。如果蛋的减重超过标准，则照检时气室过大，可能是湿度过低。如果远低于标准，则气室过小，可能是湿度过大，蛋的品质不良。

### 3. 初生雏观察

雏禽孵出后，观察雏禽的活力，体重的大小，蛋黄吸收情况，绒毛状况等确认其优良。

(1)健雏　体格健壮，精神活泼，体重合适，蛋黄吸收良好，腹部平坦，脐部愈合良好，绒毛整洁而且有光泽，站立稳健有力，鸣声洪亮。

(2)弱雏　蛋黄未完全吸收、脐部愈合不良或腹大拖地站立不稳。残雏和畸形雏骨骼弯曲，脚和头部麻痹，脐部开口并流血，绒毛稀短焦黄。

正常情况下，出雏有明显的高峰时间，持续时间较短。若孵化异常时，出雏无明显的高峰时间，持续时间较长，出雏超出1d尚有部分胚蛋未破壳。

### 4. 死胚外表观察及剖检

出雏时随机抽测5%左右的毛蛋，检查其胎位、绒毛、体表出血或淤血、水肿等；解剖胚体，检查其内脏器官是否异常。

### (三)效果分析

#### 1. 胚胎死亡原因的分析

(1)孵化期胚胎死亡的分布规律　由于种种原因,受精蛋的孵化率不可能达到100%。胚胎死亡在孵化期不是平均分布的,而是存在着两个死亡高峰。鸡胚第一个高峰期出现在孵化前期,即孵化的第3~5天,第二个高峰期出现在孵化后期,即孵化的第18~21天。一般来说,第一高峰的死胚数约占全部死亡数的15%,第二高峰的死胚数约占全部死亡数的50%,两个高峰期死胚率共占全期死胚的65%。但是对高孵化率鸡群来讲,鸡胚多死于第二高峰,而低孵化率鸡群,第一、二高峰期的死亡率大致相似。一般鸡胚死亡的分布规律见表4-7。

表 4-7　一般鸡胚死亡的分布规律　　　　　　　　　　　　　　　　%

| 孵化率水平 | 孵化各阶段中死胚数占受精蛋数的百分率 | | |
| --- | --- | --- | --- |
| | 第 1~5 天 | 第 6~17 天 | 第 18~21 天 |
| 95%左右 | 1~2.5 | <1 | 2~2.5 |
| 90%左右 | 2~3 | 2~3 | 4~6 |
| 85%左右 | 3~4 | 3~4 | 7~8 |

根据一般鸡胚死亡的分布规律。要想提高孵化率,关键是减少后期的死亡率。这个阶段的增产潜力最大,技术难度亦高,主要解决好两个问题,即保持适宜孵化温度防止蛋温超高,正确解决好加大通风量和保持较高湿度的矛盾。

(2)出现死亡高峰的一般原因　孵化第1~5天出现死亡高峰的原因是因为此时正是胚胎分化形成各器官的关键时期,如心脏开始搏动,血液循环的建立及各胎膜的形成,均处初级阶段,均不够健全,胚胎的生命力非常脆弱,对外界环境的变化很敏感,例如,温度过高过低,使胚胎和胎膜的发育受阻,以至夭折。孵化第18~21天出现的死亡高峰是因为尿囊萎退,尿囊血管的呼吸机能消失,鸡胚胎由尿囊呼吸转变为肺呼吸,胚胎生理变化剧烈,需氧量剧增,加上胚胎的自温猛增,如果通风换气及散热不好,就会造成部分体质较弱的胚胎不能顺利破壳出雏。另外,大量畸形胚胎此时也死亡。

胚胎死亡是由外部因素与内部因素共同影响的结果,种蛋内部因素对孵化第6天出现死亡的影响较大;孵化外部因素对孵化第18~21天出现死亡影响大。影响胚胎发育的内部因素主要是种蛋的品质,它们是由种禽的饲养管理水平与遗传因素所决定;影响胚胎发育的外部因素,包括入孵前环境(种蛋保存环境)和孵化环境(孵化条件)等。

胚胎死亡原因可能会同时由若干原因引起,因此,要根据生产实际,进行综合分析,找出降低孵化率的实际原因,以便在今后加以改进。

#### 2. 种禽营养与孵化效果的关系

种禽缺乏某种营养,势必造成其所产种蛋的营养不足,若用于孵化则会影响孵化效果,各种营养缺乏对胚胎发育影响见表4-8。

**表 4-8 营养缺乏对胚胎发育影响**

| 缺乏营养种类 | 对胚胎发育的影响 |
| --- | --- |
| 维生素 A | 孵化初期死胚率高，后期发育迟缓，肾有尿酸盐沉淀物，眼肿，无力破壳，出壳时间延长 |
| 维生素 $D_3$ | 尿囊发育迟缓。死亡高峰出现在中期，皮肤水肿，肾肥大，出壳拖延，初生雏软弱 |
| 维生素 $B_2$ | 胚胎死亡多在前期或中期，禽胚绒毛卷缩，颈、脚麻痹的雏禽增多 |
| 维生素 $B_{12}$ | 胚胎死亡高峰出现在中期，大量胚胎头部位于两腿间，水肿、喙短、趾弯、肌肉发育不良 |
| 维生素 E | 胚胎死亡多发生在前 3d，全身水肿，单眼或双眼突出 |
| 钙 | 蛋壳薄而脆，蛋白稀薄，腿短粗，翼与腿弯曲，额部突出，颈部水肿 |

### 3. 孵化中异常现象的产生与原因

在孵化过程中，经常会出现各种异常现象，对其要及时分析原因，及时校正，以提高孵化率和雏禽品质，孵化中容易出现的异常现象及产生的原因见表 4-9。

**表 4-9 孵化中异常现象及产生原因**

| 异常现象 | 产生原因 |
| --- | --- |
| 臭蛋 | 脏蛋、破壳、裂纹蛋或未拣出的死胚蛋被细菌污染；蛋未消毒或消毒不当；种蛋保存时间太长；孵化机内污染等原因 |
| 胚胎死于2周内 | 种禽患病、营养不良；种蛋被污染；种蛋保存不当；孵化机内温度过高或过低；停电；翻蛋不正常；通风不良 |
| 气室过小 | 孵化过程中相对湿度过高或温度过低 |
| 气室过大 | 孵化过程中相对湿度过低或温度过高 |
| 雏禽提前出壳 | 蛋重小；全程温度偏高 |
| 雏禽延迟出壳 | 蛋重大，全程温度偏低，室温多变，种蛋保存时间太长或温度计不准确 |
| 死胚胎充分发育，但喙未进入气室 | 种禽营养不平衡；前期温度过高；最后几天相对湿度过高 |
| 雏禽体弱，脐部愈合差，脐炎 | 种蛋营养不良，蛋重小，保存时间太长，卫生条件差 |

## 任务四 初生雏禽处理

孵出的雏鸡要根据防疫及用户的要求，进行必要的技术处置，包括雌雄鉴别、注射疫苗、挑选分级、截冠、断爪和运输等。

## 一、初生雏雌雄鉴别

初生雏雌雄鉴别技术的应用，在当今品系配套养鸡，商品蛋鸡专门化饲养，肉用品种鸡公母生长速度不一而要求分群饲养，以及人们对童子鸡母优于公的选择要求等方面显得特别需要，在生产中用得较多的有以下两种方法。

### (一)伴性遗传鉴别法

伴性遗传鉴别是利用伴性遗传原理，培育自别雌雄品系，通过不同品系间杂交，根据初生雏鸡羽毛的颜色、羽毛生长速度准确地辨别雌雄。

#### 1. 羽速鉴别法

控制羽毛生长速度的基因存在于性染色体上，且慢羽（K）对快羽（k）为显性。用慢羽母鸡（$Z^KW$）与快羽公鸡（$Z^KZ^K$）杂交，其后代中凡快羽的是母鸡，慢羽的是公鸡。区别快慢羽的方法是初生雏鸡若主翼羽长于覆主翼羽为快羽，若主翼羽短于或等于覆主翼羽则为慢羽，现代白壳蛋鸡和粉壳蛋鸡多羽速鉴别雌雄。

#### 2. 羽色鉴别法

利用初生雏鸡绒毛颜色的不同区别雌雄。例如，褐壳蛋鸡品种依莎、罗曼、海兰等就可利用其羽色鉴别雌雄。银白色为显性（S），金黄色（s）为隐性，用金黄色羽的公鸡与银白色羽的母鸡杂交，商品代雏鸡中，凡绒毛金黄色的为母雏，银白色的为公雏。

### (二)翻肛鉴别法

对于那些不能进行伴性遗传鉴别法的禽品种。初生雏在外貌上很难分出性别，可以采用翻肛鉴别法，即根据雏鸡生殖突起的有无及组织形态上的差异鉴别初生雏雌雄。技术熟练者准确率可达95%以上。

#### 1. 初生雏鸡雌雄生殖隆起组织形态差异

鉴别时首先观察生殖突起的有无，如无突起则为母雏，如有突起则依其组织形态上的差异判定性别。公雏的生殖突起充实，轮廓鲜明，周围组织陪衬有力，表面紧张而有光泽，富弹力，虽经压迫伸张也不易变形，突起部的血管发达，受刺激容易充血。母雏生殖突起不充实或有萎缩之感，因深部组织已经退化，周围组织陪衬无力，突起显示孤立，表面软而透明，缺乏弹力，以手指压迫或左右伸张时易变形，但因血管不发达，不易充血（表4-10）。

表4-10　初生雏雌雄生殖突起组织的差异

| 生殖突起状态 | 公雏 | 母雏 |
| --- | --- | --- |
| 形状 | 偏圆 | 多数无，少量稍尖 |
| 充实和鲜明程度 | 充实，轮廓鲜明 | 相反 |
| 周围组织和陪衬程度 | 陪衬有力 | 无力，突起显得孤立 |
| 弹力 | 富弹力，受压迫不易变形 | 相反 |
| 光泽及紧张度 | 表面紧张而有光泽 | 有柔软而透明之感，无光泽 |
| 血管发达程度 | 发达，受刺激易充血 | 相反 |

## 2. 鉴别操作方法

（1）抓雏、握雏　雏鸡的抓握法一般有两种：一种是夹握法（图4-11），右手朝着雏鸡运动的方向，掌心贴雏背将雏鸡抓起，然后将雏鸡头部向左侧迅速移至放在排粪缸附近的左手，雏背贴掌心，肛门向上，雏颈轻夹在中指与无名指之间，双翅夹在食指与中指之间，无名指与小指弯曲，将两脚夹在掌面；技术熟练的鉴别员，往往右手一次抓两只雏鸡，当一只移至左手鉴别时，将另一只夹在右手的无名指与小指之间。另一种是团握法（图4-12），左手朝雏尾部的方向，掌心贴雏背将雏鸡抓起，雏鸡背向掌心，肛门朝上，将雏鸡团握在手中，雏鸡的颈部和两脚任其自然。两种抓握法没有明显差异，团握法多为熟练鉴别员采用。

 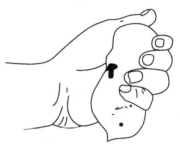

图4-11　握鸡法之一（夹握法）　　　　图4-12　握鸡法之二（团握法）

（2）排粪、翻肛

①在鉴别观察前，必须将粪便排出，其手法是左手拇指轻压腹部左侧髋骨下缘，借助雏鸡呼吸将粪便挤入排粪缸中。

②翻肛手法较多，常用以下三种方法：

第一种方法，左手握雏，左拇指从前述排粪的位置移至肛门左侧，左食指弯曲贴于雏鸡背侧，与此同时右食指放在肛门右侧，右拇指侧放在雏鸡脐带处（图4-13）。右拇指沿直线往上顶推，右食指往下拉、往肛门处收拢，左拇指也往里收拢，三指在肛门处形成一个小三角区，三指凑拢一挤，肛门即翻开。

第二种方法，左手握雏，左拇指置于肛门左侧，左食指自然伸开，与此同时，右中指置于肛门右侧，右食指置于肛门端（图4-14）。然后右食指往上顶推，右中指往下拉，左拇指向肛门处收拢，三指在肛门形成一个小三角区，由于三指凑拢，肛门即翻开。

第三种方法，此法要求鉴别员右手的大拇指留有指甲。翻肛手法基本与第一种翻肛手法相同（图4-15）。

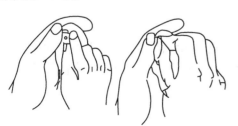 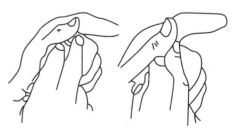

图4-13　翻肛手法之一　　　　　　　图4-14　翻肛手法之二

图4-15 翻肛手法之三

（3）鉴别、放雏　根据生殖隆起的有无和形态差别，便可判断雌雄。如果有粪便或渗出物排出，可用左拇指或右食指抹去，再行观察。遇生殖隆起一时难以分辨时，也可用左拇指或右食指触摸，观察其充血和弹性程度。鉴别后的雏鸡根据习惯把公雏放在左侧雏鸡盒内、母雏放在右侧雏鸡盒内。

### 3. 鉴别的适宜时间及要领

（1）鉴别的适宜时间　最适宜的鉴别时间是出雏后12～24h，在此时间内，雌雄雏鸡生殖隆起的性状差异最显著，也好抓握、翻肛。而刚孵出的雏鸡，身体软，呼吸弱，蛋黄吸收差，腹部充实，不易翻肛，技术不熟练者甚至造成雏鸡死亡。孵出24h以上的雏鸡，肛门发紧，难以翻开，而且生殖隆起萎缩，甚至陷入泄殖腔深处，不便观察。因此，鉴别时间以出壳后不超过24h为宜。

（2）鉴别要领　生产中要求翻肛分辨雌雄准确率达到95%以上，技术熟练者每小时可鉴别1000只左右。提高鉴别的准确性和速度，关键在于正确掌握翻肛手法，熟练而准确无误分辨雌雄雏的生殖隆起。翻肛时，三指的指关节不要弯曲，三角区宜小，不要外拉和往里顶，以免人为地造成隆起变形而发生误判。

### 4. 注意事项

（1）动作要轻捷　鉴别时动作粗鲁容易损伤肛门或使卵黄囊破裂，影响以后发育，甚至引起雏鸡的死亡；鉴别时间过长，肛门容易被粪便或渗出液掩盖或过分充血而无法辨认。

（2）姿势要自然　鉴别员坐姿要自然。

（3）光线要适中　翻肛鉴别法是一种细微结构的观察。故光线要充足而集中，从一个方向射来，光线过强过弱都容易使眼睛疲劳。自然光一般不具备上述条件，常采用40～60W乳白灯泡的光线（图4-16）。

图4-16 翻肛操作

（4）盒位要固定　鉴别桌上的鉴别盒分三格，中间一格放未鉴别的混合雏，左边一格放雄雏，右边一格放雌雏。

（5）鉴别前要消毒　为了做好防疫工作，鉴别前，要求鉴别员穿工作服、鞋、戴帽、口罩，并用消毒液洗手。

## 二、初生雏免疫

留用或出售的雏鸡，每只颈部皮下注射马立克氏病疫苗0.2mL，要注意注射器械的消毒，注射要求药量与部位准确。若雏鸡存放室内温度较高，马立克氏病疫苗尽量在短时间内用完。

## 三、初生雏挑选分级

选择初生雏的目的是为了将初生雏按大小，强弱分群单独培育，减少疾病的传播，提高成活率。一般通过眼看、手摸、耳听等方法进行选择，选择的同时计数装箱，准备运往育雏地点。

**1. 眼看**

看初生雏的精神状态，羽毛整洁程度，动作是否灵活，喙、腿、趾、翅、眼有无异常。肛门有无粪便黏着，脐孔愈合是否良好等(图 4-17)。

**2. 手摸**

将初生雏抓握在手中，触摸初生雏的膘情、体温，是否挣扎有力(图 4-18)。

图 4-17　健康雏鸡

图 4-18　挑选雏鸡

**3. 耳听**

听初生雏的叫声来判断初生雏的强弱。健雏叫声响亮有力。

此外，选择初生雏还应结合种禽群的健康状况、孵化率的高低和出壳时间的早晚等进行综合考虑。来源于高产健康种禽群、孵化率比较高、正常出壳的初生雏质量比较好；来源于患病禽群、孵化率较低、过早或过晚出壳的初生雏质量较差。

## 四、初生雏剪冠、去爪

**1. 剪冠**

在 1 日龄进行，剪冠是为防止鸡冠啄伤、擦伤和冻伤而采取的技术措施，方法是一手握住雏鸡，拇指和食指固定雏鸡头部，另一手用消毒过的弯剪紧贴冠基由前向后一次剪掉。

**2. 去爪**

为防止自然交配时种公鸡踩伤母鸡背部或为了做标记，在 1 日龄用断趾器将第一、二趾的指甲根部的关节切去并灼烧以防流血。

## 五、初生雏运输

运输初生雏是一项技术要求高的细致性工作。随着商品化养鸡生产的发展，初生雏长途运输频繁发生。运输初生雏的基本原则是迅速及时、舒适安全、清洁卫生。否则，稍有不慎就会给养殖户或养鸡场带来较大的经济损失。

因此，要求运输人员要有一定的专业知识和运输经验，有很强的责任心，最好由养殖场的人负责运输。初生雏一般最好在 24～36h 内用专用雏箱运至育雏室。

## 孵化机介绍

### 一、孵化机分类

孵化机种类很多。按照孵化机的热源和动力来源，可以分为煤电两用和单用电两个类型的孵化机；按照孵化种蛋类型，可分为鸡种蛋孵化机、鸭种蛋孵化机、鹅种蛋孵化机、鸽子种蛋孵化机和珍禽种蛋孵化机等；按照自动化程度，可分为全自动孵化机和半自动孵化机；按照孵化程序，可分为孵化机、出雏机和孵化出雏一体机；按照孵化机大小，可分为大型孵化机(巷道式孵化机)和小型孵化机(箱体式孵化机)。

### 二、孵化机操作方法

下面以采用 C3 和 C5 两个加热管加热，水加湿和电加湿两种加湿方法的孵化机为例介绍操作方法(仅供参考)。

#### 1. 温湿度设置

如果某孵化机要求温度为 37.9～38℃、相对湿度 55％～60％。按下"设置"键，仪器温度显示数码管显示 PPP，湿度显示数码管灭时抬手，温度显示数码管显示 3 位数字为原孵化温度设置值，如需改变请按"＋"或"－"键进行调整，使数字显示你所需要的温度值范围上限 38℃。再按下"设置"键温度显示数码管灭，湿度显示数码管显示 3 位数字为原孵化湿度设置值，如需改变请按"＋"或"－"键进行调整，使数字显示你所需要的湿度值范围上限为 60.0％。再按下"设置"键，不要抬手(约 1s)，待仪器显示 FFF 闪两次表示已储存完毕，抬手。仪器自动返回正常工作状态。

#### 2. 翻蛋设置

同时按下"设置"和"减少"键，仪器显示 ppp 不要抬手，再点一下"－"键显示 F1 抬手。左边显示 3 位数字为累计翻蛋次数，停电会丢失，来电翻蛋次数从零开始。按"－"键翻蛋次数可清零。

再按下"设置"键，仪器显示 F2 抬手，显示 3 位数字为翻蛋周期翻蛋时间(单位 h)出厂定在 1.5h，如需改变请按"＋"或"－"键进行调整使数字显示你所需值。翻蛋周期调成 0 不翻蛋。

再按下"设置"键，仪器显示 F3 抬手，显示 3 位数字为翻蛋时间(单位 s)，出厂定在 180s，如需改变请按"＋"或"－"键进行调整使数字显示你所需值。如使用手动翻蛋，则直接按"＋"可实现点动翻蛋，翻蛋方向电脑自动确定。

#### 3. 通风设置

按下"设置"键，仪器显示 F4 抬手，显示 3 位数字为换气周期(单位 h)。出厂定在 0h，如需改变请按"＋"或"－"键进行调整使数字显示你所需值。换气周期调成 0 不换气。

再按下"设置"键，仪器显示 F5 抬手，显示 3 位数字为换气时间(单位 s)。出厂定在 30s，如需改变请按"＋"或"－"键进行调整，使数字显示你所需值。

#### 4. 校对温湿功能设置

按住"一"键开机，显示"EEE"表示已经进入校对功能，抬手，温度显示数码管显示温度值，按"＋"或"一"键进行调整，使数字显示与标准温度一致。再按设置键，抬手，温度显示数码管灭，湿度显示数码管显示湿度值，按"＋"或"一"键进行调整，使数字显示与标准湿度一致。调校完毕再按设置键，不要抬手(约1s)，待仪器显示FFF闪两次表示已储存完毕，抬手，仪器自动返回正常工作状态。用小螺丝启子旋湿度传感器上小孔内的电位器也可调校湿度。

#### 5. 自检功能设置

使用自检功能不能带负载，按住"＋"键开机，七个输出继电器依次吸合，勿放。按"一"键可返回正常工作状态，

#### 6. 设置出厂状态

按住设置键开机，显示FFF闪亮时抬手，设置恢复原始状态，温度为38℃、湿度为60％、翻蛋周期1.5h、翻蛋时间180s、换气周期2h、换气时间0s(停换气)。

### 三、孵化机检查

在孵化开始前，要进行孵化机的检查和维修，孵化机检查的项目如下：①检查加湿水盘水位；②检查机门的密封状况；③检查通风排风情况；④清理风门转动丝杠上的绒毛及其他杂物，以防卡死转不动；⑤用半干的抹布擦拭机箱及控制柜外部，出雏机每批都要清洗加湿水盆，并清洗机器顶部的绒毛；⑥检查风扇、加湿、翻蛋链条是否完好；⑦检查加热功能；⑧检查超高温报警功能；⑨检查翻蛋功能是否正常；⑩彻底清洗、消毒孵化设备；⑪孵化每批后都要清洗机器、加湿水盆及加湿蒸发盘。

### 四、孵化机维护

孵化机应每周、每月、每三个月各进行一次维护，需维护的内容如下。

#### 1. 每周维护

①检查加湿水盘水位；②检查机门的密封状况；③检查通风排风情况；④清理风门转动丝杠上的绒毛及其他杂物，以防卡死转不动；⑤用半干的抹布擦拭机箱及控制柜外部；⑥出雏机每批都要清洗加湿水盆，并清理机器顶部的绒毛。

#### 2. 每月维护

①检查风扇、加湿、翻蛋链条是否完好；②检查加热功能；③检查超高温报警功能；④检查翻蛋功能是否正常；⑤彻底清洗、消毒孵化设备；⑥孵化每批后都要清洗机器、加湿水盆及加湿蒸发盘。

#### 3. 每三个月维护

①清洁探头；②校准温、湿度；③风扇轴承要加一次黄油；④将翻蛋蜗轮用油清洗后加黄油润滑；⑤风门机构的丝杠及滑动配合部位要加黄油；⑥加湿、翻蛋减速器要换一次机油；⑦全面检查各系统的控制功能。

**4. 孵化机保养**

在孵化机搁置长时间不用前，必须开机升温烘干机器，将加湿水盆中的水排净烘干，各个运转部位要洗净后，用黄油保护以防生锈。

## 五、注意事项

①使用前应反复阅读说明书；②检查风机是否打开，水盆里是否加水；③停止翻蛋时，检查翻蛋电机、翻蛋的程控开关是否可用；④加热器及接头要牢固，以防烫伤管理人员；⑤使用炉火加温时，水盆上面应放隔温层，如果蛋架上蛋盘不满，靠近水盘的最底层尽量不放蛋；⑥湿度探头不用时最好从孵化室内取出来，要保持干燥；⑦严禁用嘴吹气实验探头。

# 实训六　蛋品质鉴定

**【目的要求】**

本实训以鸡蛋为例，学习并掌握蛋的品质鉴定方法及基本知识。

**【材料和用具】**

新鲜鸡蛋和陈蛋各数枚，照蛋器、游标卡尺、蛋壳厚度测定仪、培养皿、大玻璃缸、精盐、电子秤、比重计、蛋白高度测定仪、平板玻璃、小镊子。

**【内容和方法】**

1. 外部观察

观察新鲜蛋和陈蛋的蛋壳状况，注意二者区别。新鲜蛋的蛋壳较鲜艳，附有石灰质微粒(粗糙)，无光泽，手感发沉。陈蛋的蛋壳不清新，有光泽，手感发轻。

2. 内部透视

用照蛋器透视蛋的内部，进行如下观察。

(1)观察气室　观察蛋钝端气室的大小，气室越小说明蛋越新鲜。一般新产的蛋气室高仅1.7mm，5d后增至4.6mm，15d后可达到6.4mm，食用蛋以不超过9.6mm为宜。

(2)观察蛋黄　新鲜蛋蛋黄居中，阴影不清晰。陈蛋蛋黄阴影较大，比较清楚，位置上移，转动时阴影移动快。

3. 破壳观察

将蛋打于培养皿中，观察蛋黄和蛋白的状态。新鲜蛋的蛋黄球形，颜色较鲜，较深，蛋黄膜坚韧，系带完整，蛋白黏稠度大，浓稀蛋白界限清晰。陈蛋的蛋黄扁平，颜色较浅，蛋黄膜松弛，系带松弛，蛋白黏稠度小，浓稀蛋白界限不清。

4. 称蛋重

用电子秤称蛋重(精确至0.1g)，鸡蛋重在40~70g，鸭蛋重在70~100g。

5. 蛋形指数测定

用游标卡尺测量蛋的纵轴和最大横轴长度（单位：mm）。

$$蛋形指数＝纵轴/横轴$$

正常鸡蛋的蛋形指数为 1.30～1.35，鸭蛋的蛋形指数为 1.20～1.58。

6. 蛋比重测定

首先配制不同比重的食盐溶液，即在每 1L 水中加入不同数量的食盐，用玻棒搅拌使盐完全溶化（表 4-11）。用比重计校正调整后分别盛于玻璃缸内。测定时先将蛋浸入清水中，然后依次从低比重向高比重溶液中通过，当蛋悬浮于液体中即表明其比重与该溶液比重相等。鸡蛋适宜的比重为 1.080 以上；鸭蛋为 1.090 以上；鹅蛋为 1.100 以上。

表 4-11　溶液比重与食盐对应表

| 溶液比重 | 加入食盐量(g/L) | 溶液比重 | 加入食盐量(g/L) |
| --- | --- | --- | --- |
| 1.060 | 92 | 1.085 | 132 |
| 1.065 | 100 | 1.090 | 140 |
| 1.070 | 108 | 1.095 | 148 |
| 1.075 | 116 | 1.100 | 156 |
| 1.080 | 124 | | |

7. 蛋壳厚度测量

测量前先将蛋壳打开。蛋内容物倾倒于培养皿中（供统计肉斑、血斑用）。然后用温水冲洗蛋壳内表面，再用滤纸吸干，除去壳膜，取蛋壳钝端、中部、锐端各一小块，用蛋壳厚度计分别测量其厚度（单位：mm），精确至 0.01mm，并计算平均值。蛋壳质量好的鸡蛋平均厚度在 0.33mm 左右，鸭蛋在 0.43mm 左右。

8. 蛋白高度和蛋白浓度测定

将蛋打在蛋白高度测定仪的玻璃板上，用测定仪在浓蛋白的较平坦的地方取三点，求其平均值。注意避开系带（单位：mm）。

蛋白浓度是反映蛋白品质的指标，国际上用哈氏单位表示蛋白浓度。哈氏单位越大，则蛋白黏稠度越大，蛋品质越好。

$$哈氏单位＝100\lg(H-1.7W^{0.37}+7.57)$$

式中，$H$ 为浓蛋白高度（mm）；$W$ 为蛋重（g）。

9. 血斑和肉斑统计

血斑蛋是蛋内有血点或血丝，肉斑蛋是蛋内有肉色斑块。破壳观察时统计血斑蛋和肉斑蛋，并计算其百分率。

$$血斑和肉斑率＝血斑和肉斑蛋总数÷测定的蛋数×100\%$$

【实训报告】

写出各个项目的测定方法，统计测定结果并根据测定结果评定其优劣。

# 实训七　胚胎发育观察

## 【目的要求】

本实训以鸡蛋为例，通过照蛋，能准确判别受精蛋、无精蛋、弱精蛋和死胚蛋；并能判断出不同胚龄的胚蛋是否正常。

## 【材料和用具】

5～7d 和 17～19d 的正常鸡胚、弱胚蛋、死胚蛋和无精蛋若干，照蛋器、蛋盘、操作台及暗室等。

## 【内容和方法】

1. 判别 5～7d 的受精蛋、弱精蛋、死胚蛋、无精蛋

用照蛋器照检 5～7d 胚蛋，观察胚蛋的外部特征。

(1)受精蛋　整个蛋呈暗红色，气室界限清楚，胚胎发育像蜘蛛形态，其周围血管分布明显，并可看到胚上的黑色眼点，将蛋轻微晃动，胚胎亦随之而动。

(2)弱精蛋　黑色眼点不清楚，血管网扩展面积小，血管不明显。

(3)死胚蛋　无黑点，可见到血圈或血线，无血管网扩散，蛋透亮，气室界限不清楚。

(4)无精蛋　蛋内发亮(俗称"白蛋")，只见蛋黄稍扩大，颜色淡黄，看不到血管分布，气室界限不清楚。

2. 观察 17～19d 鸡胚胎发育的特征

17d 的典型特征是"封门"，即蛋的小头不透光；18d 的典型特征是"斜口"，即气室口已变斜；19d 的典型特征是"闪毛"，即胚胎已发育完成，喙伸入气室，开始用肺呼吸，可见喙的阴影闪动。

活胚胎气室下面黑阴影呈波浪状，气室界限清楚，气室下边有明显的血管。死胚则黑阴影浑浊不清，气室界限不清楚，气室下边看不见血管。

## 【实训报告】

通过对不同类型胚蛋的观察，描述其特征，并试画图表示无精蛋、死胚蛋、弱胚蛋和正常胚蛋。

# 实训八　雏禽雌雄鉴别

## 【目的要求】

本实训以鸡为例，通过翻肛法鉴别初生雏鸡的性别。掌握雏禽雌雄鉴别的一般方法。

## 【材料和用具】

纸箱、操作台和鉴别灯(60W 乳白色灯泡)，初生雏鸡(出壳 12h 以内的雏鸡)若干。

## 【内容和方法】

左手握雏鸡，雏背紧扣掌心，肛门向上，用小指和无名指轻夹雏鸡颈部，再用左拇指轻压腹部左侧髋骨下缘，借助雏鸡的呼吸，让其排粪。然后以左手拇指靠近腹侧。用

右手拇指和食指放在泄殖腔两旁，三指凑拢一挤，即可翻开露出的生殖突起，泄殖腔翻开后，移到强光源（60W 乳白色灯泡）下，根据雏鸡生殖突起的大小、形状及生殖突起旁边的八字形皱襞是否发达等综合区别雌雄（表 4-12）。注意固定雏鸡时不得用力压迫，如腹部压力过大则易损坏卵黄囊。开张肛门必须完全彻底，否则不能将生殖突起全部露出。

表 4-12　初生雏鸡生殖突起的形态特征

| 性别 | 类型 | 生殖突起 | 八字皱襞 |
|---|---|---|---|
| 雌雏 | 正常型 | 无 | 退化 |
| | 小突起 | 突起较小，不充血，突起下有凹陷，隐约可见 | 不发达 |
| | 大突起 | 突起稍大，不充血，突起下有凹陷 | 不发达 |
| 雄雏 | 正常型 | 大而圆，形态饱满，充血，轮廓明显 | 很发达 |
| | 小突起 | 小而圆 | 比较发达 |
| | 分裂型 | 突起分为两部分 | 比较发达 |
| | 肥厚型 | 比正常型大 | 发达 |
| | 扁平型 | 大而圆，突起变扁 | 发达，不规则 |
| | 纵型 | 尖而细，着生部位较深，突起直立 | 不发达 |

【实训报告】

用肛门鉴别法鉴别初生雏鸡性别，填写雏鸡性别鉴定结果表（表 4-13）。

表 4-13　雏鸡性别鉴定结果表

| 编号 | 公 | 母 | 编号 | 公 | 母 |
|---|---|---|---|---|---|
| | | | | | |

## 练习与思考题

1. 如何挑选合格的种蛋？
2. 家禽胚胎正常发育的条件有哪些？
3. 如何给种蛋消毒？
4. 对初生雏鸡需要做哪些处理？

# 项目五
## 蛋鸡生产

**【知识目标】**

- 了解雏鸡和育成鸡的生理特点。
- 掌握商品蛋鸡、蛋种鸡的饲养管理技术。
- 掌握雏鸡的培育技术。
- 掌握育成鸡和产蛋鸡的日常管理操作规程和饲养管理技术。
- 掌握产蛋鸡的生理特点和产蛋规律。
- 掌握种公鸡的选留要点。

**【技能目标】**

- 会根据育成鸡的体重限制饲养。
- 能制订正确的育成鸡光照方案。
- 能测定和统计鸡的体重均匀度和调整鸡群。
- 能对鸡群进行检查、挑选和分群工作，能从外形区别高低产鸡。
- 能制订产蛋期的方案，能统计各种生产数据。

　　蛋鸡在不同的周龄阶段其生理特点、生长发育规律和生产性能存在很大差异，反映在生产上，是对各种环境条件、饲料营养水平、饲养管理措施等生产条件的要求不一样。为了满足鸡在各个周龄段的生理需要并使之符合生产目标，在生产实践中常将蛋鸡生产过程划分为以下三个生理阶段：育雏期(指出壳后～6周龄)、育成期(7～18周龄，其中7～12周龄称为育成前期，13～18周龄称为育成后期)、产蛋期(20周龄到淘汰，其中20～42周龄称为产蛋前期，42周龄后称为产蛋后期)。

# 任务一　雏鸡饲养管理

## 一、雏鸡生理特点

雏鸡具有与成年鸡不同的生理特点，了解雏鸡这些特点，便于针对其弱点加强育雏期间的饲养管理。

### 1. 体温调节机能不完善

初生雏的体温较成年鸡低 2～3℃，4 日龄开始上升，10 日龄时达到成年鸡体温，幼雏绒毛稀短，皮薄，早期自身难以御寒。因此，要注意保温防寒。

### 2. 雏鸡生长迅速，代谢旺盛

雏鸡生长速度快，2 周龄和 6 周龄体重约为初生重的 4 倍和 32 倍。所以，既要保证雏鸡的营养需要，又要保证良好的空气质量。

### 3. 幼雏羽毛生长快、更换勤

雏鸡 3 周龄时羽毛为体重的 4%，4 周龄时为 7%，羽毛中蛋白质含量高达 80%～82%，因此，雏鸡日粮的蛋白质(尤其是含硫氨基酸含量)水平要高。

### 4. 消化系统发育不健全

幼雏胃肠容积小，消化腺不发达，肌胃研磨能力差。要注意饲喂纤维含量低、易消化的饲料。

### 5. 抵抗力弱，敏感性强

雏鸡免疫机能较差，出壳后母源抗体也日渐衰减，3 周龄左右母源抗体降至最低，故 10～21 日龄为危险期。30 日龄内的雏鸡自身的免疫机能还未发育完善，虽经多次接种免疫，但自身产生的抗体水平还难以抵抗强毒的侵扰。因此，生产中应尽可能为雏鸡创造适宜的环境。

### 6. 雏鸡群居性强，胆小易受惊吓

雏鸡胆小，缺乏自卫能力，喜欢群居，易受惊吓，各种异常声响以及新奇的颜色都会引起雏鸡骚乱不安，从而影响正常生长发育，因此，育雏环境要安静，并应有防止兽害的设施。

根据雏鸡的生理特点，采用科学的饲养管理措施，创造良好的环境条件，满足它的生理要求，严防各种疾病和事故的发生，才能获得较好的育雏效果。

## 二、育雏前准备

### (一)选择育雏方式

#### 1. 地面垫料平养

地面垫料平养是指在育雏舍地面铺设 5～10cm 厚的垫料，整个育雏期雏鸡都生活在垫料上(图 5-1)。它是饲养肉用仔鸡较普遍的一种方式，适用于中小型肉用仔鸡饲养场和养

图 5-1　地面垫料平养育雏

鸡专业户。根据房舍条件不同，可以用水泥地面、砖地面、土地面或炕面育雏，在这些地面上铺设垫料，垫料厚薄要均匀。常选用稻壳、锯末、刨花等，以 10cm 长短为宜，厚度为 5～10cm。随着鸡日龄的增加，垫料被践踏，厚度降低，粪便增多，应不断地添加新垫料，一般在雏鸡 2～3 周龄后，每隔 3～5d 添加一次，直至雏鸡脱温转群后彻底清除更换。垫料要干燥、松软、洁净、吸水性强、不发霉、无异味、灰尘少，使用前需在太阳底下进行日晒消毒，注意要不断翻动，以便彻底消毒。垫料育雏室内还设有料槽、饮水器及供暖设备。

这种育雏方式的优点是简单易行，一次性投入成本低，容易办到；冬季可利用垫料发酵产热而提高舍温；鸡在垫料上活动量大，体质好，啄癖发生率降低。缺点是饲养密度小，房舍利用率低；雏鸡与粪便直接接触，容易感染球虫病和其他传染性疾病，成活率降低。

2. 网上平养育雏

网上平养适合温暖而潮湿的地区，即雏鸡采食、饮水均在网上完成。将雏鸡饲养在离地面 50～60cm 高的铁丝网上。亦可用竹片替代铁丝网，床的大小可根据育雏室的面积及床位的安排来考虑，一般为长 2m、宽 1m、高 1m。底网网眼规格一般为 1.25cm × 1.25cm，不能太小，否则粪便下漏不畅。四周围网最好选用与底网相同的网，也可使用围席代替。饲养初生雏时，可以在底网上铺一层小孔的塑料网，以避免笼网卡住雏鸡脚爪，也可以减少胸囊肿的发生率。待雏鸡日龄增大时，撤掉塑料网（图 5-2、图 5-3）。网上平养的优点是提高了饲养密度（比地面平养增加了 30%～40% 的饲养密度）。网上育雏由于粪便直接落入网下，雏鸡不与粪便接触，减少了病原再感染的机会，特别是大大减少了球虫病感染的危险。同时也不受垫料是否潮湿的影响，可随时带鸡消毒。因粪便可以及时清理，有利于提高禽舍内空气环境质量。

图 5-2　网上平养育雏（一）

图 5-3　网上平养育雏（二）

### 3. 立体育雏

立体育雏又称笼养，是指采用分层育雏笼培育雏鸡。是目前蛋鸡生产中最普遍采用的育雏方式。对于育雏数量较大又缺少足够房舍的养鸡户或大型饲养场可采用多层笼育。育雏笼分叠层式和阶梯式两种，四周外侧挂有料槽和水槽。

(1)叠层式育雏笼(图5-4)　一般每组育雏笼的长度为 1.0～1.4m，宽度为 0.6m，每层高度为 0.35m，每层间隔为 0.1m，常用的四层育雏笼的高度为 1.8m 左右。使用的时候将若干组育雏笼组装在一起。料槽挂在育雏笼的两侧前网的外面，前 10d 使用真空饮水器放在笼内，以后使用乳头式饮水器。

图 5-4　立体育雏(叠层式育雏笼)

(2)阶梯式育雏笼(见图2-18)　三层阶梯式育雏笼的长度为 1.95m、宽度 2.40m，高度 1.40m，每组可饲养 400～600 只雏鸡。前网为双层，可以调节栅格间距的宽窄。料槽设在前网下部外侧。10d 内先使用真空饮水器放在笼内，以后使用乳头式饮水器。

立体育雏(笼养)的优点是热源集中，容易保温，雏鸡成活率高，管理方便，单位面积饲养量大，节省垫料和热能，预防鸡白痢和球虫病的发生和蔓延等。其缺点是一次性投资大，对营养、通风换气等要求严格。由于笼养鸡活动量有限，鸡体质较差，饲养管理不当时容易患营养缺乏病、笼养疲劳症和啄癖等各种疾病。

## (二)选择供温方式

育雏期间保持室内适宜的温度是环境管理的主要内容，供温方式主要有如下四种。

### 1. 地下火道供温

在育雏室的一端设火炉，另一端设烟囱，室内地下有数条火道将两者连接。烧火后热空气经过地下火道从烟囱排出，从而使室内地面及靠近地面上的空气温度升高，这种供温方法适于各种育雏方式。

### 2. 保温伞

也称保姆伞，有折叠和不折叠两种，是在伞形罩的下面装有电热板(丝)，并装有控温器用于调节伞下温度。保温伞可以悬吊在房梁上，以便调节其离地面的高度，保温伞的伞下温度高、周围略低，稍远处温度明显低于伞下，这样的温差有利于雏鸡选择合适的温度。

保温伞适于地面垫料平养和网上平养育雏方式，一个保温伞可用于 200～300 只雏鸡的保温。在进鸡的 12h 前通电加热保温伞，当伞内离地 6cm 处气温升到 28℃时，才可进鸡，进鸡后伞内温度会升高 1.5～2.5℃。

### 3. 红外线灯

是指利用红外线灯发射的热量使其周围环境温度升高。一般是将 250W 的红外线泡连成一组，悬挂于离地面 35～45cm 高处。一个功率为 250W 的灯泡，可为 100～250

只雏鸡的供温。灯泡距地面的高度可用吊绳调节，冬季为 35cm 左右，夏季为 45cm 左右。

红外线保温灯育雏的优点是设备简单，使用和安装方便，保温稳定，育雏室内易保持清洁、地面垫料干燥，雏鸡易自选所需要的温度，通常用育雏效果良好。其缺点是耗电量大，需要人工调节温度，灯泡易损坏。

4. 水暖加热

其原理是锅炉燃煤产生的热量加热炉内的水，热水在热水循环泵的作用下，通过管道把热水送到育雏室的散热器，再通过风机把热量散发出来，正常情况下可使养殖舍内温度达到 35～38℃，雏鸡的成活率达到 99％以上，温控采用微电脑控制器，使育雏舍自动达到生产需要的温度。多用在规模化禽舍育雏生产中。

### (三)制订育雏计划

任何规模、类型的蛋鸡场在育雏前都应制订育雏计划，这是合理安排生产、提高生产效益的重要保证。育雏计划制订应考虑以下几个内容。

1. 确定育雏时间

育雏时间决定了本批鸡的性成熟期和产蛋高峰期所处的时间。有三方面的因素会影响育雏时间的确定。

(1)鸡群周转计划　对一个大规模鸡场而言，一年四季都要更新鸡群。对于将要更新的鸡群应在鸡群淘汰前 10～12 周开始育雏，这样在鸡群淘汰，房舍清理、消毒，设备维护期后，本批雏鸡已约达 17 周龄，即可进行转群。

(2)市场蛋价变化规律　一年中不同季节蛋价变化较大，将鸡群产蛋高峰期安排在蛋价高的季节会明显提高本批鸡的生产效益。根据产蛋规律鸡群在 26～45 周龄期间产蛋量最高，应在蛋价上涨之前 25 周或 26 周开始育雏。

(3)成年鸡舍环境状况　我国多数地区的普通产蛋鸡舍冬季保温和夏季防暑性能不佳，尤以夏季高温的不良影响更为明显。开产期和产蛋高峰期不宜安排在一年中最热的月份，但对于防暑效果良好的鸡舍则无妨。

2. 确定育雏数量

确定育雏数量，要考虑成年鸡舍面积，育雏期、育成期的成活率，资金条件和生产技术水平等因素。雏鸡数量要比产蛋鸡笼位数多 15％。生产中应避免盲目进雏，数量太多会造成饲养密度大、设备不足、饲养管理不当，直接影响鸡群的生长发育，死亡率增加；育雏数量太少会造成房舍、设备、人员的闲置和浪费，增加饲养成本，降低生产的经济效益。

3. 确定育雏品种

育雏品种应根据市场需求进行选择，同时要根据产品主要销售地区消费者的习惯(如壳色、蛋重等)、雏禽的生长速度和品质等综合决定所养雏禽的类型，并以本地及周围地区的饲养实践作为确定欲养禽种的参考依据。

### (四)育雏室准备

育雏舍专门饲养 0～6 周龄的雏鸡，无论改造旧房舍或新建育雏舍，都必须根据已定的育雏规模及合理的育雏密度，准备足够的育雏面积，要求育雏舍保温良好，便于通风、清扫、消毒及饲喂操作。每批进雏前，将育雏舍及禽舍内的设备进行维修、清洗和消毒，为雏鸡提供适宜的饲养条件，提高育雏成活率。

①育雏前每批雏鸡转出后，应先将可拆卸设备拆除以利清理，然后清除舍内的灰尘、粪便、羽毛、垫料等杂物。

②用高压水枪或清洗机，按舍顶→墙壁→地面→下水道的顺序冲洗(图 5-5)。

③检修排风口、进风口、门窗，防止老鼠及其他动物进入禽舍带入传染病。

④墙壁和地面消毒，可用 2% 的火碱(氢氧化钠)、石灰水溶液刷洗消毒，也可用火焰消毒法杀死寄生虫(图 5-6)。

图 5-5　冲洗　　　　　　　　　　　　图 5-6　石灰水给鸡舍消毒

⑤清洗和检修育雏笼：首先将笼网上面的灰尘、粪渣、羽毛等杂物清理干净，然后用水和刷子洗刷干净。承粪板清洗干净后要浸泡消毒。垫布也应清洗、浸泡消毒、暴晒后备用。最后检查并维修损坏的笼网。

⑥清洗消毒料盘、料桶、料槽、饮水器、水槽及其他饲养用具：用高锰酸钾水溶液(现配现用)或新洁尔灭溶液浸泡，再用清水洗净、晒干后备用(图 5-7)。

⑦清洗结束后在舍内铺入垫料或安装笼具、网具，放置饮水和采食设备。

⑧鸡舍的消毒：接雏前一周对鸡舍及舍内设备进行消毒处理。常采用熏蒸消毒，按每立方米空间配备福尔马林 42mL，高锰酸钾 21g，在舍内放置若干个陶瓷盆，将高锰酸钾放入瓷盆后再加入福尔马林，人员迅速离开，封闭熏蒸 24～48h，然后打开门窗排除甲醛等气体(图 5-8)。

⑨为了避免家禽疾病的循环感染，在前一批鸡出栏清理后至少要隔 2～3 周的时间再接下一批鸡。规模化鸡场间隔时间更长，可能要 4～5 周。

⑩及时检查电路、通风系统和供温系统，在接雏前 2d 要进行全面的检查。检查电灯、电热装置和风机等，要求运转良好，如有问题立即维修。

⑪做好预热试温工作：进雏前 2～3d，整理好供暖设备，把育雏温度调到需要达到的最高水平(一般近热源处 35℃，其他地方温度最高 24℃)，观察室内温度是否均匀，加热器的控制元件是否灵敏，温度指示是否正确，供水是否正常。如用烟道或煤炉供温，还应注意检查排烟及防火安全情况，避免倒烟、漏烟或火灾。

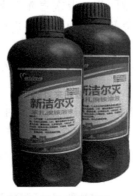

图 5-7　鸡笼、盛料器、饮水器消毒液

图 5-8　熏蒸消毒

### (五)育雏用品的准备

**1. 食槽**

要求光滑、平整，鸡采食方便且不浪费饲料，便于清洗和消毒，高度要合适，通常食槽上缘比鸡背约高 2cm。食槽可用木板、镀锌薄铁板或硬塑料制成。现常用链式喂饲机、弹簧式螺旋喂饲机、塞盘式喂饲机等自动喂料设备。

**2. 饮水器**

种类很多，具体选用哪种，应根据鸡的大小和饲养方式而定，但都要求容易清洗，不漏水，不污染。

**3. 垫料**

地面平养育雏接雏前要准备足够干燥、松软、洁净、吸水性强、不发霉、无异味、灰尘少的垫料，使用前需在太阳底下进行日晒消毒，注意要不断翻动，以便彻底消毒(图 5-9)。

**4. 饲料**

进鸡前要准备好雏鸡用全价配合饲料，雏鸡 0～6 周龄累计饲料消耗为每只鸡 900g 左右，在进雏前 3～5d 准备饲料，至少要将雏鸡 15 日龄内所需饲料提前准备好。饲料要新鲜无霉变、无污染、营养完善、颗粒适中、适口性好、易消化(图 5-10)。

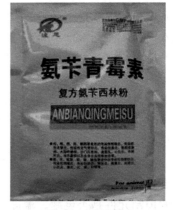

图 5-9　育雏保温设备　　　图 5-10　育雏鸡饲料　　　图 5-11　常用药品

### 5. 药品及添加剂

育雏期间应准备的药品包括消毒药物、抗菌药物和疫苗。使用的添加剂有酶制剂、口服补液盐、电解多维、维生素 C、葡萄糖或蔗糖等，根据需要可准备其中的几种(图 5-11)。

### 6. 其他用品

包括小刀、笔、台秤、记录表和记录本等。

## 三、雏鸡挑选与运输

### 1. 进雏

雏鸡要求来源明确，向生产规模较大的种禽场引种，引种场必须具备种家禽生产经营许可证、防疫合格证、引种证明等法律法规规定的证明文件。

### 2. 雏鸡挑选

要选择绒毛光亮、整齐，初生重符合品种要求的雏鸡；腹部应柔软，收缩良好，卵黄吸收良好；脐部愈合完全，没有血痕；泄殖腔附近干净，没有稀便黏着；肢爪运动正常，无畸形。对于瞎、瘫、残雏、畸形雏及过小、过弱的雏鸡均应剔出淘汰。当然根据不同品种特征，也应按要求严格选择。初生雏鸡虽然经过选择和分群养育，但亦会成长为强弱和大小不同的个体，所以在育雏及育成期间，还需注意进行鉴别和分群工作，随时将弱小个体挑出，分群养育。

### 3. 雏鸡运输

初生雏最好能在 48h 内运达目的地，时间过长对雏鸡的生长发育有较大的影响。装运雏鸡的工具均应经消毒后才能使用。运输时要注意防寒、防热、防缺氧、防雨淋等。初生雏运输的原则要求迅速平稳，舒适安全，防雨防潮，保持雏鸡实际感受的温度适宜，氧气充足。关键是解决好温度与通气的矛盾，防止顾此失彼。只重视保温，不注意换气，就会造成闷热、缺氧，甚至导致窒息死亡；而只注意换气，忽视保温，雏鸡则容易受凉感冒或发病拉稀。

冬季运雏主要是防寒保温，防止受凉感冒，同时还要适当通气，不能包裹过严。夏季运雏主要是通风防暑，应避开中午运输，防止烈日暴晒，发生中暑。春秋季节比较适宜，只要能防雨淋即可。假如天气或气温不适而又必须运雏时，或者运输人员缺乏经验时，则应加强防护措施，还要勤检查，如将手伸入雏箱，手感温度高低，并揭开箱盖，观察雏鸡精神状态是否正常等，以便及早发现问题，及时采取措施。

装运工具最好用专门的运雏箱(用塑料、木板或硬纸板皆可)(图 5-12、图 5-13)，一般长度 60cm，宽度 45cm，高度 20～25cm，内分四格，每格放初生雏 25 只，一箱可装 100 只。箱壁四周应适当开些通气孔(气孔的直径和数量应根据运输季节、天气及运输工具灵活调整)，如图 5-12、图 5-13 所示。没有专门的运雏箱时，也可用适当的硬纸箱、竹筐、柳条筐或其他木箱代用。无论何种方式都必须既能保温，又可通风，还应注意单位面积装放雏鸡的数量要适宜，而且箱底要平面柔软，箱高不会被压低，箱体不得变形，在用前应注意进行清扫、消毒。运输工具选用车、船、飞机均可，关键是运输时要保持箱底水平，尽量避免剧烈震动、颠簸，避免急刹车。

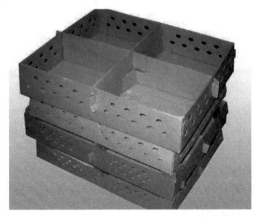

图 5-12　纸质运雏箱

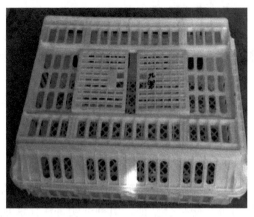

图 5-13　塑料运雏箱

运雏时间以出生雏于毛干并能站稳后即可起运，运输时间尽量缩短，防止中途延误，最好能在 24h 内（最迟不超过 36h）安全运到饲养地，以便按时开食、饮水。

雏鸡运到鸡舍，休息 0.5h 后，即可按合理的密度放入舍内饲养。

## 四、雏鸡饲养管理技术

### (一)饮水

#### 1. 初饮

先饮水后开食是育雏的基本原则之一，尽早饮水有利于促进肠道蠕动，有利于卵黄的吸收和胎粪的排出，增进雏鸡食欲和饲料的消化吸收。另外在运输过程和育雏室的高温环境中，雏鸡体内水分散失多，需水量大，早饮水有助于雏鸡体力的恢复。雏鸡出壳后，绒毛干后 12～24h 开始饮水，此时不给饲料。冬季水温宜接近室温（16～20℃），炎热天气可以提供凉水。育雏头几天，每升水中可加入 0.1g 高锰酸钾，以利于消毒饮水和清洗胃肠，促进小鸡胎粪的排出；加入 5％～8％葡萄糖水，降低雏鸡死亡率。饮水器、盛料器应离热源近些，便于鸡取暖、饮水和采食（图 5-14）。

#### 2. 正常饮水

做到卫生、干净、充足。饮水质量应符合《无公害食品 畜禽饮用水水质》（NY5027—2008）要求。饮水器数量足够，均匀分布，高度适合，刷洗干净，防止堵塞，每天到少换水 2 次。供水系统应经常检查，去除污垢。每只雏鸡最好有 2cm 的饮水位置，或每 100 只雏鸡有 2 个 4.5L 的塔式饮水器。饮水器要放在光线明亮处，检查和料盘交错安放。饮水器的大小及距地面的高度应随雏鸡日龄的增长而逐渐调整（图 5-15）。

#### 3. 饮水观察

上完水之后，要认真观察雏禽饮水情况，检查饮水器是否充足、饮水器是否漏水、雏禽饮水量、雏禽是否全部饮水等。初饮时，对于没有饮水的雏禽应及时给予引导。引导的方法是将雏禽移至饮水器周围，仍不饮水的雏禽可保定雏禽躯干，将雏禽喙部的 1/2 放入水中强迫饮水；雏禽饮水量出现明显变化时，首先要查看育雏舍温度高低，温度高时饮水量增大；温度过低时，饮水量减少。若鸡群饮水量突然增加，而且采食量减少，则可能有

图 5-14　初饮

图 5-15　自动饮水

球虫、传染性法氏囊等疾病隐患，或饲料中盐分含量过高等。

## (二)喂料

### 1. 开食

雏鸡的第一次喂料称为开食。开食要适时，过早开食雏鸡无食欲，过晚开食因得不到营养而消耗自身的营养物质，从而消耗雏鸡体力使雏鸡变得虚弱。适宜的开食时间一般掌握在雏鸡出壳后 24～36h 或饮水 1～2h 后进行。开食时使用浅平食槽或开食盘，让雏鸡自由采食(图 5-16)。食槽分布应均匀，和水槽间隔放开，地面平养育雏开始几天离热源近些，便于雏鸡取暖采食和饮水。5～7d 后应逐步过渡到使用料槽或料桶喂料(图 5-17)。雏鸡的开食料必须科学配制，营养含量要能完全满足雏鸡的生长发育需要。要求新鲜、颗粒大小适中，易于雏鸡啄食，营养丰富易消化。常用的有碎玉米、小麦、碎米、碎小麦等，先用开水烫软，吸水膨胀后再喂，经 1～3d 后改喂配合日粮。大群养鸡场也有直接使用雏鸡配合料的。投料要求如下：①要从靠近门门口一侧开始向舍内侧投，如果是双列式禽舍应两列一起投料。②投料动作要求快、稳、准。"快"是指投料速度快；"稳"是指投料动作稳妥进行，不能将饲料散在喂料器外，不能导致粉尘飞扬，不能踩踏雏禽等；"准"是指将饲料准确投放在喂料器内，且投料量准确，各个喂料器内投料量基本相等。

图 5-16　开食

图 5-17　自动供料

## 2. 正常饲喂

开食后，即进入正常饲喂过程，饲喂的投料操作与开食相似。但应注意以下事项：①饲喂时要掌握"少喂勤添八成饱"的原则，每次喂食应在 20～30min 内吃完；②喂料时间要相对稳定，第一周每天饲喂 8～6 次，以后每天喂 5～6 次，6 周后逐渐过渡到每天 4 次；③根据饲养品种的体重要求和雏禽实测体重调整饲喂量；④从 2 周龄开始，料中应开始拌 1% 砂砾，粒度从小米粒逐渐增大到高粱粒大小；⑤喂料器要定期洗涮消毒。

## 3. 饲喂观察

投完饲料后，要认真观察雏禽采食情况。观察项目包括喂料器是否充足、喂料器是否漏料、雏禽采食量、雏禽是否全部采食等。对开食时没有采食的雏禽应给予引导，诱导采食的方法有两种：抓几只已开过食的雏禽当开食引导，引导雏禽见到食物便低头不停地啄食，带动其他雏禽试探啄食，并逐渐走向食物中心频频啄食；边撒食边用木棒轻轻敲打喂料器侧壁，用声音信号呼唤雏禽前来。雏禽能跟随声音寻找食物，很快地建立起条件反射，也可以将雏禽移至喂料器周围强迫其啄食。雏禽采食出现明显变化时，要及时查明原因并采取相应措施。

## (三)提供适宜环境条件

### 1. 适宜温度

适宜温度是育雏成败的首要条件。育雏温度过低，雏鸡不愿采食，互相拥挤打堆，雏鸡会因互相挤压而死亡，而且容易导致雏鸡感冒，诱发雏鸡白痢等疾病；育雏温度过高，雏鸡食欲减退，体质变弱，生长发育缓慢，并易诱发啄癖和呼吸道疾病。因此，育雏时一定要掌握好适宜的温度。

育雏温度包括育雏器的温度和舍内温度。育雏器的温度是指鸡背高处的温度值，测温时要求距离热源 50cm，用保温伞育雏时，将温度计挂在保温伞边缘即可。立体育雏，要将温度计挂在笼内热源区距底网 5cm 处。平养挂在距垫料 5cm 处。舍温一般低于育雏器的温度，在整个育雏舍内形成一定的温度差，这样有利于空气的对流，雏鸡也可以选择合适的温度环境。雏鸡不同日龄的适宜温度见表 5-1。

表 5-1  雏鸡不同日龄的适宜温度

| 适宜温度 | 日龄(d) | | | | | | |
|---|---|---|---|---|---|---|---|
| 育雏器温度(℃) | 33～35 | 30～33 | 27～30 | 25～27 | 22～25 | 18～25 | 15～25 |
| 育雏舍温度(℃) | 24 | 24 | 24～21 | 21～18 | 18 | 18 | 18 |

育雏温度是否得当，温度计上的温度反映只是一种参考依据，实际生产中要求饲养人员能看鸡施温，即通过观察雏鸡的表现进而正确地控制育雏的温度(图 5-18)。育雏温度合适时，雏鸡在育雏舍(笼)内均匀分布，活泼好动，采食、饮水都正常，羽毛光滑整齐，雏鸡安静而伸脖休息，无奇异状态或不安的叫声；育雏温度过高时，雏鸡远离热源，精神不振，展翅张口呼吸，不断饮水(图 5-19)；育雏温度过低时，雏鸡靠近热源而打堆，羽毛蓬松，身体发抖，不时发出尖锐、短促的叫声。另外，育雏舍内有贼风(间隙风、穿堂风)侵

图 5-18　看鸡施温　　　　　　　　　图 5-19　温度过高表现

袭时，雏鸡亦有密集拥挤的现象，一般情况下，鸡大多密集于远离贼风吹入方向的某一侧。

### 2. 适宜湿度

（1）育雏舍湿度标准　雏鸡从高湿度的出雏器转到育雏舍，要有一个过渡期，相对湿度要求第一周为 70%，第二周为 65%，以后保持在 60% 即可。

（2）育雏舍湿度测定　育雏室内湿度一般使用干湿球温度计测定，有经验的饲养员可还可通过自身的感觉和观察雏鸡的表现判定湿度是否适宜。湿度适宜时，人进入育雏舍时有湿热感觉，不鼻干口燥，雏鸡的脚爪润泽、细嫩，精神状态良好，鸡群飞动时室内基本无尘土飞扬。如果进入育雏舍感觉到鼻干口燥，发现鸡群大量饮水、鸡群骚动时灰尘四起，这表明育雏室内湿度偏低；反之，雏鸡羽毛黏湿，舍内用具、墙壁上好像有一层露珠，室内显现湿漉漉的情景，则表明湿度过高。

（3）湿度的调控方法

①增湿方法：加湿的方法很多，如舍内挂湿帘、火炉上放水加热产生水蒸气、地面洒水或喷雾等。

②防潮方法：禽舍位置相对高燥，防雨水积存；舍内地面高于舍外，有利于舍内排水，防止舍内积水；防供水系统漏水；饲养员严禁向舍内地面洒水，这会直接导致禽舍内湿度增加；常清粪、勤换、勤晒垫草，减少水分蒸发从而维持湿度；加强通风和减少稀便现象出现。

### 3. 良好通风换气

经常保持育雏舍内空气新鲜，这是雏鸡正常生长发育的主要条件之一。育雏时，往往重视保温，而忽略通风换气。雏鸡虽小，但生长快，代谢旺盛，氧气需要量大，二氧化碳排出量多，加之饲养密度大和清粪不及时，容易产生氨气、硫化氢等有害气体，影响鸡群健康。

（1）通风标准　一般而言，育雏室内二氧化碳的含量要求以不超过 0.5% 为宜；氨气（$NH_3$）含量要求不超过 0.002%。否则大量的氨气会使鸡中枢神经系统受到强烈刺激，而导致呼吸道疾病。另外还会导致饲料报酬率低，性成熟延迟，抵抗力下降，死亡率增加。

（2）通风方法　雏鸡舍的通风有自然通风与机械通风两种方式。自然通风是利用自然界的风力及鸡舍内外的温差引发空气自然流动，使舍内外空气得以交换，各种小型开放式鸡舍普遍采用这种通风形式；机械通风是使用轴流式风机以正压或负压方式强制交流舍内外空气，正压通风通常在小型鸡舍使用，负压通风一般用于密闭式无窗鸡舍。

由于育雏期特别是育雏前期必须为雏鸡提供足够的环境温度，而通风换气却容易导致降温，因此，生产要正确解决好通风与保温这一对矛盾。其具体做法：通风前可适当提高舍温 2℃左右，在严寒季节可选择在气温较高时进行低流量或间隙的通风，当基本达到换气量后，如舍温降低应及时停止，使舍温回升。雏鸡舍的进气与排气口设置要合理，保证气流能均匀通过全舍，气候寒冷时进入舍内的气流应由上而下，避免直接吹向鸡体。通风时气流速度应缓慢，有条件的可对进入鸡舍的新鲜空气进行预热，避免出现局部低温，特别要杜绝鸡舍缝隙引发的"贼风"。掌握适宜的通风量，以人进入雏鸡舍不感觉气闷，不刺眼、不刺鼻为宜。

### 4. 适宜光照

(1)适宜的光照时间　前 3d 每天可采用 24h 的光照，白天利用自然光照，夜间补充光照，换算起来即每平方米配置 15～20W 白炽灯的光源，使雏鸡尽快熟悉环境，识别食槽、水槽位置。第 4～7 天，每天光照 22h，第 8～21 天，每天光照为 18h，22d 后每天光照 14h，一直到 6 周龄育雏结束。具体光照时间安排见表 5-2。

表 5-2　雏鸡不同日龄的适宜光照时间

| 周龄 | 光照时间(h) | 周龄 | 光照时间(h) |
|---|---|---|---|
| 1 | 24 | 4 | 18 |
| 2 | 24～21 | 5 | 16 |
| 3 | 21～18 | 6 | 14 |

(2)适宜光照强度　育雏第 1 周，为了让雏鸡尽早熟悉料槽、饮水器和舍内环境，可采用 20～30lx 的较强光照，其余时间以弱光(15lx)为好。具体操作可按每 15m² 的鸡舍在第一周时用一个 40W 灯泡悬挂于 2m 高的位置。第二周开始替换为 25W 灯泡。育雏舍内的光线分布要均匀，光的颜色以红色或弱的白炽光照为佳，能有效防止啄癖发生。

### 5. 合理饲养密度

单位面积饲养的雏鸡数即饲养密度，饲养密度与育雏舍内的空气质量以及啄癖的产生有直接关系。密度过大，雏鸡发育不整齐，易感染疾病和发生啄癖，死亡率增加；密度太小，经济效益低。合理的饲养密度有利于雏鸡的生长发育，生产中应根据鸡舍的结构、饲养方式和雏鸡品种确定饲养密度。雏鸡适宜的饲养密度标准见表 5-3。

表 5-3　0～6 周龄雏鸡饲养密度参考标准　　只/m²

| 周龄 | 地面平养 | | 笼养 | | 网上平养 |
| | 轻型蛋鸡 | 中型蛋鸡 | 轻型蛋鸡 | 中型蛋鸡 | |
|---|---|---|---|---|---|
| 1～2 | 25～30 | 30～26 | 60～50 | 55～45 | 40 |
| 3～4 | 28～20 | 25～18 | 45～35 | 40～30 | 30 |
| 5～6 | 16～12 | 15～12 | 30～25 | 25～20 | 25 |

生产中一般根据技术水平和饲养环境采用一个合理密度饲养至育雏结束。确定饲养密度时，还应注意控制群体数量。平养条件下，最好以 300～400 为群单位，这样生长发育较易控制，饲料浪费较少，便于管理，死亡率也低。实行强弱分开，公母分群饲养，以便于管理和提高经济效益。

### (四)断喙

#### 1. 目的

由于鸡的上喙有一个小弯弧，这样在采食时容易把饲料刨在槽外，造成饲料浪费。当遇到育雏温度过高，鸡舍内通风换气不良，鸡饲料营养成分不平衡，如缺乏某种矿物元素或蛋白质水平过低，鸡群密度过大，光照过强等不良情况时，容易引起鸡只之间相互啄羽、啄肛、啄趾或啄裸露部分，形成啄癖。因此，通过断喙可以有效地减少啄癖发生率，降低饲料浪费，提高经济效益。在现代养鸡生产中，特别是笼养鸡群，必须断喙。

#### 2. 适宜时间

(1)第一次断喙　一般选择在出壳 6～9 日龄内，此时鸡只小，便于操作，并且还可以有效防止早期啄癖的发生。在其他时间，如日龄过小时进行断喙，会导致雏鸡脱水及其他较大的应激，而且由于喙过于短小，不利于操作；日龄过大时进行断喙，由于喙部的血管和神经丰富，会使断喙难度增大，对鸡只造成过强的应激而严重影响其正常生长发育。

(2)第二次断喙　一般称为修喙。对于第一次断喙中断得不整齐或断后又长出来的个体，要进行修喙。修喙可选择在 7～8 周龄或 10～12 周龄时进行。

#### 3. 方法

根据所用断喙工具的不同，可采用台式断喙器和红外线断喙器断喙。以下简单介绍台式断喙器断喙方法。

(1)台式断喙器调试　断喙器在每次使用之前要进行调试。首先接通电源，打开风扇开关，确保断喙器可以正常使用。然后打开温度调节旋钮，将温度调节至本周龄鸡只适宜温度范围(7～10 日龄的雏鸡，刀片温度达到 700℃ 较适宜，这时刀片中间部分发樱桃红色)。再打开速度旋钮，根据自己的操作技术水平，调节至合适速度。调试好断喙器后，才可开始断喙操作。断喙前还应对断喙器进行清洁、消毒。

(2)固定鸡只　操作者左手握雏鸡的双脚，将鸡的双脚固定在手心内，右手握住雏鸡并将大拇指放于雏鸡的头部，使之固定，食指放在雏鸡的颌下，由喙前端向后轻按直到喙底的咽喉处，使雏鸡闭嘴缩舌，以防止断掉舌头。

(3)断喙操作　根据鸡龄大小及喙的软硬程度选择合适的断喙眼孔，手握雏鸡，使鸡头略微向下倾斜，当刀片上提时，将喙插入断喙孔，切去上喙的喙尖至鼻孔的 1/2，下喙的 1/3，做到上短下长，切后在刀片上停留 2～3s，以利止血(图 5-20、图 5-21)。

#### 4. 注意事项

①断喙时雏鸡的应激较大，所以，在断喙前，要检查鸡群健康状况，当健康状况不佳或有其他反常情况，均不宜断喙。

图 5-20　雏鸡断喙

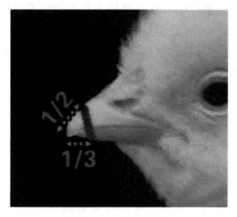
图 5-21　断喙位置

②断喙后 2～3d 内，料槽内饲料要加得满些，以防止雏鸡采食时鸡喙啄到槽底，断喙后不能断水。

③注意断喙前后两天禁喂磺胺类药物（会延长流血），并在水中加维生素 K（2mg/L 水）及适量的抗生素，有利于凝血和减少应激。

④断喙应与接种疫苗、转群等错开进行，在炎热季节应选择凉爽时段断喙。此外，抓鸡、运鸡及操作动作要轻，不能粗暴，避免多重应激。

⑤断喙器应保持清洁，定期消毒，以防断喙时交叉感染。断喙后要仔细观察鸡群，对流血不止的鸡只，要重新烧烙止血。

### （五）疾病预防与免疫接种

#### 1. 免疫接种

各个鸡场因自身的条件和环境不同，应制定相适应的免疫程序，不同的鸡场执行不同免疫接种程序，同一鸡场随时间和环境的变化而逐步调整免疫接种程序。表 5-4 是某鸡场蛋用雏鸡的免疫程序，供雏鸡免疫接种时参考。

表 5-4　蛋用雏鸡免疫程序

| 接种日龄 | 接种疫苗 | 接种方法 |
| --- | --- | --- |
| 1 日龄 | 马立克氏疫苗 | 参考说明书 |
| 3～5 日龄 | 新城疫-传支（H120）疫苗 | 参考说明书 |
| 9～11 日龄 | 传染性法氏囊炎疫苗 | 参考说明书 |
| 20～22 日龄 | 传染性法氏囊炎疫苗 | 参考说明书 |
| 27～29 日龄 | 新城疫-传支（H52）疫苗 | 参考说明书 |
| 33～35 日龄 | 禽流感疫苗 | 参考说明书 |
| 40～42 日龄 | 传喉—禽痘疫苗 | 参考说明书 |

## 2. 投药

为满足治疗、预防疾病和营养保健等需要，可在饲料中混加或在饮水中添加适当的药物。在饲料中混加药物时要混合均匀；在饮水中添加要考虑药物的溶解性和水溶液的稳定性。投药要准确计算使用浓度和使用量，以防过量中毒。

## 3. 搞好卫生防疫

①实行全进全出，避免交叉感染；育雏结束后，鸡舍要彻底消毒，空舍2～3周。

②制定严格的消毒制度，定期对育雏舍和周围环境进行消毒，消毒剂要轮换使用。

③搞好饮水卫生，定期清洗和消毒饮水器具。

### (六)定期称重

为了掌握雏鸡的发育情况，要定期对鸡群进行称重，以利于衡量鸡群健康状况和饲养管理水平的优劣，及时调整饲养管理措施。

## 1. 抽样

随机抽测5%～10%的雏鸡体重。如果鸡群数量较大(万只以上)，则鸡群取样数量不低于2%。抽测时，抽样要具有代表性。

## 2. 称重时间

选择每周固定时间，如每周周末；应在喂料前空腹称重，确保称重的准确性。

## 3. 调整鸡群

每次称重结果要与此周龄阶段的标准体重相比较，如果有明显差异，应及时将未达标鸡只单独饲养，并修订饲养管理措施。

## 4. 称重注意事项

避免在鸡群健康状况较差时进行称重，称重器在使用前要校准，要有专人负责记录。育雏期末再对鸡群进行体重的抽测，以衡量育雏效果。

### (七)日常管理

## 1. 观察记录

每日观察鸡群可以使生产者及时准确掌握雏鸡发育动态，对于所发生的问题能及时发现并及时采取对应的措施，改善管理，以便提高育雏成活率，减少损失。

(1)鸡群采食饮水情况　通过观察鸡群给料反应、采食速度、争抢程度以及饮水情况等方面，了解雏鸡的健康状况。如发现采食量突然减少，可能是饲料质量下降，饲料品种或喂料方法突然改变，饲料腐败变质或有异味，育雏温度不正常，饮水不充足，饲料中长期缺乏砂粒或鸡群发生疾病等原因导致；如鸡群饮水过量，常常是因为育雏温度过高，育雏舍相对湿度过低，或鸡群发生球虫病、传染性法氏囊病等，也可能是饲料中含有了劣质咸鱼粉，使饲料中食盐含量过高所致，这时应及时查找原因，以免造成更大损失。

(2)鸡群精神状况　病、弱雏鸡常表现为离群闭眼呆立、羽毛蓬松不洁、翅膀下垂、呼吸有声等症状。观察雏鸡的精神状况，及时剔除鸡群中的病雏、弱雏，将其单独饲养或淘汰。

（3）雏鸡粪便情况　看粪便颜色、形状是否正常，以便判定鸡群是否健康或饲料质量是否发生变化。刚出壳、尚未采食的鸡排出的胎粪为白色或深绿色稀薄液体，采食后排出圆柱形或条形的表面常有白色尿酸盐沉积的棕绿色粪便。有时早晨单独排出的肠内便呈黄棕色糊状，这都属于正常粪便。发生传染病时，鸡排出黄白色、黄绿色附有黏液、血液等的恶臭稀便；发生鸡白痢时，粪便中尿酸盐成分增加，排出白色糊状或石灰浆样的稀便；发生肠球虫病时排出红色的血便。

（4）鸡群行为状况　观察鸡群有没有恶癖如啄羽、啄肛、啄趾及其他异食现象，检查有无瘫痪鸡、软脚鸡等，以便及时判断日粮中的营养是否平衡等。

2. 常规检查

①检查消毒池里的消毒药物是否有效，是否应该更换或添加。

②检查饮水器或水槽是否有水，水源是否清洁。

③查看室内温度计，检查温度是否合适。

④检查垫草是否干燥，是否需要添加或更换，垫草有无潮湿结块现象。

⑤检查室内空气是否新鲜，有无刺激性气味，是否需要开窗通气。

⑥检查食槽高度是否适当，每只鸡食槽占有位置是否充足。饲料浪费是否严重。

⑦检查鸡群密度是否合适，要不要疏散调整鸡群；检查光照是否太强，光照时间是否合适。

⑧检查笼养雏鸡有无跑鸡现象，并及时抓回和修补笼门或漏洞。

⑨检查用药是否合理，拌合是否均匀；及时淘汰小公鸡或进行去势肥育。

⑩加强夜间值班工作，细听有无呼吸系统疾病，鸡群睡觉是否安静，防止意外事故发生。

3. 日常生产记录

为了总结经验，做好下批次的育雏工作，每批次育雏都要认真记录，并在育雏结束后系统分析。记录的主要项目包括温度、湿度、光照时数与通风换气情况；存栏只数、死亡数，日耗料量，免疫接种和投药等情况。

4. 育雏期日常管理

在育雏期间，每日喂料、匀料、加水，清洁饮水器或水槽、料槽，打扫卫生、擦拭灯泡，检查记录温度、湿度、消毒、观察鸡群等管理的操作时间应固定不变，以减少因随意变更对鸡只造成应激，影响其生长发育。育雏期日常管理操作规程见表5-5。

**表5-5　育雏期日常管理操作规程**

| 时间 | | 工作内容 |
| --- | --- | --- |
| 早上 | 5：00 | 检查鸡舍温、湿度，检查鸡群情况，看是否有病鸡、死鸡 |
| | 5：00～5：30 | 冲洗水槽、加料，如果喂青饲料、投药等需先拌料 |
| | 5：30～8：00 | 刷洗水槽1～2次并消毒一次，擦食槽，每周两次；每周打扫墙壁、屋顶、屋架、擦门窗玻璃、灯泡一次；清理下水道；铲除走廊鸡粪等 |

（续）

| 时间 | | 工作内容 |
|---|---|---|
| 上午 | 8：00～8：30 | 早饭 |
| | 8：30～10：00 | 观察鸡群，挑选治疗病鸡；对病鸡、好斗鸡调整单养；匀料推平饲料，使饲料分布均匀 |
| | 10：00～10：40 | 加料并清扫 |
| | 10：40～12：00 | 检查鸡群情况、挑选治疗病鸡并登记 |
| | 12：00～12：30 | 匀料、清扫鸡舍、工作间、更衣室用具，准备交班 |
| | 12：30～13：00 | 午饭 |
| 下午 | 13：00～13：30 | 交接班、讲评，交班双方共同检查鸡群、鸡舍设备情况 |
| | 13：30～14：30 | 冲洗水槽、观察鸡群，擦风扇叶 |
| | 14：30～15：10 | 加料并清扫 |
| | 15：10～16：30 | 观察鸡群，挑选治疗病鸡，匀料，调整鸡笼，挑出发育不良者等 |
| | 16：30～17：30 | 修鸡笼，观察温度 |
| | 17：30～18：00 | 晚饭 |
| 晚上 | 18：00～19：00 | 加料并清扫鸡舍、值班室、更衣室，洗刷水槽一次 |
| | 19：00～22：00 | 观察鸡群、匀料、消毒、填写值班记录。结算当天耗料数、死淘数、关灯 |
| | 22：00～5：00 | 观察鸡群、温度，喂料，换水 |

## 五、育雏成功的判断标准

①成活率高，达95％以上。

②健康状况良好，未发生传染病，食欲正常，精神活泼。

③体重达标，群体平均体重应达本品种标准体重±5％范围内，体重均匀度达80％以上。

④体型发育良好，群体平均跖长应达本品种跖长±10％范围内，跖长均匀度达80％以上。

## 六、育雏失败的情况和原因分析

### (一)育雏初期死亡率高

1. 原因

①细菌感染：以雏鸡白痢、脐炎、大肠杆菌感染为主，大多是由种鸡垂直传染引起的。

②病毒感染：如传染性法氏囊炎、传染性支气管炎等，主要是因为种鸡免疫程序不合理，雏鸡母源抗体水平过低。

③环境因素：温度忽高忽低、昼夜温差大，雏鸡感染腹泻。

**2. 解决措施**

①要从免疫程序合理的种鸡场进雏。

②要控制好育雏环境。

③育雏期在饮水和饲料中添加抗生素，如雏禽乐等。

### (二)体重落后于标准体重，群体均匀度低

**1. 原因**

①饲料营养水平低，尤其是能量水平过低。

②鸡群密度过大、通风不良、空气质量差。

③照明时间不足，雏鸡采食时间不足。

④断喙失误，部分雏鸡喙留得过短。

⑤感染球虫病、大肠杆菌病等。

**2. 解决措施**

①要供给优质全价、维生素含量高的饲料。

②要科学有效的管理。

③合理的饲养密度和光照制度。

④要合理断喙。

# 任务二　育成鸡饲养管理

　　一般称7～18周龄的鸡为育成鸡。育成鸡质量差，转入产蛋鸡舍时，会有较高的死亡率，且产蛋率低、蛋重小、蛋品质差及耗料多。育成鸡质量好，体质健壮，进入蛋鸡舍后能获得较好的产蛋成绩。因此，必须重视育成鸡培育。

## 一、育成鸡生理特点

　　①具有健全的体温调节能力和较强的生活能力，对外界环境的适应能力和对疾病的抵抗能力明显增强。所以，在寒冷季节，只要鸡舍保温条件好，舍温在10℃以上，一般不采取供暖措施。

　　②生长发育迅速，心肺系统、骨骼和肌肉的发育处于旺盛时期，机体对钙磷的吸收能力不断提高，此时肌肉生长最快，鸡的体重增加迅速，如轻型蛋鸡18周龄体重可达成年鸡体重的75%。

　　③消化系统逐渐发达，消化吸收能力日趋健全，食欲旺盛。对麸皮、米糠、草粉、叶粉等含粗纤维较高的饲料利用充分。因此，饲料中可适当增加麸皮、米糠、草粉、叶粉等粗饲料。

　　④免疫器官逐渐发育成熟，防御抗病机能增强，环境适应性强。

　　⑤育成中后期生殖系统开始发育至性成熟，10周龄后性器官发育迅速，16～17周龄即接近性成熟，所以在光照和日粮方面要加以限制，蛋白质水平不宜过高，含钙不宜过多，否则会出现性成熟提前，从而导致早产。

## 二、育成鸡培育目标

育成鸡的培育目标是体重符合标准，均匀度高，性成熟适时，体质结实，身体健康。具体应具备以下条件：

①鸡群体重整齐，均匀度应达到85％以上。

②体重符合本品种的体重标准，肌肉发育良好，无多余脂肪，防止产生"肥鸡"。

③成活率不低于95％。

④生长速度均匀，开产前体况结实。

⑤健康状况良好，适时性成熟，防止早熟。

## 三、育成鸡饲养管理技术

### (一)转群与密度调节

如果育雏和育成阶段在不同鸡舍饲养，则到6～7周龄需把雏鸡转到育成舍。在转群前应对育成鸡舍及用具进行彻底清洗、消毒。转群时，严格挑选，淘汰病弱残鸡，保证育成率。转群第1天应实施全天光照，使育成鸡能尽快熟悉新环境，尽量减少因转群而造成的应激反应，以后再按照育成期光照制度执行。鸡群转入育成鸡舍后，要及时整理鸡群，使每笼鸡数符合饲养密度的要求，并清点鸡数便于管理。如果育雏鸡和育成鸡是在同一鸡舍完成，则不存在转群，只需调整饲养密度，并将较小、较弱鸡挑出来单独饲养，以保持鸡群的健壮整齐。育成鸡具体饲养密度见表5-6。

表5-6 育成鸡饲养密度参考标准 只/m²

| 周龄 | 地面平养 | | 笼养 | | 网上平养 | |
| --- | --- | --- | --- | --- | --- | --- |
| | 轻型蛋鸡 | 中型蛋鸡 | 轻型蛋鸡 | 中型蛋鸡 | 轻型蛋鸡 | 中型蛋鸡 |
| 8～12 | 9～10 | 7～8 | 42 | 36 | 8～9 | 8～9 |
| 13～18 | 8～9 | 6～7 | 35 | 28 | 9～10 | 9～10 |

### (二)脱温

雏鸡到6周龄时生理机能已经健全，羽毛长齐，对外界温度变化的适应能力增强，应逐步停止给温，以利于更好地生长发育。降温要求缓慢，脱温要求稳妥，一般有1～2周的过渡时间。脱温期间饲养人员要注意观察鸡群，特别是夜间和阴雨天应严密观察，防止挤堆压死，保证脱温安全。

### (三)正常饲喂与饮水

#### 1. 饲料要求

育成鸡的饲料营养水平要依据其生理特点和饲养目的进行调整，通常分为育成前期(7～12周)和育成后期(13～18周)两个阶段。饲料中的蛋白质、钙等营养物质含量由前到后递减。也有采用同一营养水平的，但在育成后期需要较多地限制喂料量，在这种情况下，应适当加大饲料中维生素及微量元素的添加量。育成中、后期应严格控制饲料中的钙含量，含钙过多易引起肾脏尿酸盐沉积（表5-7）。

**表5-7　育成鸡饲料配方及主要营养含量**

| 原料 | 育成前期 | 育成后期 | 主要营养成分 | 育成前期 | 育成后期 |
|---|---|---|---|---|---|
| 玉米(%) | 63.35 | 67.84 | 粗蛋白(%) | 20.00 | 16.00 |
| 豆粕(%) | 30.77 | 17.50 | 钙(%) | 0.80 | 0.80 |
| 棉籽粕(%) | — | — | 有效磷(%) | 0.42 | 0.38 |
| 麸皮(%) | — | 9.55 | 食盐(%) | 0.33 | 0.36 |
| 鱼粉(%) | 2.00 | 1.50 | 赖氨酸(%) | 1.01 | 0.73 |
| 磷酸氢钙(%) | 1.17 | 1.10 | 蛋氨酸+胱氨酸(%) | 0.68 | 0.56 |
| 石粉(%) | 1.04 | 1.23 | 代谢能(Mcal/kg) | 2.85 | 2.80 |
| 食盐(%) | 0.26 | 0.28 | | | |
| 动物油脂(%) | 0.41 | — | | | |
| 预混料(%) | 1.00 | 1.00 | | | |
| 合计(%) | 100.00 | 100.00 | | | |

## 2. 换料

从育雏期到育成期，雏鸡料和育成料在营养成分上有很大差别，转入育成鸡舍后不能突然换料，而应有个适应过程，一般以1～2周的时间为宜。具体过渡方法见表5-8。

**表5-8　育成鸡日粮调制方法与饲喂时间**

| 方法 | 雏鸡料+育成鸡料 | 饲喂时间(d) |
|---|---|---|
| 1 | 2/3+1/3<br>1/2+1/2<br>1/3+2/3<br>0+1 | 2<br>2<br>1～3 |
| 2 | 2/3+1/3<br>1/3+2/3<br>0+1 | 3<br>4 |
| 3 | 1/2+1/2<br>0+1 | 5～6 |

表5-8中提供了三种过渡方法，在生产中，应根据鸡群的生长发育情况进行选择，当鸡群体重低于标准体重时，一般采用方法1；当鸡群体重符合标准体重时，一般采用方法2；当鸡群体重高于标准体重时，一般采用方法3。

## 3. 饲喂次数

育成前期为了促进鸡的生长，每天喂饲2～3次；育成后期每天喂饲1～2次，一般随周龄增大，次数减少，需要注意喂饲次数是根据鸡的生长发育情况和喂量及饲喂方式而定。体重和体格发育落后时可增加喂饲量和次数，体重发育偏快则减少喂饲量和次数。使用笼养方式，由于料槽容量小，每天可喂饲 2～3 次，采用平养方式使用料桶喂饲，每天可以喂饲 1 次。

### 4. 喂饲量

在实际生产中，一般要参考公司提供的《饲养管理手册》中鸡体重发育和饲料喂饲量标准确定鸡群喂饲量。

### 5. 青绿饲料要求

平养的育成鸡每天可以使用适量的青绿饲料，一般在非喂料时间撒在运动场地面或网床上饲喂，青绿饲料的用量可占配合饲料用量的 20％～30％。青绿饲料要幼嫩、无腐烂、干净、无污染，切碎或打浆后拌入配合饲料中使用。使用青绿饲料最好是多种搭配，合理使用青绿饲料能够促进羽毛生长，减少啄癖。

### 6. 补喂砂粒

为了提高饲料的消化利用效率，笼养育成鸡每 10d 左右应补喂 1 次砂粒，添加量按每只鸡 4～6g 计。砂粒大小应与绿豆相似，洗净晾干后撒在料槽中任其采食。

### 7. 饮水

应符合"充足、清洁"的基本要求。一般情况下不宜限水。

## (四)限制饲养

### 1. 目的

①培育良好的体况(体重、体格)；②控制性成熟过早；③降低产蛋后期的死淘率，及早淘汰弱鸡；④延长经济利用期；⑤节约饲料，提高饲料效率。如果在育成期进行限制饲喂，鸡的采食量比自由采食量减少，可节省 10％～15％的饲料，从而降低饲养成本。

### 2. 方法

蛋鸡限制饲养一般从 9 周龄开始，其限饲方法包括限量法、限时法和限质法。

(1)限量法　就是不限制采食时间，把配合好的日粮按限制量喂给，喂完为止，饲喂量为自由采量的 80％～90％。应用这种方法，必须把握准确鸡的自由采食量，而且每天的喂料量应准确称量，比较麻烦。日粮质量必须符合要求，否则，会因日粮质差导致鸡群生长及发育受到影响。

(2)限时法　分为隔日限饲和每周限饲两种。隔日限饲是把 1d 的饲喂量集中在 1d 喂完。喂料日将饲料均匀地撒在料槽中，然后停喂 1d，料槽中不留料，也不放其他食物，但要供给饮水，特别是炎热天气，这种方法常用于体重超标的育成鸡；限饲方式是每周停喂 1d 或 2d，这种方法可节约饲料 5％。

(3)限质法　是指限制日粮中某些营养成分低于正常水平，从而达到限饲目的。如低能、低蛋白质和低赖氨酸日粮都会延迟性成熟，减少饲料消耗，降低饲料成本。

### 3. 注意事项

(1)限制饲养时应定期抽测体重　只有当育成鸡体重超过标准时，才能实行限制饲喂。因此，要定期抽测体重，一般应抽测鸡群数的 5％～10％，最少不能少于 50 只。如果平均体重超过体重标准，则执行限饲方案，如果低于体重标准时，应增加采食量或恢复正常饲喂，使体重增加，以免产蛋期死亡率提高。

（2）保证足够采食位置　由于限饲，使鸡群处于饥饿状态。因此，喂料后鸡群就可能疯狂采食，若采食位置不足，会出现争食现象，弱鸡由于吃不上食，体重越来越小，体壮的鸡体重越来越大，导致均匀度降低，影响产蛋性能的发挥。在限制饲喂期间，除保证每只鸡有10～15cm的采食位置外，还应留有10%的槽位以保证每只鸡都有充足的采食空间。

（3）限制饲养的鸡群一定要断喙　在限制饲养期间，由于鸡群处于饥饿状态，容易发生啄癖，为了防止啄癖的发生，鸡群在限制饲养前一定要断喙，若在育雏期已断过，在限饲前最好再进行一次修喙。

（4）限饲应注意生产成本　限饲目的是提高鸡的生产性能，同时降低生产成本。但如果限饲不当，造成死亡率增加，生产能力下降，反而会增加成本。因此，当环境条件不好，体重又较轻时，不可进行限制饲养。

（5）限饲必须与控制光照结合　限饲期间，切不可用增加光照等办法刺激母鸡开产，这将会对以后的产蛋造成有害影响。

（6）在限制饲喂前，要进行整群　对于低于体重标准的鸡分开饲喂，不进行限制饲养，以提高鸡群的均匀度，降低死亡率。

（7）其他　在限制饲养过程中，遇到接种、发病、转群等特殊情况时，要停止限制饲养。

### （五）育成鸡光照管理

1. 原则

育成期绝对不能延长光照，产蛋期绝对不能缩短光照。

2. 管理

育成鸡光照管理的重点在于控制其生殖系统的发育，合理调节性成熟期。育成前期鸡群光照时间的长短对其生殖器官发育的影响不显著，但育成中后期的影响则较显著。为了防止鸡群性成熟过早，在育成鸡光照管理上，应随周龄的增长每周的日光照时间逐渐缩短，或育成期采用稳定的短光照（每天光照时间不超过12h）。育成鸡舍内光照强度以5～10lx为宜，满足采食、饮水和饲养人员操作需要即可。

（1）密闭式育成鸡舍的光照管理　密闭式鸡舍不受自然光照时间的影响，光照时间可完全由人工控制，生产上在育成期间可采用每天8h左右的照明时间。在人工光照的时间内安排各种生产操作活动。

（2）有窗鸡舍的光照管理　有窗鸡舍的舍内光照情况受自然光照变化的影响大，育成鸡的光照管理应视出壳时间不同而分别安排。每年4月15日至8月25日期间孵出的雏鸡其育成的中后期（10～18周龄）均处于自然光照时间逐渐缩短的情况。因此，育成阶段完全可以只采取自然光照。在8月25日以后至次年4月15日以前出壳的雏鸡，应查找该批鸡10～18周龄期间当地自然光照时间最长那天的日照时数，将育成期光照恒定为该时间。对于元月下旬到4月初期间出壳的雏鸡其育成中后期自然光照时间可能会较长，生产上可考虑在育成中后期对房舍采取必要的遮光措施。具体操作上可设置黑色窗，在 7：00 以前及 19：00 以后进行遮光，效果尚好。

### (六)其他管理措施

#### 1. 温度与通风

育成鸡最适温度为 18～20℃，炎热夏季育成舍最高不能超过 30℃，冬季最好不低于 14℃，温度过低，育成鸡自身维持需要增多，采食量增加，浪费饲料。一般育成舍温 14℃ 以下时，每降低 0.5℃，饲料消耗增加 1%。另外，育成鸡舍必须有足够的新鲜空气，应做好通风工作。

#### 2. 湿度

育成鸡舍最适宜的相对湿度是 55%～65%。如果舍内湿度过大，各种微生物尤其球虫易繁殖滋生，所以要勤清粪、打扫地面和加强通风，保持适当的湿度。

#### 3. 保持适当密度

如果密度不合理，即使其他饲养管理工作都好，也难以培育出理想的高产鸡群。

#### 4. 减少应激

日常管理工作，要严格按照操作规程进行，尽量避免外界不良因素的干扰。抓鸡时动作不可粗暴；接种疫苗时要慎重；不要穿着特殊衣服突然出现在鸡舍，易导致炸群，影响鸡群正常生长发育。

#### 5. 转群上笼要求

若笼养，到育成后期应把散养的育成鸡及时地转入笼内饲养，一般在开产 2～3 周前 (18 周龄)完成，最好在夜间进行，避免骚乱。上笼后，应让鸡尽快喝上水、吃上料，使不安定的情绪稳定下来。如到接近开产时再转群上笼，往往使开产时间延迟，造成不必要的损失。

#### 6. 选择与淘汰

在育成过程中应观察、称重，不符合标准的鸡应尽早淘汰，以免浪费饲料和人力，增加成本。一般初选在 6～8 周龄，要求体重适中，羽毛紧凑，采食力强，活泼好动，体质结实。第二次在 18～20 周龄，可结合转群或接种疫苗进行，将病、弱、残鸡淘汰掉。对体重过大或过小的鸡单独饲喂，调整喂料量，使其体重适中，与标准体重相吻合。

### (七)育成鸡体重与均匀控制

#### 1. 体重控制

(1)目的 使实际体重达到本品种标准体重±10%范围内，体重过大、过小均易造成体质差，生殖系统发育不完善，对以后的产蛋造成不良影响。

(2)控制方法 第一步是固定时间隔周空腹随机称重，抽取 2%～5% 的个体，记录并计算平均体重；第二步对照标准体重表找出相应周龄的标准体重值，并计算标准体重±10%的体重范围；第三步是比较鸡群的平均体重是否达到标准体重±10%的体重范围，当实际平均体重在标准体重±10%的体重范围内，则说明鸡群体重符合标准体重，下一周喂料量按标准施行。反之则说明鸡群体重不符合标准体重，则下一周必须调整饲养管理措施。表 5-9 列举了三个蛋用鸡种育成阶段的体重标准。

表 5-9　蛋用育成鸡体重发育标准

| 周龄 | 体重(g) | | |
|---|---|---|---|
| | 罗曼褐蛋鸡 | 尼克红种鸡 | 罗曼白蛋鸡 |
| 7 | 583 | 485～525 | 485 |
| 8 | 687 | 575～615 | 560 |
| 9 | 782 | 665～705 | 635 |
| 10 | 874 | 755～795 | 710 |
| 11 | 961 | 840～880 | 785 |
| 12 | 1043 | 925～965 | 855 |
| 13 | 1123 | 1010～1050 | 925 |
| 14 | 1197 | 1095～1135 | 990 |
| 15 | 1264 | 1180～1220 | 1050 |
| 16 | 1330 | 1265～1305 | 1110 |
| 17 | 1400 | 1355～1395 | 1170 |
| 18 | 1475 | 1445～1485 | 1230 |
| 19 | 1555 | 1530～1570 | 1290 |
| 20 | 1640 | 1600～1640 | 1350 |

### 2. 均匀度控制

(1)鸡群均匀度概念　均匀度是鸡群发育的整齐程度。有体重均匀度和胫长均匀度等，在生产实践中对体重均匀度比较重视，一般评定体重均匀度。鸡群均匀度高，鸡群发育整齐，开产时间一致，产蛋高峰也高，产蛋量较多。如果均匀度差，虽然平均体重符合体重标准，但是有许多鸡体重过重或过轻。体重大的鸡开产早，体重小的鸡开产晚，增加管理难度，鸡群达不到应有的产蛋高峰，产蛋量降低。

(2)体重均匀度测评　第一步是在体重测量的基础上进行均匀度的计算。

体重均匀度＝达到平均体重±10％范围内的鸡只数/取样只数×100％

第二步是对均匀度结果进行评定。一般鸡群均匀度的评定分为优秀、较好、合格和不合格 4 个等级。评定标准见表 5-10。

表 5-10　鸡群均匀度评定标准

| 均匀度等级 | 优秀 | 较好 | 合格 | 不合格 |
|---|---|---|---|---|
| 均匀度 | ≥84％以上 | 77％～83％ | 70％～76％ | <70％ |

必须强调，评价育成鸡群优劣，重要的是全群鸡必须均匀一致。但是均匀度必须首先建立在体重标准范围内，脱离了体重标准来谈均匀度是无意义的。因此，一个良好的育成

鸡群不仅体重符合标准，且均匀度高。

在鸡群密度大，过于拥挤，喂料不均匀，断喙不正确，疾病感染时，体重均匀度会受到不利影响。

（3）提高育成鸡均匀度的措施

①保证鸡只均匀采食：育成鸡多数情况下都要控制采食量，实际喂料量为自由采食量的90%左右。为了让每只鸡都吃到尽可能相同量的饲料，生产上要有足够的采食位置，保证每只鸡都能同时吃到饲料；全天的料尽量1次投放；加料的速度尽量快，尤其是在平养情况下。

②保持合适的饲养密度：饲养密度高易造成群内个体大小的明显差异。

③搞好分群管理：育成鸡饲养期间要根据称重及日常检查将体重偏大、偏小的个体分别相对集中安置，形成大体重群、中等体重群和小体重群。分群后要采用"抑"大"促"小的措施，调整喂料量，使之逐渐趋向标准体重。

# 任务三　产蛋鸡饲养管理

产蛋鸡包括商品蛋鸡和蛋用种鸡。产蛋鸡是指140日龄以后处于产蛋阶段的鸡，大中型鸡场商品蛋鸡全部笼养，蛋用种鸡则有笼养和平养两种方式。

## 一、产蛋鸡生理特点

①鸡虽已开产，但在产蛋初期，身体和羽毛还在生长，以达到体成熟，还需一定量的营养物质供给。随着产蛋率和所产蛋重的增加，用于产蛋的营养物质需要也逐渐增加。总之，虽然开产标志着性腺已经成熟，可体成熟并未结束，羽毛的生长也未结束。

②产蛋鸡的新陈代谢很旺盛、代谢强度大，母鸡性器官的生长还未完全结束，因此需供给全价的营养物质，产蛋期日粮中的蛋白质，代谢能水平比育成鸡高。

③产蛋鸡富于神经质，对于生产条件变化非常敏感。母鸡产蛋期间对于饲料配方变化、设备改换，环境温度、湿度、光照、密度的改变及其他应激因素等均很敏感，会对产蛋造成不良影响。因此，要给产蛋鸡营造一个安静的环境。

④产蛋鸡对日粮中钙的需要量比任何时期均大，因此，要求日粮中要有足够的钙，同时钙磷比例应适宜。

## 二、开产前准备

开产前是指开产的前几周到约有80%的鸡开产这段时间。小母鸡在开产前后生理变化很大。为了适应鸡体的生理性变化，配合鸡群向产蛋期转换，为以后的高产稳产做好准备，应做好开产前的准备工作。

### （一）产蛋鸡舍整理与消毒

当小母鸡即将达到性成熟而由育成鸡舍转入产蛋鸡舍时，事先必须对产蛋鸡舍及设备按如下程序进行彻底清洗和消毒，即喷洒消毒(用百毒杀或过氧乙酸等普通消毒剂对舍内进行喷雾预备消毒)→清理设备(移出用具并在舍外指定地点进行冲刷、晾晒、消毒)→鸡舍清扫→用水冲洗→火焰消毒→设备复位→喷洒消毒(封闭门窗及通风孔,选用2%～3%的火碱水或10%的石灰水等烈性消毒药品,按顶棚、墙壁、鸡笼及设备、地面的顺序进行喷洒)→熏蒸消毒(每立方米空间配备42mL福尔马林、21g高锰酸钾,密闭熏蒸24h)

待进鸡的前3d打开门窗通风散味。

### (二)适时转群

转群是指将鸡只从育成鸡舍转入产蛋鸡舍。转群时间一般在17～18周龄,最迟不要超过20周龄,转出前6h停料。具体时间要避开阴雨天气,选择气温适宜的夜间进行转群,以减少应激。转群时应注意以下事项。

①减少鸡的伤残:抓鸡时应抓鸡的双腿,不要只抓单腿或鸡脖;每次抓鸡不宜过多,每只手抓1～2只;从笼中抓出或放入笼中时,动作要轻,防止挂伤鸡的皮肤,装笼运输时,笼内不能过分拥挤。

②转群前在饲料或水中加入镇静剂(如安定、氯丙嗪),可使鸡群安静。另外,利用转群进行疫苗接种,以免增加应激次数。

③转群时将发育良好、中等和迟缓的鸡分栏或分笼饲养:对发育迟缓的鸡应放置在环境较好的位置上(如上层笼),加强饲养管理,促进其发育。

④利用转群将部分发育不良、畸形个体淘汰、降低饲养成本。

⑤转群后要认真观察鸡群状态。并立即提供鸡群饮水、采食,并在饲料或水中添加适量的多种维生素和抗生素2～3d。

### (三)准备产蛋箱

平养蛋鸡产蛋箱的形状、数量、位置及高度对于减少窝外蛋、提高蛋品质非常重要。在鸡群开产前两周,要放置产蛋箱,否则会造成窝外蛋现象。每4～6只母鸡放一个产蛋箱,箱内铺垫草,要保持垫草的清洁卫生。产蛋箱的规格是长40cm、宽30cm、高35cm。为了减少占地面积,产蛋箱可重叠2～3层,下层距地面50cm,上、下层之间安装踏板。产蛋箱要尽量均匀放置,放在墙角或光线较暗、通风良好、母鸡常去的地方。

## 三、产蛋鸡饲养

### (一)饲料要求

目前,蛋鸡生产实践中,制订的饲料营养标准包括两阶段(产蛋前期,开产～42周龄;产蛋后期,42周龄以后),饲料也依此配制(典型配方见表5-11)。保证饲料品质的要求为营养完善、混合均匀、适口性好、颗粒适中、消化率高、无污染。产蛋鸡一般都采用干粉料喂饲,但在炎热的季节和地区也可喂用颗粒饲料,以增加采食量。

在炎热季节或产蛋后期,为了改善蛋壳质量,可以在傍晚喂料时将颗粒状的钙质饲料(贝壳粒或石灰石粒)撒在料槽内供鸡采食,以便夜间体内钙的补充。每次补充喂量按每百只鸡200～300g计。

表 5-11　蛋鸡不同阶段饲料配方举例

| 原料 | 产蛋前期 | 产蛋后期 | 主要营养成分 | 产蛋前期 | 产蛋后期 |
|---|---|---|---|---|---|
| 玉米(%) | 64.76 | 65.40 | 粗蛋白(%) | 16.50 | 16.40 |
| 豆粕(%) | 23.70 | 23.57 | 钙(%) | 3.30 | 3.10 |
| 磷酸氢钙(%) | 0.72 | 0.71 | 总磷(%) | 0.60 | 0.60 |
| 贝壳粉(%) | 8.91 | 8.91 | 食盐(%) | 0.35 | 0.35 |
| 食盐(%) | 0.33 | 0.33 | 赖氨酸(%) | 0.78 | 0.77 |
| 动物油脂(%) | 0.48 | — | 蛋氨酸＋胱氨酸(%) | 0.66 | 0.63 |
| 植酸酶(%) | 0.006 | 0.006 | 代谢能(Mcal/kg) | 2.70 | 2.68 |
| 预混料(%) | 1.00 | 1.00 | | | |
| 蛋氨酸(%) | 0.09 | 0.07 | | | |
| 合计(%) | 100.00 | 100.00 | | | |

## (二)饲喂要求

### 1. 方法及要求

喂料方法有两种，即机械喂料和人工喂料。机械喂料多采用链式喂料机。人工喂料是用加料斗把饲料从料车或袋中添加到料槽内，具有耗费人力、饲料浪费较多、饲料分布不匀等缺点。无论采用何种方法都要求均匀喂料、减少浪费。

### 2. 次数和时间

一般产蛋鸡的日喂料次数为 3 次，早晨开灯后进行第 1 次、中午前后第 2 次、傍晚于关灯前 3h 第 3 次。3 次喂料量分别占全天喂料总量的 35％、25％和 40％，应特别重视早、晚两次喂料。在产蛋前期、高峰期也有日喂料 4 次的，这在小规模生产条件下应用较多，这样有利于刺激采食。

产蛋后期的喂饲次数可以调整为每日 2 次，上午 8：00 前后进行第 1 次，傍晚关灯前约 3h 第 2 次。

### 3. 补喂砂粒措施

笼养鸡每周应补喂 1 次不溶性砂粒，以提高饲料的消化效果。每次每只鸡的用量为 5～8g，砂粒直径为 3～5mm，砂粒喂用前应清洗干净，使用时均匀撒在料槽的饲料表面即可。

### 4. 喂料量要求

产蛋鸡的喂料量应根据品种、饲养方式、气温、饲料营养浓度、适口性、鸡群产蛋量、健康状况、体重等因素确定。产蛋鸡从开产到高峰后两周期间一直采取自由采食，每天早晨喂料时检查料槽中剩料情况，如槽底还有很薄的一层料，说明前一天的喂料量合适；当天可仍照前一天的喂料量加料；如果槽底完全没有一点剩余饲料，说明前一天喂料量少了，当天就要增加喂料量。鸡群产蛋高峰过后 2 周起，为了防止鸡只过肥和减少饲料浪费，应注意限量饲喂。限饲的具体方法是先安排一小群鸡自由采食，每周计算一次这群母鸡每天的平均耗料量，在此基础上于下一周每天给其余的限饲鸡群减少 8％～9％的饲料量。并密切关注产蛋情况，如果产蛋量下降异常，就将饲料量恢复到原来水平。当鸡受应激或气候异常寒冷时，不要减少给料量。

5."净槽"管理

为了使鸡群保持旺盛的食欲，每天必须留有空槽时间，以免饲料长期在料槽内积存，使鸡产生压食和挑食的恶习，进而降低鸡只的采食量。

## (三)饮水要求

产蛋鸡的饮水管理亦应遵循"充足、清洁"的原则。饮水供应充足是保持鸡体正常生理机能和充分发挥良好生产水平的重要条件。饮水不足会影响采食量及饲料的消化吸收，在恢复供水时易出现暴饮。有的养鸡场(户)在夏季为了减轻鸡只的拉稀现象而采取限水措施，这样不利于体内热量的散失，会加重热应激。饮水要符合《无公害食品 畜禽饮用水水质》(NY 5027—2008)标准。水质不佳会明显影响鸡群健康、产蛋量和蛋壳质量。必要时，饮水应经过消毒和过滤处理。

## 四、产蛋鸡管理

### (一)环境调控

1. 温度

产蛋鸡的适宜环境温度为 13～23℃。一般应保持在 7～22℃，冬季室温不宜低于 4℃，夏季不宜超过 30℃。一般认为商品蛋鸡在 27℃ 条件下产蛋率不会下降，但低于 16℃时，饲料利用率下降。在 25℃时，消耗饲料最少。

2. 湿度

鸡舍内的湿度与温度有关，不同的温度下，鸡所感受的适宜湿度不同，高温高湿、低温低湿对鸡的生产性能均有较大影响。产蛋鸡的适宜湿度为 60%～70%。相对湿度过低，可采用喷雾或向禽舍地面喷水提高禽舍相对湿度。湿度过高时，可加大通风量进行排湿。

3. 通风

通风良好，保证舍内空气新鲜，使舍内无臭味，给鸡创造一个良好的生活环境。通风一定要和保温协调控制。舍内有害气体的含量均不能超越以下标准：氨气 20mg/L、二氧化碳 0.15%、硫化氢 0.01%。

4. 光照

光照是影响产蛋率的一个重要因素。光照可以控制性成熟、促进产蛋，也可造成鸡疲劳和啄癖等现象。

(1)光强 产蛋鸡的光照强度一般控制在 10～20lx。

(2)光照时间 生产当中常采用 14～16h 光照条件。当光照强度为 10lx，而光照时间少于 10h，则产蛋率下降。超过 18h，产蛋率亦下降。

①密闭式鸡舍：在育成期每天 8～9h 光照的基础上，每周增加 15min 或每 2 周增加 0.5h，直至增加到 16h 光照。产蛋高峰期光照时间应保持在 16h，宜多不宜少，但不得超过 18h。

②开放式鸡舍：自然光照加人工光照，一般于早、晚各开灯一次。开产时，也同样需

要渐增的补光方法。按照育成鸡 19 周光照时间为 12h，则每周增加 20min，直至 32 周龄达 16h，以后一直保持不变。如 19 周自然光照已达 14h，则以后每周增加光照时间 15min，直到 28 周龄达 16h，以后保持不变。

（3）产蛋鸡舍内光源布局　产蛋鸡舍内采用的灯泡一般在 25～60W 之间，灯高 2.1～2.5m；灯距为高度的 1.5 倍；灯泡悬于走道上空，每排灯应交叉排列。灯泡加罩，并保持相对稳定不晃动。开灯时由少到多，关灯时则由多到少，严禁一次性开灯和一次性关灯。

5. 饲养密度

产蛋鸡的饲养密度直接影响着鸡的采食、饮水、活动、休息和产蛋，所以必须保证合理的密度。不同饲养方式，不同类型鸡种饲养密度不同。笼养下，轻型蛋鸡约为 380cm² 的笼底面积，中型蛋鸡约为 480cm²。网上平养下，白壳蛋鸡为 10.8 只/m²；褐壳蛋鸡为 8.6 只/m²。

6. 保持安静环境

如抓鸡、运输、饥饿、预防注射、高温、寒冷、有害气体、强光刺激、噪声、病等应激可以导致产蛋量的大幅度下降，使生产上遭受很大的损失。因此，产蛋鸡要求有一个相对的安静环境，减少应激反应。

## （二）日常管理

1. 观察鸡群状况

①在清晨舍内开灯后，观察鸡群的精神状态和粪便情况，及时发现和分析异常情况。健康鸡羽毛紧凑，冠脸红润，活泼好动，反应灵敏。健康鸡的粪便盘曲而干，呈灰褐色，上面覆有一些灰白色的尿酸盐，偶有一些茶褐色黏粪为盲肠粪。若粪便发绿或发黄而且较稀，则说明有感染疾病的可能。夏天鸡喝水多，粪便较稀是正常现象，其他季节若粪便过稀则与消化不良、中毒或患某些疾病有关。

②夜间关灯后，注意倾听鸡是否有呼噜、咳嗽、甩鼻等异常声音，发现异常，及时上报技术人员。

③喂料给水时，要观察饲槽、水槽的剩余情况，以及结构和数量是否适应鸡的需要。检查水槽流水是否通畅、有无溢水现象，若是用乳头式饮水器则检查有无漏水或断水问题。检查料槽有无破损，槽内饲料分布是否均匀，槽底有无饲料结块。观察水槽、料槽的放置位置，是否会因笼的横丝影响鸡的饮水、采食。

④观察有无啄癖鸡，及时采取防制措施。

⑤及时淘汰过迟开产和开产后不久就换羽的鸡：到了 200 日龄耻骨尚未开张，为未开产鸡；刚产蛋几个月就换羽的，为停产鸡，都应及时淘汰。

2. 检查舍内设备

检查窗户是否有破损，是否能固定；灯泡有无损坏，是否干净；风机运转时有无异常声音，其百叶窗启闭是否灵活；笼网有无破损，是否有鸡只外逃或挂伤，蛋是否能顺利地从笼内滚到盛蛋网中，是否会从缝隙中掉下。

3. 拣蛋与检查产蛋情况

产蛋期间每天 11：00、14：00、18：00 应分别进行拣蛋。拣蛋时将破蛋、薄（软）壳蛋、双黄蛋单独放置，拣蛋后应及时清点蛋数并送往蛋库，晚上拣的蛋若不能送交蛋库，也应有专门的房间暂存，不能在舍内过夜。同时应注意观察蛋壳颜色、蛋壳质地、蛋的形状和重量与以往有无明显变化。

### 4. 检查舍内环境状况

每天早上开灯后和中午，检查记录舍内温度、相对湿度；每次上班时注意观察舍内有无刺鼻的气味；检查舍内光线强弱、分布是否均匀。若有问题应及时采取调节措施。

### 5. 搞好生产记录

这是生产管理工作的基本内容，通过对日常管理活动中的死亡数、产蛋数、蛋重、料耗、舍温、饮水等实际情况的记录，反映鸡群的实际生产动态和日常活动的各种情况，以便了解生产和指导生产。

## (三)产蛋鸡卫生管理

产蛋期间应加强卫生防疫工作，避免存在致病因素对鸡群健康产生不良影响。

### 1. 采用全进全出制

同一批鸡应同一时间进入鸡舍，同一时间出栏销售。不应把不同批次的鸡群混养于同一舍内，这样做不仅便于饲养管理措施的制定和实施，更可有效防止疫病的相互感染。

### 2. 搞好带鸡消毒工作

鸡群转入产蛋鸡舍后，就应经常性地进行带鸡消毒，冬季每周2次、春季和秋季每周3～4次，夏季每日1次。采用喷雾消毒方式，使雾滴均匀遍及舍内任何可触及的地方，保证单位空间内消毒药物的喷施量。消毒药物应符合几项要求：消毒效果好、无刺激性、无腐蚀性、对家禽毒性低。同时几种化学性质不同的药物应交替使用。

### 3. 消毒饲喂用具

水槽应每日清洗消毒，料槽应每周消毒1次。料车、料盆、加料斗不能作他用，保持干燥、清洁，并每周消毒1次。

### 4. 病死鸡处理

从舍内挑出的病鸡、死鸡存放在指定处，并请兽医诊断，不允许乱放、乱埋，以减少场区内的污染源。

### 5. 消灭蚊蝇

夏、秋季节蚊子、苍蝇较多，它们不仅干扰鸡群的生活，还会传播疾病，冬季鸡虱比较常见。因此，舍内、外应定期喷药灭虫。

### 6. 定期清理粪便

粪便在舍内堆积，会使舍内空气湿度、有害气体浓度和微生物含量升高，夏季还容易滋生蝇蛆。采用机械清粪方式应每天清粪2次、人工清粪应每2～4d清1次，清粪后要将舍内廊道清扫干净。

## (四)减少饲料浪费

蛋鸡生产总成本中约有65％来自于饲料，据有关统计报道，蛋鸡日常生产中浪费的饲料占其耗料量的3％～5％，对于一个2000只鸡的鸡舍来说，所浪费饲料的价值约相当于

1位工人的工资。减少饲料浪费的措施，主要有以下几方面可以参考。

### 1. 料槽的结构选择与维护

在人工加料情况下，使用外侧外伸型料槽与断面为方形的料槽相比，可减少加料时的浪费。料槽内侧壁上沿内折的，也可减少鸡采食时饲料的外撒。料槽接口脱开、破裂、堵板丢失都会造成饲料的严重浪费。

### 2. 优化喂料过程

人工加料时饲养人员的加料操作熟练程度和责任心，会明显反映在笼下掉的饲料多少上。机械喂料若链片运行受阻，则造成局部饲料堆积而从槽沿落下。加料次数过多则可能浪费越多。每次加料量也需控制，以不超过槽深的1/3为宜。

### 3. 防止饲料变质

发霉饲料不能喂鸡。因漏水造成的湿料，应匀开让鸡只尽快吃完，料槽内的积水应尽快排出，不能使饲料长时间受浸泡。定期清理料槽，避免饲料长时期槽内积淀，防止结块。

### 4. 饮水设备的影响

使用乳头式饮水器与水槽相比，每只鸡每天可少浪费饲料2～3g。使用水槽时(以长流水方式供水)，槽内水深1cm时比2cm时少浪费料，在室外设置沉淀池，可将水槽中流失的饲料收集起来用于养猪、养鱼等。

### 5. 及时淘汰停产、伤残鸡

在产蛋期间，根据鸡只的外貌和生理特征及体态，经常性地淘汰停产、伤残鸡。停产鸡从外貌上表现为鸡冠苍白或发绀并萎缩，精神萎靡，从生理特征上表现为耻骨间距变窄(小于2指宽)、肛门干燥紧缩。

## (五)减轻应激影响

应激会造成产蛋鸡生产性能、蛋品质量及健康状况下降，在生产中应设法避免应激的发生。

### 1. 引起应激的因素

生产中会引起鸡群发生应激反应的因素很多，如缺水、缺料、突然换料；温度过高、过低或突然变化；光照时间的突然变化(停电光照不足或夜间没关灯)；突然发出的异常声响(鸣喇叭、大声喊叫、工具翻倒、刮风时门窗碰撞等)；陌生人或其他动物进入鸡舍；饲养管理程序的变更；疫苗或药物的注射等。

### 2. 减少应激的措施

针对上述引起应激的原因，生产管理上应注意采取以下几项措施：

①保持生产管理程序的相对稳定：每天的加水、加料、拣蛋、消毒等生产环节应定时、依序进行。不能缺水、缺料。饲养人员不宜经常更换。

②防止环境条件的突然改变：每天开灯、关灯时间要固定。冬季搞好防寒保暖工作，夏季做好防暑降温工作，防止高温、低温带来的不良影响；春季和秋季在气温多变的情况下，要提前采取调节措施；夏、秋雷雨季节要防止暴风雨的侵袭。

③防止惊群：惊群是生产中容易出现的危害，也是较严重的应激。生产区内严禁汽车

鸣喇叭，严禁大声喊叫，舍内更不能乱喊叫，门窗打开或关闭后应固定好，饲养操作过程动作应轻稳，陌生人和其他鸟、兽不能进入鸡舍。

④更换饲料应逐渐过渡：生产过程中不可避免地要更换饲料，但每次更换饲料，必须保证5d左右的过渡期，使鸡只能顺利地适应。

⑤尽量避免给药：产蛋期间应尽可能避免采用肌肉注射方式进行免疫接种或抗菌药物治疗，以免引起卵巢肉样变性或卵黄性腹膜炎。

⑥当某些应激不可避免地要出现时，应提前在饲料或饮水中加入适量复合维生素和维生素C。

### (六)降低破蛋率

破蛋的商品价值低，生产中破蛋率一般在2%～5%，也有更高的。减少破蛋的措施有以下几个方面。

**1. 提高饲料质量**

饲料中钙和磷的含量及两者之间的比例，钙、磷的吸收利用率，维生素D的含量等都对蛋壳的形成有一定的影响；锰含量不足会降低蛋壳强度。氟、镁含量过高也会使蛋壳变脆。因此，饲料中各种营养成分含量和比例要适当，有害元素含量不能超标。

**2. 合理设计安装笼具**

笼底的坡度以8°～10°为宜，过小则蛋不易滚出，过大则蛋滚动太快易破损。笼的底网应有一定弹性。两组笼连接处应用铁丝将盛蛋网连在一起，以免缝隙过大使蛋掉出。前网与底网之间距离应保持正常高度，料槽底部与底网间也应有一定距离以保证蛋不被卡住。底网铁丝断开或脱焊应及时修补或将该单笼内的鸡只转出。笼架要有较高的强度，防止使用中出现变形。

**3. 增加拣蛋次数**

每天拣蛋次数较多时，可以减少因相互碰撞而引起的破裂，也可减少因鸡只啄食而造成的破损。

**4. 保持鸡群健康**

呼吸系统感染、肠炎、输卵管炎、非典型新城疫等，都会引起蛋壳变薄或蛋壳质地不匀，甚至出现软壳蛋和无壳蛋。因此，做好卫生防疫工作，保持鸡群健康，对维持较高的产蛋量和良好的蛋壳质量，都是十分重要的。

**5. 缓解高温影响**

当气温超过25℃时蛋壳就有变薄的趋势，超过32℃则破蛋率明显增高。其原因在于高温影响钙、磷的摄入和利用，且血液中碳酸氢根离子浓度下降。

**6. 防止惊群**

产蛋鸡受惊后可能会造成输卵管发生异常的蠕动，使正在形成过程中的蛋提前产出，造成薄壳、软壳或无壳蛋的数量增多。惊群还可能会因鸡只的骚动而造成笼网变形，挤破或踩破蛋。

### 7. 防止啄蛋

啄蛋是鸡异食癖的一种表现。除常拣蛋外，对有啄蛋癖的鸡，应放在上层笼内，若其本身为低产鸡，则可提前淘汰。

### 8. 加强管理

减少蛋在收拣、搬运过程中的破损。

## (七)蛋鸡季节性管理

鸡对能量的需求受环境温度影响比较大，当环境温度高于适宜温度区上限时，鸡的能量需求量降低。据测定，环境温度每上升1℃，鸡维持需要的能量降低4％。鸡舍环境温度低于适宜温度区下限时，鸡对能量需求量增高，温度每下降1℃，维持需要的能量增加0.6％，产蛋鸡的适宜温度区为10～25℃。因此，在不同的季节里要根据气候变化等环境因素以及鸡群自身的情况，调整日粮并采取综合性措施管理鸡群，这样才能保证产蛋高峰期鸡的优良生产性能得到充分发挥。

### 1. 春季管理

春季气候由冷变暖，气温逐渐回升，日照逐渐增长，是鸡群产蛋的好季节。预产期和产蛋高峰前期的鸡需要大量营养物质来满足其产蛋和增重的需要。所以在这段时间里要适当提高日粮的营养水平，否则难以满足鸡的营养需求。此季节日粮能量应达到2.75～2.85Mcal/kg，粗蛋白达到17.5％～18.5％。

初春时节，乍暖还寒，昼夜温差大，应根据情况逐渐地撤去防寒设施，要注意避免鸡群受寒。春季是微生物大量繁殖的季节，蚊蝇等昆虫也开始滋生繁殖，而多风多雨的气候特点又利于疾病传播，搞好环境卫生和加强防疫应列为日常管理工作的重点。入春以后，应对鸡舍内外和整个鸡场内外彻底地清扫消毒一次，以减少疾病的发生隐患。

### 2. 夏季管理

高温高湿的夏季是一年之中鸡群最难过的季节。酷暑使鸡群长时间的喘息，饮水量大增而食欲下降，采食不足，很容易造成产蛋率和体质的下降，并影响抗病能力。因此，本季工作的重点在于防暑，创造条件让鸡群安全度夏，可以把鸡喘息看作鸡受热应激的标志，鸡每天热喘息的时间越长，对生产和体质的影响越大。夏季防暑降温，缓解热应激，应采取的措施包括以下几个方面。

(1)遮阴 在房舍周围栽植高大阔叶乔木，在进风口(窗)设遮阳棚等。

(2)减轻屋顶的热负荷 如将屋顶涂白，以增强其热反射能力；在屋顶喷水以降低屋面温度。

(3)加大舍内气流速度 使舍内气流速度不低于1m/s。

(4)降低进舍空气温度 在进风口装设湿帘类设备，或将地下室内空气引入舍内。

(5)舍内喷水 在舍内气流速度较快的情况下向舍内喷水，水在吸收舍内空气中热量后，被吹出舍外而将舍内热量带走。也可在中午高温时，向鸡的头部喷水以防中暑。

(6)调整饲料营养 提高饲料营养浓度，以便在采食量下降的情况下，保证其主要营养成分的摄入量无明显减少。

(7)改善饲养管理 保证充足、清凉洁净的饮水供应，在早晨、傍晚气温较低时，加强饲喂以刺激采食，用湿拌料促进采食。防止饲料变质变味。

(8)使用抗热应激添加剂　如饮水或饲料中添加0.03％的维生素C或0.5％碳酸氢钠、1％的氯化铵，添加中草药添加剂，饮水中添加补液盐等，都可在一定程度上缓解热应激反应。

(9)消灭苍蝇　采取一些合理的措施消灭苍蝇等。

### 3.秋季管理

秋高气爽，天气凉快，鸡的精神、食欲都大有改观。为此人们常常容易放松对鸡群的管理。俗话说"多事之秋"，秋天也是鸡群容易出问题的季节，应该根据季节和鸡群情况注意管理。

(1)注意温差　秋天昼夜的温差增大，时有冷空气由北方南下，使气温骤然下降。所以必须关注天气预报，注意夜间的保暖，避免鸡群因着凉而引发呼吸道病。

(2)增强光照　夏至之后，日照时间逐渐缩短，要注意在早晨和夜间补充光照，维持鸡舍的光照时间，一般可在早晨5：00开灯补光，晚上21：00关灯，保持每天16h的光照。

(3)根据鸡群情况调整饲料营养　鸡食欲好转，但不能马上降低营养水平。在夏季饱受煎熬的鸡，体质需要一个恢复时期，为了让鸡群能安全度过冬季，秋季正是鸡群恢复体力，养精蓄锐的时机。为了使鸡群有充沛的体力，能持久地高产，进入秋季之后，仍应该根据鸡群情况给予适当的营养，对于还在产蛋高峰和体况不太理想的鸡，在注意饲料营养浓度、营养平衡的同时，适当多补充些维生素。

(4)加强管理　在自然状态下，秋季正是鸡停产换羽、准备过冬的时节。特别是日龄较大的鸡，本身就存在产蛋率下降的趋势，在低温等应激因素的冲击下，就会出现较多的鸡停产换羽，加速产蛋率的下降。因此秋季管理要在稳定环境上下功夫。

(5)做好越冬的准备　对场区环境要进行一次彻底清扫、消毒。入冬之前应清理舍内鸡粪，以减少冬季舍内的氨气。应提前做好防寒准备，特别要注意让鸡群免受第一次寒流的冲击。

### 4.冬季管理

(1)冬季管理重点在防寒　要尽可能地将舍温维持在8℃以上，蛋鸡舍饲养密度较大，一般情况下可以靠鸡的体温来维持舍温，但在寒流侵袭的几天之内，采用一些取暖措施是很有必要的，可以减少因为寒冷引起的生产波动。对于背部和颈部羽毛损失较多的老龄鸡，在低温下容易因散热过多而影响生产；并有可能因此而增加15％～20％的采食量，一般情况下应尽可能的维持鸡舍较高的温度。从20℃以下舍温每降1℃，鸡的采食量就可能增加1.2％，提高舍温，有利于节省饲料。

(2)调节冷暖风　在管理中还要注意直接吹到鸡身上的"贼风"。通风口应该设置挡风板，一般冬季的通风口应设在鸡舍上方，并利用挡风板使进入的冷空气先吹向一上方，与舍内暖空气混合后再降到鸡身上。

(3)注意通风换气　冬季容易出现的管理失误是只注意鸡舍的保温而忽视通风换气，这是冬季鸡群发生呼吸道病的主要原因。舍内氨气浓度过大，空气中的尘埃过多，会使呼吸道黏膜充血、水肿、气管纤毛逆摆动，从而失去正常的防卫机能，成为微生物理想的滋生地，而吸入气管内的尘埃又含有大量的微生物，容易发生呼吸道疾病。寒流的袭击、鸡的感冒会使这种情况变得更为严重。所以冬季的管理中，要保持鸡舍内有比较稳定的适宜温度，同时必须注意通风换气，为使舍内污浊有害空气能迅速换成新鲜空气，应该每隔1～2h开几分钟风机，或大敞门窗2～3min，待舍内换上清洁新鲜的空气后再及时关上门窗。

（4）加强能量供给　冬季鸡的能量需要增加，鸡的采食量增大，通常可以提高饲料的能量水平，降一些粗蛋白水平。一般的中型蛋鸡每天大致需3280～3380kcal代谢能和18g左右的蛋白质。

## 五、产蛋鸡常见问题处理

了解蛋鸡产蛋期易发生的问题，并做好防治工作，对提高蛋经济效益十分有益。

### (一)鸡脱肛

脱肛多发生于蛋鸡产蛋盛期。诱因一般包括育成期运动不足、鸡体过肥、母鸡过早或过晚开产、日粮中蛋白质供给过剩、日粮中维生素A和维生素E缺乏、光照不当或维生素D供给不足，以及一些病理方面的因素，如泄殖腔炎症、鸡白痢、球虫病及腹腔肿瘤等。

重症鸡大部分愈后不良，没有治疗价值。一旦发现脱肛鸡，要立即隔离，症状较轻的鸡，可用1%高锰酸钾溶液将脱出部分洗净，然后涂上紫药水，撒敷消炎粉或土霉素粉，用手将其按揉复位。比较严重经上述方法治疗无效的，可采用肛门胶皮筋荷包式缝合法缝合治疗，即病鸡减食或绝食2d，控制产蛋，然后在肛门周围用1%普鲁卡因注射液5～10mL分3～4点封闭注射，再用一根长20～30cm的胶皮筋做缝合线（粗细以能穿过三棱缝合针的针孔为宜），在肛门左右两侧皮肤上各缝合两针，将缝合线拉紧打结，3d后拆线即可痊愈。

### (二)产薄壳蛋

#### 1. 发生原因

①日粮中钙的含量不足，一般产蛋鸡日摄取钙量为3～4g，低于这个标准就会产薄壳蛋。

②饲料中维生素D含量不足，特别是维生素$D_3$不足。维生素$D_3$在鸡新陈代谢过程中，起到促进钙、磷吸收作用，若钙吸收不好，血钙不足，鸡便产薄壳蛋。

③饲料中钙磷比例失调：饲料中磷的比例过高，将阻止或降低钙的吸收水平。饲料中钙、磷的正常比例应为2∶1或3∶2。

④鸡舍温度过高，鸡采食量减少，钙摄取不足，容易使鸡产薄壳蛋。

⑤鸡呼吸性氨中毒：氨中毒会使鸡体内失去较多的二氧化碳，致使形成碳酸钙的碳酸根离子不足，也能引起鸡产薄壳蛋。

⑥产蛋时间问题，一般鸡场上午8∶00左右饲喂，白天血钙浓度高，鸡形成蛋过程中钙的分泌量充足，所以下午产的蛋，壳较厚。而上午产的蛋是在夜间形成的，夜间鸡处在休息状态，采食特少，血钙浓度过低，所以上午的蛋，壳较薄。

#### 2. 防治方法

①在日粮中增加0.5～1g钙，观察蛋壳厚度的变化。如果蛋壳厚度增加，说明缺钙，

如果蛋壳出现畸形说明缺少维生素 $D_3$，应加以补充。

②夜间补充一次钙粒，直径为 2～3mL 左右。颗粒状能引起鸡的食欲，提高其采食量，从而提高体内血钙浓度。

③计算日粮中有效磷含量是否正常。一般产蛋前期有效磷含量可占日粮的 0.3％～0.35％。

④夏季要注意加强鸡舍的通风换气，及时清理粪便，防止氨气浓度过高引起中毒。

⑤炎热季节鸡舍要采取降温措施，舍内温度最好保持在 18～23℃；同时要适当提高饲料中能量和蛋白质水平及矿物质含量，这样即使鸡的采食量下降也可维持正常营养需要。

⑥加强饲养管理，鸡舍保持安静，消除噪声，尽量减少鸡应激反应的发生，创造一个良好的产蛋环境。

### (三)蛋黄颜色浅

#### 1. 发生原因

①饲料中片面增加钙的含量。因为日粮中钙的含量能影响色素沉积，导致颜色较浅。

②过量摄入饲料中的霉菌毒素，会降低血清中的色素，因此也会影响蛋黄增色。

③鸡患球虫病、沙门菌病、新城疫、肠道寄生虫病等，都会使蛋黄颜色变浅。

④给鸡投喂驱虫类药物，也会影响蛋黄的颜色。

⑤饲喂青饲料过多、精料过少也会导致蛋黄色浅。

#### 2. 应对措施和方法

①减少饲料中白玉米的含量，尽量饲喂黄玉米。在保证产蛋性能的前提下，适当降低饲料中维生素 A 及钙的含量。

②饲喂胡萝卜茎叶或其下脚料，喂量占日粮的 5％～10％。

③在日粮中添加 0.3％的红辣椒粉。

④苜蓿晒干、粉碎，按 5％～8％的量加入到饲料中。

⑤采集松针叶、槐树叶等，晒干、粉碎，按 5％～8％的量加入到饲料中。

⑥橘子皮晒干、粉碎，按日粮 2％～5％的量加入到饲料中。

### (四)抱窝

#### 1. 发生原因

①遗传因素：抱窝性可以遗传，公母鸡对后代都有影响，现代的白壳蛋鸡一般不抱窝，其他通常均有抱窝性。

②与内分泌有关：当脑下垂体分泌的催乳素增多时，母鸡卵巢萎缩，出现抱窝现象。

③与环境条件有关：一般多发生于气温逐渐升高的春末夏初季节，在幽暗的环境和产蛋箱内积蛋不取，都可诱发母鸡抱窝。

#### 2. 防治方法及措施

母鸡抱窝停产期一般在 20d 左右，长的可达 1～2 个月，影响全年产蛋量。发现抱窝时，及时采取醒抱措施，可促使醒抱或缩短抱窝期，通常采用以下几种方法。

(1)改变环境法　将抱窝鸡取出，放在凉爽通风而光亮的地方，不放产蛋箱，多喂青饲料；把母鸡关在笼内，悬挂于空中；将母鸡罩在一浅水盆里，使之只能站不能蹲抱。

(2)药物醒抱法

①每日或隔日胸肌注射丙酸睾丸素 12.5mg/kg，效果很好，但用量过大会出现雄性反应。

②每只鸡肌注 20%硫酸铜溶液 1mL，连续 4～5d。

③服用醒抱散，抱鸡在 1～5d 内苏醒。

# 任务四　蛋用种鸡饲养管理

## 一、蛋用种鸡培育目标

①获得健康、高产和稳产的蛋种鸡群。

②获得最多的合格种蛋数。

③获得最高的产蛋率和最佳的蛋重(50～60g)。

④使种蛋的破损率降到最低，减少因破损而降低种蛋的合格率。

⑤获得最高的出雏率和最多的健康雏鸡。

⑥最大限度地降低种蛋的饲料成本。

⑦最大限度地降低种公鸡的费用。

## 二、蛋用种鸡饲养管理技术

### (一)后备种鸡饲养管理

后备种鸡的饲养管理在环境条件要求和饲料营养水平控制方面与商品蛋鸡无明显差别。额外饲养管理措施包括以下几个方面。

#### 1. 分群管理

作为蛋种鸡，一般有两个系或组合(父母代)或四个系(祖代)，个别有三个系的。各个系的鸡群在遗传特点、生理特点、发育指标等方面有一定差异，应该按系分群进行管理。不同的系，有的只饲养公鸡、有的只饲养母鸡，分群也有利于管理。

#### 2. 选择淘汰

对于公鸡和母鸡应在 6 周和 18 周龄前后进行，淘汰那些畸形、伤残、患病和毛色杂的个体。这两次选择时，留用的公鸡数占母鸡数的 12%～14%。

对于采用人工授精繁殖方式的蛋种鸡，公鸡应在 22～23 周龄期间进行采精训练，根据精液质量，按每 25 只母鸡留 1 只公鸡的比例选留。

#### 3. 白痢净化

这是种鸡场必须进行的一项工作，可在 12 周龄和 18 周龄时分别进行全血平板凝集试验，在鸡群开产后每 10～15 周重复进行 1 次，淘汰阳性个体。要求种鸡群内白痢阳性率不能超过 0.5%。

#### 4. 强化免疫

种鸡体内某种抗体水平高低和群内抗体水平的整齐度会对其后代雏鸡的免疫效果产生直接影响。

种鸡开产前，必须接种新支减三联苗、传染性法氏囊炎疫苗，必要时还要接种传染性脑脊髓炎疫苗等。

### 5. 公母混群

采用自然交配繁殖方式的种鸡群，在育成末期将公鸡先于母鸡7～10d转入成年鸡舍。

## (二)产蛋期种母鸡管理

种鸡产蛋期的日常管理是认真负责地执行各项生产措施并及时发现和解决生产问题，以保证高产和稳产。

### 1. 转群时间控制

由于种鸡比商品蛋鸡通常要推迟1～2周开产，所转群时间比商品鸡推后1～2周。及时转群能让育成母鸡对产蛋舍有个熟悉的过程，可减少脏蛋、破损蛋，提高种蛋的合格率。

### 2. 控制生产日龄

种鸡开产过早，蛋重小、蛋形不规则，受精率低，易引起早衰，降低种蛋数量。因此，必须在种鸡生长阶段通过控制光照、限制饲喂等措施延迟其开产日龄。

### 3. 观察鸡群

产蛋期每天必须认真观察鸡群。了解鸡群的健康和采食情况，挑出病、死、弱和停产的鸡。发现问题要及时报告并给予妥善解决。

①病鸡的特征：精神萎靡，冠色苍白或呈黑紫色，羽毛松乱，没有食欲，粪便颜色和形状异常。

②不产蛋鸡的特征：冠小或萎缩而苍白，眼圈和喙的基部呈黄色，肛门干燥，耻骨间距小。及时发现和淘汰这些鸡，可以提高全年的产蛋量和饲料效率。

### 4. 维修工作

在冬天或夏天到来之前，要认真检修门窗和风机，准备好保温和降暑所用的工具设备。

## (三)种公鸡饲养管理

### 1. 种公鸡选择

第一次选择在6～8周龄时，选择个体发育良好，胸肩宽阔、腿爪强健，冠、髯大且鲜红的个体，淘汰生长发育不良、体质差、有生理缺陷的公鸡，公母选留比例为1∶10。

第二次选择在17～18周龄，选择发育良好、活泼健壮、腹部柔软、姿势雄伟、按摩时有性反应的符合品种标准的个体，淘汰体弱、体重过大或过小、有生理缺陷、性反射不强烈的个体，公母选留比例为1∶(15～20)。

第三次选择在20周龄，选择射精量多、精液品质好和体重符合标准的个体，淘汰性欲差、采不出精液、精液品质差的个体。公母选留比例为1∶(20～30)。对公鸡通过一段时间的按摩采精反应训练，被淘汰的约为3%～5%。如果是全年实行人工授精的种鸡场，应留有15%～20%的后备公鸡。

### 2. 种公鸡饲养管理技术

(1)种公鸡的营养与饲料　自然交配的公鸡，配种季节每天的交尾频率非常高，体力消耗大，应注意加强种公鸡的营养。在人工授精条件下的种公鸡，饲养管理尤为重要，应调整日粮营养水平，否则会影响采精量、精子浓度和活力，使精液品质下降。还要适当增加蛋白和维生素 A、E，以提高精液品质。公母鸡混养时，应设公鸡专用食槽，放在较高的位置，让母鸡无法吃到，以弥补公鸡营养的不足。

目前对种公鸡的日粮营养需要量仍无统一标准，一般与母鸡使用同样的饲料，在配种期适当提高蛋白质和维生素水平，这样就能取得满意的受精率。生产实践证明，种公鸡配种期间代谢能为 10.8～12.12MJ/kg，粗蛋白质 12%～14% 的日粮最为适宜。采用下列维生素水平可保持良好的繁殖性能。维生素在每吨饲料的添加量：维生素 A 为 2000 万 IU、维生素 E 为 30g、维生素 $B_1$ 为 4g、维生素 $B_2$ 为 8g、维生素 C 为 150g。

(2)剪冠、断喙、断趾

①剪冠：种公鸡成年后，在体内激素的调控下，鸡冠发育较大。过大的鸡冠在后期生产中容易出现啄破、挂伤或冻伤的情况。切除鸡冠后成年公鸡的鸡冠残留比较小，在采食和饮水中头部更易伸出笼外，冬季能防止鸡冠被冻伤。因此，对于父本公鸡，在接入育雏室时应进行剪冠处理(即在 1 日龄进行)。其目的在于易和羽色相同的母本鸡相区别，减少公鸡冠的剐伤或平养时公鸡相互啄斗引起的损失。

剪冠可用手术剪，在贴近头部皮肤处将雏鸡的冠剪去：冠基剩余得越少越好。剪冠后用酒精或紫药水、碘酒进行消毒处理。注意不能剪破头皮。

②断喙：采用笼养方式时断喙要求与商品蛋鸡相同。若采用自然交配繁殖方式，母鸡断喙要求与前相同，但是公鸡上喙只能断去 1/3，成年后上、下喙基本平齐。公鸡喙部断去过多会影响交配过程(有的自然交配的公鸡不断喙)。

③断趾：为了防止公鸡自然交配时刺伤母鸡背部或人工授精时抓伤工作人员。在 1～3 日龄期间要对公鸡进行断趾，断趾可使用断趾器或断喙器，将第一和第二趾从爪根处切去。

(3)环境要求

①光照：在 9～17 周龄间，可恒定 8h 光照，至育成后期每周增加 0.5h，直至 12～14h。12～14h 的光照可使公鸡产生优质的精液。光照强度在 10lx 即可维持公鸡的正常生理活动。

②温度：成年公鸡在 20～25℃ 环境下，可生产理想品质的精液，当温度高于 30℃ 或低于 5℃ 时，都会严重影响公鸡的性功能。

(4)促进运动量　可以采用地面垫料和板条高床饲养相结合增加种公鸡的运动量，也可在供应饲料时将谷粒饲料撒在垫料上，促进种公鸡运动。

(5)体重检查　为了保证整个繁殖期公鸡的健康和精液的品质，应每月检查一次体重，凡体重过低或超过标准 100g 以上的公鸡，应暂停采精或延长采精间隔，并另行单独饲养，以使公鸡尽快恢复体质。

## 三、人工强制换羽技术

### (一)概念

所谓人工强制换羽，就是人为地给鸡施加一些应激因素，在应激因素的作用下，使其停止产蛋、体重下降、羽毛脱落，从而更换新羽。目的是使整个鸡群在短期内停产、换羽、恢复体质，然后恢复产蛋，提高蛋的质量，从而达到延长蛋鸡的经济利用期。

### (二)意义

**1. 节省饲料**

强制换羽断料时间长达 10d 以上，少吃 1kg 以上的饲料。

**2. 改善蛋的品质**

母鸡产蛋一年后，薄壳蛋、畸形蛋增加，破损率增高，强制换羽后蛋壳变厚。第二个产蛋期的蛋重约比第一个产蛋期大 6%～7%。强制换羽措施使母鸡子宫腺中的脂肪耗尽，分泌蛋壳的功能恢复，从而改善蛋的品质。

**3. 调节蛋供应**

当蛋的价格低于成本时，可采用强制换羽，使鸡停产，以减少经济损失。

**4. 淘汰劣质种鸡和提高种蛋合格率**

对于那些病、弱、残等处于亚健康状态的种鸡，经过强制换羽后容易死亡。实际起到了自然淘汰选择的作用。种鸡强制换羽能促使鸡群产蛋，种蛋合格率提高 7.1%，孵化率提高 3.1%。

### (三)原理

鸡与其他禽类一样，在冬天来临之前，每年都要自然换羽一次，破损的旧羽脱落，重新长出新羽，这个过程称为换羽。换羽与内分泌有关，因卵巢机能下降而使雌性激素分泌不足，结果引起卵泡萎缩；换羽时甲状腺分泌促进羽毛生长的甲状腺素增加，激素分泌失去平衡，导致停产、换羽。鸡的全身羽毛更换顺序：头部→颈部→胸部及两侧→大腿部→背部→主翼羽和副翼羽→尾羽。一般来说高产鸡换羽迟，羽毛脱落快，新羽长出慢。

### (四)方法

用于强制换羽的鸡群，应是已产蛋 9～11 个月的健康鸡群，产蛋率降至高峰期的 70%～80%。

**1. 生物学法(激素法)**

给每只鸡肌注 30mg 孕酮或 2500IU 的睾丸甾酮＋5mg 甲状腺素。母鸡第二天即停产，经 6～7 周恢复产蛋。

**2. 化学法(高锌法)**

此法应激较小，恢复产蛋较快，但大多换羽不完全。高锌可抑制食欲中枢，引起鸡的采食量大幅度减少。

措施是保持 1～5d 或 7d 减少光照，密闭式鸡舍降为 8h/d，开放式鸡舍停止补光；饲料由含锌 50mg/L 提高到含氧化锌 2.5%。在喂高锌料后第 1 天，采食量减少一半，第 7 天采食量仅为正常的 18%，第 2 周恢复正常饲料后开始恢复产蛋，到第 5 周产蛋率回升到约 60%，第 8 周超过 80%，并保持 11 周后开始下降。

**3. 畜牧学法(饥饿法)**

畜牧学法是采用停水、绝食和控制光照等措施，使鸡群的生活条件产生突然剧烈变化，产生强应激而引起停产、换羽的方法。

(1)停水　保持 0～3d 停水这是最剧烈的应激，会引起蛋壳质量的急剧下降，在酷夏停水可能会增加死亡率。

(2)停料 停料7～10d,具体停料时间可根据鸡群健康状况,鸡只死亡率及体重变化进行调整,以鸡群的平均体重下降25%～30%,死亡率不超过3%为宜。

(3)控制光照 连续约30d把光照减至8h/d(密闭式鸡舍);开放式鸡舍如日照在10h/d内则停止补光,如超过10h/d,可在绝食前7d给予24h/d光照,绝食开始后改为自然光照,给鸡一种光照突然减少的感觉,达到"光照应激"的作用。

### (五)注意事项

①鸡群的选择和淘汰:强制换羽只适用于产蛋率较高,健康的鸡群。实施前要认真淘汰弱、病、残鸡。

②抽测体重:在处理前应抽取20～30只鸡称重,实施第7天开始称重,然后每2d称重1次,在结束前几天每天称重1次,以确定最佳的结束日期。一定要使其体重减少25%～30%或死亡率达3%时才能恢复给料。

③恢复喂料和增加光照应逐渐进行:第1天可喂20g/只,以后每天增加约20g,达到每天100g/只后改为自由采食。连续短光照1个月后,每周增加1h,至产蛋鸡的正常光照时间为止。

④不能连续强制换羽和给种公鸡换羽:种母鸡强制换羽只能进行一次,种公鸡强制换羽会影响精液品质。

⑤遇到疫情应中止执行强制换羽方案。

⑥强制换羽存在换羽过程死亡率较高,换羽后耗料增多,换羽蛋鸡产蛋6～7个月后,产蛋率下降较快等缺点。因此,蛋鸡换羽需谨慎,是否采取强制换羽,取决于经济效果。如果鸡群健康状况良好,第一个产蛋期的产蛋水平较高,则第二个产蛋期就长,产蛋率也较高,破蛋率和母鸡死亡率也低,这种情况下可以采用人工强制换羽。如若盲目对蛋鸡采取强制换羽将很大程度上提高养殖成本。

**知识链接**

### 我国蛋鸡产业未来发展方向

基于我国蛋鸡产业发展的历史、现状及近年来的变化趋势,结合我国政治、经济、社会及生态文明建设的总体要求,参照发达国家蛋鸡产业化发展的经验及教训,未来我国蛋鸡产业发展将呈现以下五大趋势。

### 一、规模化、集约化与标准化的趋势

随着我国经济、社会的发展,工业化、信息化、城镇化及农业现代化步伐日益加快,农业人口就业机会增加,收入稳定增长,文化水平不断提高,以解决就业和脱贫致富为目的进入蛋鸡养殖行业的越来越少,小规模的蛋鸡养殖比较效益不断下降,会促使小规模养殖主体加速退出。

由于我国经济结构的调整,其他行业资本会有选择地进入蛋鸡养殖行业,规模化、集约化的蛋鸡养殖企业会增加。而随着我国人口红利的逐渐减弱,劳动力成本会持续上升,

将促使现有蛋鸡养殖企业加大设施设备投入，提高蛋鸡养殖的自动化和标准化水平，降低劳动强度，减少人工成本，进而提高生产水平，降低单位生产成本，追求规模经济效益。从我国蛋鸡产业政策的导向作用、土地资源的制约作用及粪污处理的规模效应等综合国情分析，未来 5 万～10 万只规模的商品蛋鸡场应成为行业的主体。

## 二、蛋鸡市场均衡化的趋势

由于我国南北方饲料粮差价逐渐减小，环境控制设备的普遍使用，将使南方蛋鸡养殖进一步发展。传统的蛋鸡养殖密集区比较优势减少，养殖效益下降，区域养殖密度还会进一步降低，一些蛋鸡养殖发展较晚的地区反而因后发优势会进一步发展。由于鲜蛋的长途运输不但成本高，而且破损率也高，更主要的是蛋品质量难以保证。又由于人民生活水平的不断提高，消费者对蛋品质的要求越来越高，不再只满足于能吃上鸡蛋，更要求鸡蛋的新鲜、安全与健康，这在一定程度上需要鸡蛋生产、销售实现本地化。总之，市场将在我国蛋鸡产业的资源配置上发挥主导作用，促使我国蛋鸡市场实现区域均衡化。

## 三、协调、高效与平衡发展的趋势

随着我国经济的快速增长，人民生活水平不断提高，食品消费结构也在悄然发生着变化，出现了蛋白食品消费多元化的趋势，牛羊肉及海鲜消费有所增长，猪肉、禽肉、鲜蛋及淡水鱼类消费相对减少。伴随我国未来蛋鸡养殖水平的不断提高，无论从供需平衡的角度看，还是从市场的资源配置属性讲，未来我国蛋鸡养殖的总体规模都会有所下降，实现从量到质的转变。

当前我国父母代蛋种鸡年引种量在 1800 万～1900 万套，将来会稳定在 1500 万套以内，未来几年父母代蛋种鸡场之间的竞争会日趋激烈，行业整合进一步加剧。中小型父母代蛋种鸡企业会加速退出市场，或转养商品代蛋鸡，能存留下来的父母代蛋种鸡企业预计在 200 家左右，以满足本地商品代雏鸡市场需求为主，未来的父母代场因饲养规模扩大，组织能力需要同步提高，势必要求祖代场在饲养规模、质量体系、服务能力及综合实力相应更高，以满足父母代场的需求。因此，父母代场在与上游祖代蛋种鸡场的合作上需要做出重大抉择。近年我国祖代蛋种鸡年均引种量在 50 万～55 万套，未来会控制在 30 万套以内，真正意义上的祖代蛋种鸡企业可能会在 5～6 家，且以饲养父母代种鸡销售商品代雏鸡为主要盈利模式。通过各代次之间的协调发展，进而实现"三高一平衡"——高产出、高效率、高效益和供需基本平衡的行业健康发展目标。

## 四、专业化生产与产业化合作的趋势

随着我国蛋鸡产业的不断发展，在逐步实现规模化、集约化、标准化与市场均衡化的同时，实行专业化生产与产业化合作将成为未来我国蛋鸡产业发展的必然趋势。不久前，由峪口禽业牵头组织成立了全国第九家 C5 俱乐部——新疆 C5 蛋种鸡企业俱乐部，俱乐部成员既有父母代蛋种鸡企业，也有商品蛋鸡养殖、饲料加工、设备制造和技术服务性企业加盟，充分发挥各成员企业优势，使俱乐部成员之间形成优势互补，并结成为一种紧密联系的利益共同体，在相互合作中实现共赢。可以说，我国蛋鸡产业的专业化生产与产业化合作已初露端倪，将成为未来主要发展方向之一。

### 五、重视生物安全、食品安全与环境保护的趋势

未来我国蛋鸡产业将出现明显的规模化饲养、标准化管理、专业化生产和产业化运作的发展趋势；生物安全、食品安全和环境保护在蛋鸡产业发展中将得到空前的重视；近十年来我国蛋鸡生产深受疫病之害，是导致生产不稳定及市场的波动的主要原因之一。痛定思痛，造成疫病频发的根本原因又在于生物安全意识的淡薄与生物安全措施的缺失。合理的产业规划和布局、科学的场区规划和标准化建设、规范的检疫措施及落实、投入品检验与控制、病死畜禽和粪污的无害化处理及循环利用，这些关乎生物安全、食品安全和环境保护的措施显得越来越重要，已经成为未来我国蛋鸡产业健康发展的必要条件和重要发展方向。

# 实训九  雏鸡断喙技术

**【目的要求】**

学会正确的断喙方法，熟练掌握断喙操作技术

**【材料和用具】**

6～10日龄雏鸡若干只、雏鸡笼和电热断喙器等。

**【内容和方法】**

1. 方法步骤

(1)断喙器的检查  检查断喙器是否通电，刀片是否锋利等。

(2)预热调温  接通电源将断喙器预热至适宜温度(刀片呈暗桃红色)。

(3)正确握雏  左手提稳鸡的双脚，右手拇指压鸡后脑，食指按喉部。

(4)切喙  上喙切除1/2(喙端至鼻孔)，下喙切除1/3，上喙比下喙略短或上下喙平齐。

(5)止血  切后将喙在刀片上烙2～3s。

2. 注意事项

①断喙时，上喙切除从喙尖至鼻孔1/2的部分，下喙切除从喙尖至鼻孔1/3的部分，注意切勿切去舌尖。

②断喙前后1～2d内在每千克饲料中加入2mg维生素K，在饮水中加0.1%的维生素C及适量的抗生素，有利于凝血和减少应激。

③断喙后2～3d内，料槽内饲料要加得满些，以利于雏鸡采食，防止鸡喙啄到槽底，断喙后不能断水。

④断喙应与接种疫苗、转群等错开进行，在炎热季节应选择在凉爽时间断喙，此外，抓鸡、运鸡及操作动作要轻，不能粗暴，避免多重应激。

⑤断喙器应保持清洁，定期消毒，以防断喙时交叉感染。

⑥断喙后要仔细观察鸡群，对流血不止的鸡只，要重新烧烙止血。

**【实训报告】**

写出断喙的方法步骤及注意事项。

## 练习与思考题

1. 育雏前应做哪些准备工作？
2. 雏鸡的饲养环境条件有哪些？如何掌握和控制？
3. 判断育成鸡饲养好坏的衡量指标有哪些？
4. 如何进行育成鸡的限制饲养？
5. 如何提高鸡群的均匀度？

# 项目六
## 肉鸡生产

**【知识目标】**

- 了解快大型肉仔鸡的生产特点。
- 掌握快大型肉仔鸡的饲养管理技术。
- 掌握提高快大型肉用仔鸡经济效益的措施。
- 掌握优质肉鸡的饲养管理技术。

**【技能目标】**

- 能熟练开展快大型肉仔鸡的饲养管理工作。
- 会对肉种鸡的体重进行称重，能进行肉种鸡的均匀度测定。
- 能根据实际条件，制订优质肉鸡放养方案。

**学一学**

# 任务一　快大型肉仔鸡生产

## 一、快大型肉仔鸡生产的特点

### 1. 早期生长速度快，饲料利用率高

快大型肉用仔鸡来源于肉种鸡父母代杂交，具有肉种鸡父母代的共同优点，其生长速度、饲料转换效率均有强大的杂交优势。一般水平为7～8周龄平均体重可达2kg，料肉比2：1；先进水平为37日龄平均体重可达2kg，料肉比1.65：1。

### 2. 饲养周期短、周转快、单位设备生产率高

经8～9周可周转一批，每年可生产6批。

### 3. 适用于高密度饲养，劳动生产率高

由于现代肉鸡生活力强，性情安静，具有良好的群居性，适于高密度大群饲养。快大

型肉鸡主要靠规模效益取胜，生产过程中基本实现了机械化、自动化，一个饲养人员可饲养1万～2万只，年可出栏肉鸡5万～10万只。

### 4. 易发生营养代谢病

快大型肉仔鸡由于早期肌肉生长速度快，而骨组织和心肺发育相对迟缓，因此易发生腿病、胸部囊肿、腹水症和猝死症等疾病。

## 二、快大型肉仔鸡饲养方式

肉用仔鸡的饲养方式主要有以下三种：

### 1. 地面垫料平养

地面垫料平养是目前肉仔鸡生产中普遍采用的一种方式。在禽舍地面铺设10cm左右的厚垫料，鸡从入舍到出栏均在垫料上生活。常用垫料有稻草、麦秆、锯木屑等。要求清洁、干燥松软、吸湿性强、不发霉、不结块，长度小于10cm。优点是投资少，简单易行，管理也比较方便，胸囊肿和外伤发病率低；缺点是需要大量垫料，常因垫料质量差，更换不及时，肉鸡与粪便直接接触易诱发呼吸道疾病和球虫病等。

### 2. 网上平养

离地50～60cm高度设置网床(也可用竹排代替铁丝网片)，网床带有合适的网眼，鸡只在饲养期始终生活在网上。网上平养的优点是减少了肉鸡与粪便接触的机会，能及时清走粪便，舍内空气质量较好，减少了球虫病、呼吸道病等疾病的发生率；缺点是一次性投资大，肉仔鸡饲养后期，特别是垫网较硬时，腿病和胸囊肿的发病率高。

### 3. 笼养

肉鸡笼养可提高饲养密度2～3倍，劳动效率高，节省取暖、照明费用，不用垫料，减少了球虫病的发生；缺点是一次性投资大，对电能的依赖性大，由于笼底网较硬，笼养鸡活动受阻，胸囊肿和腿病较多。

在对以上肉鸡饲养方式有充分了解之后，饲养者可根据当地条件和自身经济状况，选择最适当的肉鸡饲养方式。

## 三、快大型肉仔鸡营养需求

### 1. 营养要求特点

①要求各种养分齐全充足：任何微量成分的缺乏或不足都会出现病理状态。在这方面，肉用仔鸡比蛋用雏鸡更为敏感，反应更为迅速。

②要求高能高蛋白水平：高能高蛋白水平能发挥最大的遗传潜力，获得最好的增重效果。

③要求各种养分的比例平衡适当，才能提高饲料利用率，降低饲料成本。

### 2. 营养需要量

每个肉鸡育种公司都对自己的商品代肉用仔鸡进行过大量的试验，通过试验总结提出本鸡种肉用仔鸡的营养需要量。各鸡种肉用仔鸡的营养需要量有所不同，又基本相同，大同小异。根据肉用仔鸡营养需要量，选择优质价廉的饲料原料，加工生产出优质全价配合饲料,这就是满足肉鸡营养需要的物质基础,也是肉鸡快速生长潜力得以发挥的物质基础。

为了使肉鸡生长的遗传潜力得到充分发挥,应保证供给肉鸡高能量、高蛋白、维生素和微量元素营养成分丰富而平衡的全价配合饲料。快大型的肉用仔鸡,饲料中能量水平在12.97~14.23MJ/kg范围内增重和饲料效率最好;而蛋白质含量以前期22%、后期20%的水平生长最佳。美国爱拔益加肉用仔鸡三段制的饲料营养成分主要指标举例见表6-1。

表 6-1 美国爱拔益加肉用仔鸡的营养标准

| 项目 | 前期料(0~3周) | 中期料(4~6周) | 后期料(6周后) |
|---|---|---|---|
| 代谢能(MJ/kg) | 12.97 | 13.39 | 13.39 |
| 蛋白质(%) | 22 | 20 | 18 |
| 钙(%) | 0.95 | 0.90 | 0.85 |
| 可利用磷(%) | 0.47 | 0.45 | 0.43 |
| 食盐(%) | 0.45 | 0.45 | 0.45 |
| 赖氨酸(%) | 1.28 | 1.20 | 0.96 |
| 蛋氨酸(%) | 0.47 | 0.44 | 0.38 |
| 蛋氨酸+胱氨酸(%) | 0.92 | 0.82 | 0.77 |

## 四、快大型肉仔鸡饲养管理

### (一)不同日龄肉用仔鸡饲养管理技术

1. 1~3日龄仔鸡

(1)饮水 水分占雏鸡身体的60%~70%,存在于鸡体组织中。由于长途运输和排泄加上育雏室温度高,很易造成雏鸡脱水。因此,雏鸡接回后,应先给雏鸡饮水,2h后开食。前7d采用20℃左右温开水,水中加入5%葡萄糖、电解多维、抗生素等,要有足够的水槽及饮水位置,防止水溢出污染饲料。对饮水器周围污染的垫料要经常更换。

(2)开食 雏鸡饮水2h后,开食给料。由于小鸡消化机能尚不健全,开食料最好用全价破碎饲料,保证营养全面,又便于啄食。如使用粉料,则应拌湿后再喂,应少喂勤添,昼夜饲喂,一般每2h饲喂一次,雏鸡每次的饲喂量应控制在30min左右吃完,并且前3d一定要在平面上饲喂,用饲料盘或塑料布均可。

(3)调温 在前3d,通过供暖设备,一定要使保温伞(或塑料棚)下的温度达到并保持在33~35℃,若降低1℃,会多耗料50g,造成饲料浪费。因此,要严格控制温度。

(4)通风 在能够保证鸡舍温度的情况下,应保持空气流畅。在中午可短时间开窗,但要防止"贼风"吹入。更不可让强风直吹鸡的头部。

(5)光照 雏鸡视力差,为便于认食饮水,在1~3日内昼夜光照,光照强度以鸡刚能看到饲料即可。也可采用21h光照,2~3h黑暗,有节奏地开关和喂料,效果比较好。

(6)饲养密度 适宜的饲养密度依饲养方式、鸡舍类型、饲养季节、饲养环境等情况而定。一般而言,地面平养1周龄为30只/m²;网上平养1周龄为40只/m²。

2. 4～14 日龄仔鸡

鸡的消化系统趋于健全，且生长快。要求营养丰富容易消化的全价饲料。

(1)采食与饮水　每天给料 7 次，每次给料量不宜过多，在鸡只同时采食的情况下，以 0.5h 吃完为宜。此时应改变饲喂用具，将平盘或塑料布换成料槽或吊桶。饮水应充足、清洁，用具要每天清洗，数量要适当增加。

(2)温度　此阶段的鸡能自身产热，周围温度可降至 30～32℃，夜间比白天稍高些。

(3)通风　在保持温度的情况下，适当通风，每天开窗约 0.5h，使空气流通，但不能让强风直吹鸡身。

(4)光照　光照时间较前 3d 缩短，每天 20h。光照强度 2～3W/m²。

(5)免疫　7 日龄新城疫 IV 系-传支 H₁₂₀ 二联苗免疫，可滴鼻点眼或饮水皆可。14 日龄法氏囊疫苗饮水免疫。

(6)饲养密度　适宜的饲养密度依饲养方式、鸡舍类型、饲养季节、饲养环境等情况而定。一般而言，地面平养 2 周龄为 25 只/m²；网上平养 2 周龄为 30 只/m²。

3. 15～28 日龄仔鸡

(1)喂料和饮水　开始逐渐过渡换料，每天饲喂 6 次，料量不宜过多，避免饲料浪费，保证充足、清洁的饮水。

(2)温度与通风　调节室内温度，保持在 28～29℃，加强通风换气。

(3)光照　此阶段对光照要求不甚严格，除白天自然光照外，夜间开灯 2h。

(4)饲养密度　适宜的饲养密度依饲养方式、鸡舍类型、饲养季节、饲养环境等情况而定。一般而言，地面平养 3 周龄为 20 只/m²，4 周龄为 15 只/m²；网上平养 3 周龄为 25 只/m²，4 周龄为 20 只/m²。

4. 29～42 日龄仔鸡

(1)饲喂与饮水　每日饲喂 6 次，适当调整料槽或料桶高度，水槽及饮水器高度与鸡背平齐为度。

(2)温度　控制温度在 20～25℃。

(3)免疫　在 30 日龄进行新城疫 IV 系苗饮水免疫。

(4)注意更换垫料，注意预防球虫。

(5)饲养密度　适宜的饲养密度依饲养方式、鸡舍类型、饲养季节、饲养环境等情况而定。一般而言，地面平养 5 周龄为 12 只/m²，6 周龄为 9 只/m²；网上平养 5 周龄为 16 只/m²，6 周龄为 12 只/m²。

5. 43 日龄至出栏仔鸡

(1)饲喂与饮水　每日饲喂 6 次以上，适当增加饲喂次数可增加鸡的出栏体重，调整料桶与水槽高度超过鸡背。

(2)温度　保持 21℃。

(3)通风　此时鸡日龄较大，密度大，代谢旺盛，换气量大，鸡舍内氨气浓度等有害气体浓度增加，要注意加强通风换气，防止引发呼吸道疾病。

(4)光照　每天早晚各增加 2h 光照。

(5)饲养密度　适宜的饲养密度依饲养方式、鸡舍类型、饲养季节、饲养环境等情况而定。一般而言，地面平养 7 周龄为 7 只/m²，网上平养为 10 只/m²。

(6)鸡只出售后，将鸡舍彻底清扫消毒，空舍 2～3 周，再进新雏鸡。

### (二)肉仔鸡的日常管理工作

①每天 7：30 更换脚踏消毒液。

②定期在 16：30 清除鸡粪。

③根据鸡舍小气候情况，随时调整通风量。

④每天仔细观察鸡群，至少上下午各一次。

⑤每天及时做好记录工作，每天 8：00 记录死淘数、耗料量、温度、光照等情况。体重及成活率每周最后 1 天记录一次(随机取样 2% 称重)，做好免疫用药记录。

### (三)弱残鸡处理

①每舍设立弱残鸡圈 1～2 个，其位置应远离饲料库，其大小应视弱残鸡数量多少而定，密度为 8 只/m²，并备有足量的饮水及喂料器具，不限饲不限水。

②每天应几次将弱残鸡挑入圈中，服药护理，对无治疗价值的鸡达到一定标准时，可以出售。

### (四)死鸡处理

①每舍应设死鸡桶或塑料袋等不渗漏容器，发现死鸡随时拣出，放入其中，严禁从窗口向外扔，严禁死、残鸡放血，防止污染环境，扩散疫源，传播疾病。

②对死残鸡妥善处理，如深埋、焚烧或煮沸后用作饲料、肥料等。对盛残鸡的容器、场地要严格消毒。

## 五、提高快大型肉仔鸡经济效益的措施

### (一)实行公母分群饲养制度

#### 1. 分群原因

公、母雏生理基础不同，因而对生活环境、营养条件的要求和反应也不同。主要表现为以下几个方面。

(1)生长速度不同　4 周龄时公鸡比母鸡体重多 13%，6 周龄时多 20%，8 周龄时多 27%。

(2)沉积脂肪的能力不同　母鸡比公鸡易沉积脂肪，反应出对饲料的要求不同。

(3)羽毛生长速度不同　公鸡长羽慢，母鸡长羽快；表现出胸囊肿的严重程度不同，对湿度的要求也不同。

#### 2. 分群管理措施

公母分群后采取下列的饲养管理措施。

(1)分期出售　母鸡生长速度在 7 周龄后相对下降，而饲料消耗急剧增加，因此在 7 周龄左右出售；公鸡生长速度在 9 周龄以后才下降，故应到 9 周龄出售效益更佳。

(2)按公母调整日粮营养水平　公鸡能更有效地利用高蛋白日粮，前期日粮中蛋白可提高到 24%～25%，母鸡则不能利用高蛋白日粮，而且将多余的蛋白质在体内转化为脂

肪,很不经济;在饲料中添加赖氨酸后公鸡反应迅速,饲料效益明显提高,而母鸡则反应效果很小。

(3)按公母提供适宜的环境条件　公鸡羽毛生长速度慢,前期需要稍高的温度,后期公鸡比母鸡怕热,温度宜稍低;公鸡体重大,胸囊肿比较严重,应给予更松软、更厚些的垫草。

## (二)按全进全出制安排生产

"全进全出"即同一栋鸡舍装满同一日龄的雏鸡,又在出售时同一天全部出场,以便于采用统一的温度、同标准的饲料,出场后统一打扫清洗消毒,切断病源的循环感染。熏蒸消毒后封闭 2~3 周再接养下一批雏鸡。"全进全出"制比"连续生产"制增重快,耗料少,死亡率低。

## (三)保证足够采食量

日粮的营养水平高,但若采食量上不去,吃不够,则肉鸡的饲养同样得不到好的效果。保证采食量的常用措施有以下几个方面:

①保证足够的采食位置,保证充足的采食时间。

②高温季节采取有效的降温措施,加强夜间饲喂,必要时采用凉水拌料。

③检查饲料品质,控制适口性不良饲料的配合比例。

④采用颗粒饲料。

⑤在饲料中添加香味剂,提高适口性。

## (四)适宜密度

鸡的饲养密度是指在一定的面积饲养肉鸡的数量,一般用每平方米饲养鸡的数量表示密度,不是越密越好,是有一定限度的,肉用仔鸡的饲养密度控制依鸡的日龄、体重、管理方式、通风条件和气温等不同而有所不同。板条或网上平养可比垫料平养的密度增加20%;同样面积的鸡舍,冬天比夏天饲养密度要大一些。确定每平方米饲养鸡数有两种方法:一是依活体重确定每平方米饲养只数,体重大占地面积也大,饲养密度应减少;二是随日龄增大降低饲养密度。

肉仔鸡在同一鸡舍内饲养时采用逐步扩散的办法,即育雏时只用 1/3 的面积为育雏间,3 周龄前集中保温;3 周龄后撤除隔离装置,沿鸡舍纵向扩大饲养面积;5 周龄后填满全舍。

## 六、影响快大型肉仔鸡生产的问题

### 1. 胸囊肿

胸囊肿是肉鸡胸部皮下发生的局部炎症,是肉仔鸡常见的疾病。它不传染也不影响生长,但影响屠体的商品价值和等级。应该针对产生原因采取有效措施。

①尽力使垫草干燥、松软,及时更换黏结、潮湿的垫草,保持垫草应有的厚度。

②减少肉仔鸡卧地的时间,肉仔鸡一天当中有 68%~72% 左右的时间处于卧伏状态,卧伏时体重的 60% 左右由胸部支撑,胸部受压时间长,压力大,胸部羽毛又长得晚,故易造成胸囊肿。应采取少喂多餐的办法,促使鸡站起来吃食活动。

③若采用铁网平养或笼养时，应加一层弹性塑料网。

2. 腿部疾病

随着肉仔鸡生产性能的提高，腿部疾病的严重程度也在增加。引起腿病的原因是各种各样的，归纳起来有以下几类：遗传性腿病，如胫骨软骨发育异常、脊椎滑脱症等；感染性腿病，如化脓性关节炎、鸡脑脊髓炎、病毒性腱鞘炎等；营养性腿病，如脱腱症、软骨症、维生素 $B_2$ 缺乏症等；感染性腿病，如风湿性和外伤性腿病。预防肉仔鸡腿病，应采取以下措施。

①完善防疫保健措施，杜绝感染性腿病。

②确保微量元素及维生素的合理供给，避免因缺乏钙、磷而引起的软脚病，避免因缺乏锰、锌、胆碱、尼克酸、叶酸、生物素、维生素 $B_6$ 等所引起的脱腱症，避免因缺乏维生素 $B_2$ 而引起的卷趾病。

③加强管理，确保肉仔鸡合理的生活环境，避免因垫草湿度过大、脱温过早以及抓鸡不当而造成的腿病。

3. 腹水症

腹水症是一种非传染性疾病，其发生与缺氧、缺硒及某些药物的长期使用有关。应采取控制肉鸡腹水症发生的措施。

①改善环境通气条件，特别是密度大的情况下，应充分注意鸡舍的通风换气。

②防止饲料中缺硒和维生素 E。

③饲料中呋喃唑酮药不能长期使用。

④发现轻度腹水症时，应在饲料中补加 0.05% 维生素 C，同时对环境和饲料做全面检查，采取相应措施控制腹水症的发展。8~18 日龄只喂给正常饲料量的 80% 左右可防止腹水症的发生。

4. 猝死症

一些增重快、体大、外观正常健康的鸡突然狂叫，仰卧倒地死亡，剖检时肺肿，心脏扩大，胆囊缩小，原因不详。建议采取控制肉鸡猝死症发生的措施。

①在饲粮中适量添加多维。

②加强通风换气，防止密度过大。

③在 8~20 日龄进行限制饲养。

④避免突然的应激。

# 任务二　优质肉鸡生产

## 一、优质肉鸡生产特点

与快大型肉用仔鸡相比，优质肉鸡的生产特点概括起来主要有以下几个方面。

1. 品种来源为我国的优良地方良种鸡

快大型商品肉用仔鸡是通过专门化品系配套杂交产生的，优质肉鸡则来源于我国优良的地方品种鸡，其血统较为纯正。除符合一般"三黄鸡"的特征外，还具有体型较为紧凑、脚高且细、羽色鲜艳、尾羽高翘等独特的体貌特征。

2. 生长发育较为缓慢，生产周期长

大多数优质肉鸡需饲养至3～4月龄，体重达1.2～1.5kg方可上市。在正常的饲养管理条件下，每年饲养3批左右。

3. 优质肉鸡食性较广，且饲喂方法独特

快速型肉用仔鸡一般采取全程饲喂全价配合饲料，自由采食，以促进其快速生长发育。优质肉鸡除育雏期给予较多的配合饲料外，放养阶段（2～4月龄）采食则主要以虫、草、谷等为主，配合饲料为辅的饲喂方法。在配合饲料的投放方面，也大多采取清晨少喂、中午不喂、晚间多喂的饲喂制度，以充分发挥优质肉鸡的觅食能力，节省饲料。

4. 优质肉鸡性情活泼，具有追啄、好斗特性，易发生啄癖症

快速型肉用仔鸡性情温顺，不善跳跃，适宜于大规模高密度饲养。优质肉鸡则性情活泼，追啄好斗，跳跃能力强。特别是在光线强烈、饲养密度大的集约化条件下更为明显，发生啄癖症的机会较多，给生产带来损失，这是优质肉鸡生产中极为常见的一个问题。

5. 优质肉鸡有其独特的发病机制和特点

如鸡马立克氏病，通常以2～4月龄发病率最高，多发于40～60日龄，快速型肉用仔鸡此时已达上市屠宰日龄，死亡率不高。而优质肉鸡由于生产周期较长，马立克氏病的发生较为多见，常需进行两次免疫；优质肉鸡由于长期户外活动，且采食较多的虫、草，因而其呼吸道疾病发生较少，而寄生虫病较多。此外，由于优质肉鸡多采用厚垫料育雏方式，球虫病多发，防治费用较高。

6. 优质肉鸡肉质优良，风味浓郁，产品安全无污染

相对于生长快速的肉用仔鸡和普通杂交三黄鸡而言，优质肉鸡以肌肉嫩滑、肌纤维细小、水分含量低、鸡味浓郁、风味独特，放养时间长，抵抗力强，喂药少，产品安全无污染而独具特色，深受市场的欢迎，价格是普通肉鸡的2～3倍。

## 二、优质肉鸡饲养方式

优质肉鸡的饲养方式通常包括地面平养、网上平养、笼养和放牧饲养。前三种饲养方式与快大型肉鸡相同，在此不作介绍。下面简单介绍放牧饲养。

放牧饲养是指育雏脱温后，4～6周龄的肉鸡在自然环境条件适宜时采用放牧饲养。即让鸡群在自然环境中活动、觅食、人工补饲，夜间鸡群回鸡舍栖息的饲养方式。该方式一般是将鸡舍建在远离村庄的山丘或果园之中，鸡群能够自由活动、觅食，可采食虫草和砂粒及泥土中的微量元素等。有利于优质肉鸡的生长发育，鸡群活泼健康，肉质特别好，外观紧凑，羽毛光亮，也不容易发生啄癖。

## 三、优质肉鸡饲养管理

优质肉鸡的养育可分为育雏期（小鸡，0～4周龄）、生长期（中鸡，5～8周龄）和育肥期（大鸡，9周龄至上市）三个阶段。

## (一)雏鸡培育

雏鸡是指0～4周龄的小鸡，这阶段的小鸡对环境适应能力差，抗病力弱，稍有不当，容易生病死亡。因此，在雏鸡培育阶段需要给予细心的照料，进行科学的饲养管理，才能获得良好的效果。优质肉鸡和普通商品肉鸡在育雏阶段的饲养管理相差不大，不再重复。

## (二)生长期饲养管理

优质肉鸡生长期一般指5～8周龄，也称中鸡。此时育雏已结束，鸡体增大，羽毛渐趋丰满，鸡只已能适应外界环境温度的变化，是生长高峰时期，也是骨架和内脏生长发育的主要阶段，期间采食量将不断增加。这个时期要使优质肉鸡的机体得到充分的发育，羽毛丰满，健壮。生产上应着重做好以下几方面工作。

### 1. 调整饲料营养

根据优质肉鸡不同生长发育阶段的营养需要特点，及时更换相应饲养期的饲料是加速其生长发育的重要手段。中鸡阶段发育快，长肉多，日采食量增加，获取的蛋白质营养较多，应专门配制相应的饲料，促进生长。

### 2. 公母分群饲养

优质肉鸡的公鸡生长速度快，体型偏大，争食能力强，而且好斗，对蛋白质、赖氨酸利用率高，饲养报酬高。母鸡则相反。因此，通过公母分群饲养而采取不同的饲养管理措施，有利于提高增重，饲养效益及整齐度，从而实现较好的经济收益。

### 3. 防止饲料浪费

中鸡的生长较为迅速，体形骨骼生长快，又由于鸡有挑食的习性，因此很容易把饲料槽中的饲料撒到槽外，造成污染和浪费。为了避免饲料的浪费，一方面随着鸡的生长而更换喂料器，即由小鸡食槽换为中鸡食槽；另一方面应随着鸡只的增长，升高料槽的高度，以保持料槽与鸡的背部等高为宜。

### 4. 防止产生啄癖

优质肉鸡活泼好动，喜欢追逐打斗，特别容易发生啄癖，不仅会引起鸡的死亡，而且影响长大后商品鸡的外观，给生产者带来很大的经济损失，必须引起高度注意。断喙是防止发生啄癖的有效措施，常在雏鸡10日龄左右，利用断喙器进行断喙。也可通过降低光照强度，只让鸡看到吃食和饮水，并改善通风条件等措施加以预防。

### 5. 供给充足、卫生的饮水

生长期的鸡只采食量大，如果得不到充足的饮水，就会降低食欲，造成增重减慢。通常肉鸡的饮水量为采食量的2倍，一般以自由饮水、24h不断水为宜。为使所有鸡只都能充分饮水，饮水器的数量要充足且分布均匀，不可把饮水器放在角落，要使鸡只在1～2m的活动范围内便能饮到水。

水质的清洁卫生与否对鸡的健康影响很大。应供给洁净、无色、无异味、不混浊、无污染的水源，通常使用自来水或井水。每天加水时，应将饮水器彻底清洗。对饮水器消毒时，可定期加入0.01%的百毒杀溶液。这样既可以杀死致病微生物，又可改善水质，增加鸡只的健康。但鸡群在饮水免疫时，前后3d禁止在饮水中加消毒剂。

**6. 做好舍外放牧饲养工作，加强户外运动，逐渐增加草、虫、谷等的采食量**

这是优质肉鸡饲养方式与快速型肉用仔鸡工厂化密闭式饲养的最大区别。优质肉鸡放牧饲养，就是把生长鸡放到舍外去养。凡有果树、竹林、茶园、树林和山坡的地方都可以用来放牧优质肉鸡。放牧的好处很多，可以使鸡得到充足的阳光、运动，以及杂草、虫子、谷物、矿物质等多种丰富的食料，促进鸡群生长发育，增强体质。放牧既省饲料，又省人力和房舍。

放牧以前，首先要停止人工给温，使鸡群适应外界气温。其次要求所有的鸡晚上都能上栖架。此外，还要训练鸡群听到响音时就能聚集起来吃料。从鸡舍转移到放牧地，或从一放牧地转移到另一个放牧地，都要在夜间进行。第二天要迟些放鸡，使其认窝，食槽和饮水盆应放在门口使其熟悉环境。前 5d 仍按舍饲时的饲料量饲喂，以后早晨少喂，晚上喂饱，中午基本不喂。

夏季气候多变，常有暴风雨，要注意天气预报，避免遭受意外损失。晚上要关门窗，以防兽害。在果林放牧，当果树打农药时，要注意风向，避免农药洒到鸡身上。

## (三)育肥期饲养管理

优质肉鸡的育肥期是指 9 周龄至上市阶段，也称大鸡。此期的饲养管理要点在于促进肌肉更多地附着于骨骼及体内脂肪的沉积，增加鸡的肥度，改善肉质和皮肤、羽毛的光泽，做到适时安全上市。在饲养管理方面应着重做好以下工作。

### 1. 鸡群健康观察

进入大鸡后，优质肉鸡处于旺盛的生长发育阶段，稍有疏忽，就会产生严重影响。这就要求饲养人员不仅要严格执行卫生防疫制度和操作规程，按规定做好每项工作，而且必须在饲养管理过程中，经常细心地观察鸡群的健康状况，做到及早发现问题，及时采取措施，提高饲养效果。主要观察鸡粪是否正常、鸡群中有无病弱个体、鸡舍内细听有无不正常呼吸声、采食量是否正常、有无啄肛、啄羽等啄癖发生。

### 2. 加强垫料管理

保持垫料干燥、松软是地面平养中大鸡管理的重要一环。潮湿、板结的垫料，常常会使鸡只腹部受冷，并引起各种病菌和球虫的繁殖滋生，使鸡群发病。因此，要通过通风、定期翻动或除去潮湿、板结的垫料等措施保持垫料干燥。

### 3. 带鸡消毒

一般 2~3 周龄便可开始，大鸡阶段春秋季可每 3 日 1 次，夏季每天 1 次，冬季每周 1 次。使用 0.5% 的百毒杀溶液喷雾。喷雾应距鸡只 80~100cm 处向前上方喷雾，让雾粒自由落下，不能使鸡身和地面垫料过湿。

### 4. 及时分群

随着鸡只日龄的增长，要及时进行分群，以调整饲养密度。密度过高，易造成垫料潮湿，争抢采食和打斗，抑制育肥。优质肉鸡育肥期的饲养密度一般为 10~13 只/m²，在饲养面积许可时，密度宁小勿大。在调整密度时，还应进行大小、强弱分群，同时还应及时更换或添加食槽。

### 5. 减少应激

应激是指一切异常的环境刺激所引起的机体紧张状态，主要是由管理不良和环境不利造成的。管理不良因素包括转群、称重、疫苗接种、更换饲料和饮水不足、断喙等。环境不利因素有噪声，舍内有害气体含量过多，温、湿度过高或过低，垫料潮湿过脏，饲养人员变更等。

### 6. 搞好卫生防疫工作

（1）人员消毒　非鸡场工作人员不得进入鸡场；非饲养区工作人员不经批准不得进出饲养区；进出饲养区必须彻底消毒；饲养操作人员进鸡舍前必须认真做好手、脚消毒。

（2）鸡舍消毒　饲养鸡舍每周带鸡喷雾消毒药水1～2次。

（3）病死鸡及鸡粪处理　病死鸡必须用专用工具存放，经剖检后集中焚烧。原则上优质肉鸡饲养结束后一次清粪。

（4）加强免疫接种　某些优质肉鸡品种饲养周期与快速型肉仔鸡相比较长，除进行必要的肉鸡防疫外，应增加免疫内容，如马立克、鸡痘等；其他免疫内容应根据具体发病情况予以考虑。

### 7. 认真做好日常记录

记录是优质肉鸡饲养管理的一项重要工作。及时、准确地记录鸡群变动、饲料消耗、免疫及投药情况、收支情况，为总结饲养经验、分析饲养效益积累资料。

### 8. 正确抓鸡、运鸡，减少外伤

优质商品肉鸡活鸡等级下降的一个重要原因是创伤，而且这些创伤多数是在出售鸡时抓鸡、装笼、装卸车过程中发生。为减少外伤出现，优质肉鸡大鸡出栏时应注意以下8个方面的工作。

①在抓鸡之前组织好人员，并讲清抓鸡、装笼、装卸车等有关注意事项，做到胸中有数。

②对鸡笼要经常检修，鸡笼不能有尖锐棱角，笼口要平滑，没有修好的鸡笼不能使用。

③在抓鸡之前，把一些养鸡设备如饮水器、饲槽或料桶等拿出舍外，注意关闭供水系统。

④关闭大多数电灯，使舍内光线变暗，在抓鸡过程中要启动风机。

⑤用隔板把舍内鸡隔成几群，防止鸡挤堆窒息，方便抓鸡。

⑥抓鸡时间最好安排在凌晨进行，这时鸡群不太活跃，而且气候比较凉爽，尤其是夏季高温季节。

⑦抓鸡时要抓鸡腿，不要抓鸡翅膀和其他部位，每只手抓3或4只鸡，不宜过多。每个笼装鸡数量不宜过多，尤其是夏季，防止闷死、压死。

⑧装车时注意不要压着鸡头部和爪等，冬季运输上层和前面要用毡布盖上，夏季运输中途尽量不停车。

### 9. 适时出栏

根据目前优质商品肉鸡的生产特点，公母分饲一般母鸡达120日龄出售，公鸡达90日龄出售。临近卖鸡的前1周，要掌握市场行情，抓住有利时机，集中一天将同一房舍内活鸡出售，切不可零卖。此外注意，上市前1～2周，优质肉鸡尽量不用药物，以防残留，确保产品安全。

## 四、优质肉鸡放养技术

### (一)放养方式

#### 1. 果园放养

利用林果地进行配套散养土鸡的模式。该模式的优点：一方面，鸡粪可以做果树、林木的肥料，为树木提供有机肥，同时鸡可啄食害虫，促进果树生长；另一方面，树木又为土鸡创造适宜的生长环境，种养结合形成生物链实现了很好的综合效益。一般每亩果园养鸡 100 只左右为宜。

#### 2. 茶园放养

茶树体矮，荫蔽性好，有利于鸡群栖息和捕食，茶毛虫、茶刺蛾等多种害虫都是鸡群的好饲料，还能有效控制茶园内杂草；鸡粪可对茶园进行土壤改良，提高地力(图 6-1)。放养鸡群的茶园可降低农药用量近 80%，节省鸡饲料 50% 以上。

#### 3. 山地放养

山地养鸡是指在山坡上搭棚建舍，将鸡放养于林地中。山地养鸡有明显的自身优势：因放养于树林带下，觅食草虫，减少饲料投入，降低成本；空气清新，多晒太阳，运动充足，增强体质，提高抗病力；鸡肉质结实，品质鲜美细嫩，带有土鸡风味，市场销路好，价格高，经济效益好(图 6-2)。

图 6-1  茶园放养          图 6-2  山地放养

### (二)场地要求

①放养场地面积适宜，通风，干燥，遮阳，不积水。

②搭好栖架，可让鸡休息

③场地可用铁丝网或竹片分隔，便于分群饲养或轮换放养。

### (三)注意事项

①注意气候变化，下雨天、大风天、场地积水等不宜放养。

②夏季放养，一般从 25d 左右即可放养，直到上市为止。

③冬季放养。在 40 日龄后的中鸡才可以室外放养，室外放养要选择晴天中午进行。

④注意放养时间。鸡刚放养时，时间不宜过长，以后可以慢慢延长放养时间。

⑤注意轮换放养。有利于放养场地的植物生长。

⑥果树施农药时，不要放养。

⑦注意天敌的防御和消除，如老鼠、黄鼠狼等。

# 任务三　肉用种鸡生产

根据整个肉种鸡生产过程来划分，肉种鸡的饲养管理大致可以分为三个阶段：育雏期、育成期和产蛋期，不同阶段对种鸡的饲养管理有着不同的要求。

## 一、肉用种鸡育雏期饲养管理

肉种鸡育雏的好与坏直接决定着种鸡以后的生产性能，若育雏期任何一个环节管理不好，将会给生产带来巨大的损失。具体饲养管理可参考蛋用雏鸡饲养管理。

## 二、肉用种鸡育成期饲养管理

肉种鸡的育成期一般是指种鸡7～20周龄，育成期生产管理目标简单地讲，就是通过控制鸡舍环境条件和鸡只的饲喂程序及疫病防治等培育出适合种用途的均匀度高的后备种鸡。主要饲养管理要点如下。

### 1. 育成鸡选择

育成开始时应观察、称重，不符合品种标准的鸡应尽早淘汰。一般第一次初选在6～8周龄，选择体重适中，健康无病的鸡。第二次在18～20周龄，可结合转群或接种疫苗进行，在平均体重10%以下的个体应予淘汰处理。

### 2. 公母分群饲养

父、母系通常属于不同的品种或品系，体重差异大，为了保证其正常发育，公母应分群饲养。

### 3. 饲养密度

根据种鸡体型、饲养方式、饲养条件和技术水平灵活掌握。

### 4. 光照

育成期光照原则是不能延长光照时间，只能逐渐减少或恒定光照时间。光照强度不能太强，一般为5～10lx。

### 5. 体重监测

每两周称重一次，根据体重变化及时调整饲喂方法。如体重未达到标准体重，应延长采食时间、增加饲喂量。如体重超过标准体重，则应进行限制饲喂。从7周龄开始，每周100只鸡给予砂粒500g。

### 6. 搞好免疫接种和卫生防疫

按免疫程序及时对鸡群进行免疫接种。每周对鸡群进行1～2次消毒，每个月最后一天对鸡舍进行一次全面消毒。每天刷一次水槽或不超过两天一次，每天打扫一次卫生。及时清理粪便，要注意通风工作，排出舍内的各种有害气体，净化环境，夏季做好降温防暑工作，冬季做好防风保温工作。

7. 做好其他日常工作

上午和下午上班时对鸡舍各种设备进行检查，仔细观察鸡群采食饮水、粪便和行为等情况，发现问题及时解决。详细做好日常饲养管理情况记录和档案管理工作。

### 三、肉用种母鸡产蛋期饲养管理

#### (一)产蛋前期(18～21周龄)饲养管理

1. 转群

各系分群，公母分群，在18周龄时完成转群，转出前6h应停料，在转群前2～3d和入舍后前3d，饲料内增加多种维生素和抗生素。转群最好在晚间进行，尽量降低照度，以免惊吓鸡群。同时对病、弱、残鸡进行淘汰。

2. 合适公母比率

自然交配为1：10；人工授精为1：2530。

3. 饲喂方法

采用产蛋前期配合饲料，自由采食，补充贝壳粉和粗钙粉等补钙饲料。

4. 调节温、湿度

鸡舍内最适宜的温度是18～23℃，最低不应低于7℃，最高不超过30℃。如超过此温度范围，种鸡采食量和产蛋量会受到影响。相对湿度保持在60%～75%。

5. 调控光照

光照管理参照同期蛋鸡光照方案。

6. 准备产蛋箱

对于平养种鸡，在开产前的第3～4周，有些鸡就寻找适于产蛋的处所，愈是临近开产找得愈勤，尤其是快要下蛋的母鸡，找窝表现得更为神经质。因此，提早安置好产蛋箱和训练母鸡进产箱内产蛋是一项重要工作。为吸引母鸡在箱内产蛋，产蛋箱要放在光线较暗且通风良好、比较僻静的地方。垫料要松软，发现污染马上更换。

#### (二)产蛋高峰期(22～48周龄)饲养管理

1. 饲喂方法

产蛋高峰期采用自由采食，保证饲料的全价营养，料槽添料量应为1/3槽高，添料过满会造成饲料抛撒。

2. 饲养密度

地面垫料平养为4～5只/m²，网上平养为5～6只/m²，立体笼养为8～12只/m²。

3. 增加光照

从18周龄开始，每周增加光照0.5～1h，到产蛋高峰时达16h/d。

4. 种蛋收集

根据季节的不同，要求每日收集种蛋的次数为4～5次，夏季应增加收集种蛋的次数。母鸡约90%以上的蛋集中在9：00～15：00这段时间，这段时间收集种蛋间隔时间应缩短，产蛋箱中存留的蛋越少，蛋的破损就越少。蛋收集后应在 0.5h 内进行熏蒸消毒。然后在温湿度适宜的环境下贮存。

肉鸡种蛋的蛋重要求范围比蛋鸡大，一般 50～68g 都可以孵化，砂皮蛋、裂纹蛋在孵化操作过程中容易破损，污染其他种蛋，而且本身的孵化率也低，通常不进行孵化。

### (三)产蛋后期(49 周龄至淘汰)饲养管理

当鸡群产蛋率下降至 80% 时，为防止母鸡超重和保持良好的饲料利用率，应开始逐渐减少饲料量，适当增加饲料中钙和维生素 D 的含量，添加 0.1%～0.15% 的氯化胆碱。每次饲料减少量为每 100 只不超过 230g，以后产蛋量每减少 4%～5% 时，必须调整一次饲料量，从产蛋高峰到结束，每 100 只鸡饲料量大约减少 1.36kg。

在每次饲料减少时，必须注意观察鸡群的反应，任何不正常的产蛋量下降，都必须恢复到原饲料量。同是要注意天气的突变、饲喂方式的改变、光照管理、鸡群的健康状况、疾病等因素，必须找出造成产蛋下降的原因，及时改进，绝不能随意减少饲料量。

## 四、肉用种公鸡饲养管理

### 1. 体重控制

在保证肉用种公鸡营养需要量的同时应控制其体重，以保持品种应有的体重标准。在育成期必须进行限制饲喂，从 15 周龄开始，种公鸡的饲养目标就是让种公鸡按照体重标准曲线生长发育，并与种母鸡一起均匀协调的达到性成熟。混群前每周至少一次，混群后每周至少两次监测种公鸡的体重和周增重。平养种鸡 20～23 周龄公母混群后，监测种公鸡的体重更为困难，一般是在混群前将所挑选的 ±5% 标准体重范围内 20%～30% 的种公鸡做出标记，在抽样称重过程中，仅对做出标记的种公鸡进行称重。根据种公鸡抽样称重的结果确定喂料量。

### 2. 种公鸡的饲喂

种公鸡常用的饲喂设备有自动盘式喂料器、悬挂式料桶和吊挂式料槽。每次喂完料后，将饲喂器提升到一定高度，避免任何鸡只接触，将次日的料量加人，喂料时再将喂料器放下。必须保证每只种公鸡至少拥有 18cm 的采食位置，并确保饲料分布均匀。采食位置不能过大，以免凶猛的公鸡多吃多占，均匀度变差，造成生产性能下降。随着种公鸡数量的减少，其饲喂器数量也应相应减少。要注意调节种母鸡喂料器格栅的宽度、高度和精确度，检查喂料器状况，防止种公鸡从种母鸡喂料器中偷料，否则种公鸡的体重难以控制。

### 3. 监测种公鸡的体况

每周都应监测种公鸡的状况，建立良好的日常检查程序。种公鸡的体况监测包括种公鸡的精神状态，是否超重，机敏性和活力，脸部、鸡冠肉垂的颜色和状态，腿部、关节、脚趾的状态，肌肉的韧性、丰满度和胸骨突出情况，羽毛是否脱落，吃料时间，肛门颜色(种公鸡交配频率高肛门颜色鲜艳)等。平养肉种鸡时，公鸡腿部更容易出现问题，如跛行、脚底肿胀发炎、关节炎等，这些公鸡往往配种受精能力较弱，应及时淘汰。公母交配造成母鸡损伤时，淘汰体重过大的种公鸡。

### 4. 适宜的公母比例

公母比例取决于种鸡类型和体形大小，公鸡过多或过少均会影响受精率。自然交配时一般公母比例为 8.5：100～9：100 较合适。按常规每周评估整个鸡群和个体公鸡，根据个体种公鸡的状况淘汰多余的种公鸡，保持最佳公母比例。人工授精时公母比例为 1：(20～30)比较合适。

### 5. 创造良好的交配环境

饲养在"条板—垫料"地面的种鸡，公鸡往往喜欢停留在条板栖息，而母鸡却往往喜欢在垫料上配种，这些母鸡会因公鸡不离开条板而得不到配种。为解决这个问题，可于下午将一些谷物或粗玉米颗粒撒在垫料上，诱使公鸡离开条板。

### 6. 替换公鸡

如果种公鸡饲养管理合理，与种母鸡同时入舍的种公鸡足以保持整个生产周期全群的受精率。随着鸡群年龄的增长，种公鸡的数目逐渐减少。为了保持最佳公母比例，可在生产后期(如 45 周龄后)用鸡群中年轻健康强壮公鸡替换老龄公鸡。对替换公鸡应进行实验室分析和临床检查，确保其不要将病原体带入鸡群。确保替换公鸡完全达到性成熟，避免其受到老龄种母鸡和种公鸡的欺负。为防止公鸡打架，加入新公鸡时应在关灯后或黑暗时进行。观察替换公鸡的采食饮水状况，将反应慢的种公鸡圈入小圈，使其方便找到饮水和饲料。替换公鸡(带上不同颜色的脚圈或在翅膀上喷上颜色)应与老龄公鸡分开称重，以监测其体重增长趋势。

**知识链接**

## *发酵床养鸡技术

发酵床养鸡是一种行之有效，更为合理的生态养鸡技术，既做到鸡粪的有效处理，实现零排放、无污染、无臭味，又为鸡的健康生长提供最适宜的生态环境。鸡在这种环境下生长，生长快、产蛋多、蛋的品质好、生病少，用工、用水、用料大为节省，养鸡的经济效益显著提高。

一次建设发酵床可以使用 3 年以上，使用到期后的垫料也是优质的有机肥料。在发酵床养鸡舍内，只要保持有益微生物的优势，是很容易形成一个良性的微生态平衡，整个鸡舍处于一个有益菌占绝对优势的环境中，清爽没有异味，有益菌已深入到环境中每一个角落，显著增强鸡的非特异性免疫力，减少了用药量，从而靠自身的免疫力和环境微生物的帮助，达到了抵御疾病的目的。

### 一、发酵床养鸡原理

在大自然中生活着许多各种各样的细菌、真菌，人们称它们为微生物。这些微生物既有有益的，也有有害的。发酵床养鸡是利用多种有益微生物迅速降解、消化鸡的排泄物，从而改善鸡舍环境、提高鸡的品质的一项无臭味、无污染、零排放的生态环保养鸡技术。人们通过对多种有益微生物进行培养、扩繁、形成有相当活力的微生物母种，再按一定配方将微生物母种、农作物秸秆以及一定量的辅助材料和活性剂混合，形成有机垫料。在预先设计好的鸡舍内铺上有机垫料，鸡生活在上面，其排泄物被有机垫料里的微生物迅速降解、消化，不需要对排泄物进行人工处理和清扫，达到零排放，无污染。

EM菌液是当地多种微生物的混合群，EM菌液有生命力和适应性，有很强的分解能力。将菌引入鸡舍里面，通过其活性分解鸡粪，降低污染。鸡的消化肠道比较短，粪便中还有70%左右的有机物没有被分解。如果不及时分解，会变质发臭。鸡拉出粪便后，被发酵床上的益生菌分解成了菌体蛋白。鸡还可以采食这些菌体蛋白补充营养，减少饲料的喂养量。传统鸡舍内氨气含量高，诱发鸡呼吸道疾病。EM菌液能够有效除臭，减少鸡舍的氨气量，减轻鸡的发病率。

## 二、发酵床养鸡的鸡舍建设

发酵床养鸡的鸡舍建设应根据当地风向情况，选地势高燥地带建设，可以建设大棚发酵床养鸡舍，大棚两端顺风向设定，长宽比为5∶1左右，高3~3.5m，深挖地下30cm以上，北方则要40cm以上(也可以在泥土地面上四周砌30~40cm高度的挡土墙，但同时鸡舍也需加高30~40cm)，以填入垫料。地上式的更为简单一些，也适用于旧鸡舍的改造，只需要在旧鸡舍内的四周，用相应的材料(如砖块、土坯、土埂、木板、或其他当地可利用的材料)做30~40cm高的挡土墙即可，地面是泥地，垫30~40cm的垫料，加入菌液即可了。也可以采用半地下式的，即把鸡棚中间的泥地挖深15cm左右，挖出的泥土，可以直接堆放到大棚四周作为挡土墙，起到了就地取材的作用。总之，只要空出30~40cm高度的空间，放置发酵床垫料即可，再在上面盖上养鸡的大棚。

大棚上盖塑胶薄膜、遮阳网，配以摇膜装置，棚顶每5m或全部设置天窗式排气装置，天热时可将四周薄膜摇起，达到充分通风的目的。冬天温度下降，则可利用摇膜器控制薄膜的高低，调控舍内温、湿度。冬天可将朝南遮阳网提高，以增加阳光的照射面积，达到增温和消毒的目的。使用寿命可达到6~8年。

大棚顶部，必须每隔几米留有通气口或天窗，可以由两块塑料塑胶薄膜组成，一块是固定，另外一块是活动状态的，打开通风口时，拉动活动的塑料薄膜，露出通风口，发酵产气可以直接上升排走，起到促进空气对流的作用，并可垂直通风；在夏天可以利用这一通风模式。用摇膜器掀开前后的膜可横向通风；把鸡棚两端的门敞开，可实施纵向通风。自然通风不需要通风设备，也不耗电，是良好的资源节约型。

## 三、发酵床养鸡垫料准备

发酵床养鸡垫料的配方不需要用玉米粉等能量物质，因为鸡粪中营养物质丰富。如果垫料厚度为35cm，一般每平方米垫料量在60kg左右，发酵床菌液为每平方米2kg。

发酵床的垫料主要原料都是惰性比较大的原料，可以根据当地资源情况，适当地掺入秸秆资源，但必须粉碎处理或切短处理(3cm左右长短)，同时，必须是混合到下列的惰性原料当中去，不能集中铺放秸秆料，否则会造成板结，影响发酵床功能。

建设30m²发酵床鸡舍的垫料配方实例如下所示。

配方1：锯末1800kg＋发酵床菌液60kg＋水500kg；

配方2：锯末1600kg＋稻糠200kg＋发酵床菌液60kg＋水600kg；

配方3：锯末1300kg＋统糠或稻谷秕谷500kg＋发酵床菌液60kg＋水600kg；

配方4：锯末1100kg＋统糠或稻谷秕谷700kg＋发酵床菌液60kg＋水600kg；

配方 5：锯末 1200kg＋统糠或稻谷秕谷 600kg＋发酵床菌液 60kg＋水 600kg；

配方 6：棉籽壳粗粉 500kg＋木屑 900kg＋棉秆粗粉 400kg＋发酵床菌液 60kg＋水 600kg；

配方 7：花生壳（简单粉碎）500kg＋木屑 1300kg＋发酵床菌液 60kg＋水 600kg。

垫料选择的原则以惰性（粗纤维较高不容易被分解）原料为主，硬度较大，有适量的营养（如能量）在内，各种原料的惰性和硬度大小依次排序为：锯木屑＞统糠粉（稻谷秕谷粉碎后的物质）＞棉籽壳粗粉＞花生壳＞棉秆粗粉＞其他秸秆粗粉，惰性越大的原料，要加点营养饲料如米糠或麦麸，保证垫料的碳氮比在 25∶1 左右，否则全部用惰性原料如锯木屑，但其通透性不太好，发酵比较慢。

注意惰性主原料的颗粒粒度不能过细或过粗，如统糠粉，以 5mm 筛片粉碎为度，木屑用粗木屑，以 3mm 筛子的"筛上物"为度。

垫料厚度通常在高温的南方，垫料总高度达到 30cm 即可；中部地区要达到 35cm；北方寒冷地区要求至少在 40cm。由于垫料在开始使用后都会被压实，厚度会降低，因此施工时的厚度要提高 20％。例如，南方计划垫料总高度为 30cm，在铺设垫料时的实际厚度应该是 36cm。

## 四、实例介绍

下面简要介绍制作 30m² 养鸡发酵床的过程。

①准备好原料：发酵床菌液 60kg，70％～80％的惰性物质（锯木、稻壳、花生壳、粉碎秸秆、玉米芯等不容易腐烂的物质），20％～30％的营养物质（麦麸或稻糠、玉米粉等有营养的物质），水若干（刚开始先少放些，湿度不够再加，维持 40％～50％的湿度就行），0.3％粗盐，10％的深层土。

②把发酵床菌液 30kg 均匀混合到准备的水中，另 30kg 菌液和营养物质（麦麸或稻糠、玉米粉，一般情况下用麦麸或玉米粉 60kg 左右）混合到一起，湿度拌到 50％左右。

③把惰性物质和营养物质混合到一起，一边混合一边用稀释过的发酵床菌液喷洒，拌匀的垫料湿度一般为 45％左右（用手握下垫料，手缝有水滴，但不会滴下来）。

④将垫料用塑料薄膜封闭起来发酵，温度 20℃以上，发酵 3～5d 即可，低于 20℃，则要发酵 5～7d，一般堆温控制在 30～50℃，2d 就能发酵成功。

⑤把发酵好的垫料与 0.3％的粗盐、10％的黄土混合均匀入圈。

## 五、效益分析

①降低运营成本，节省人工，无须每天清理鸡舍。

②节省饲料。鸡的粪便在发酵床上一般只需 3d 就会被微生物分解，粪便给微生物提供了丰富营养，促使有益菌不断繁殖，形成菌体蛋白，鸡采食这些菌体蛋白不但能补充营养，还能提高免疫力。

③降低药费成本。鸡生活在发酵床上，更健康，不易生病，从而减少医药成本。

④垫料和鸡的粪混合发酵后，直接变成优质的有机肥。

⑤提高了鸡肉、鸡蛋的品质，更有市场竞争优势。

# 实训十　鸡的屠宰测定

**【目的要求】**

学习鸡屠宰方法和步骤，掌握屠宰率测定及计算方法。

**【材料和用具】**

公、母鸡各若干只，解剖刀、手术剪、镊子、解剖台、台秤、电子秤、瓷盘、骨剪、胸角器、游标卡尺、皮尺、粗天平、吊鸡架、承血盆。

**【内容和方法】**

1. 宰前准备

①鸡屠宰前必须先禁食12～24h，只供饮水，其目的即可节省饲料还可使放血完全，保证肉的品质优良和屠体美观。

②屠宰前为避免药物残留，应按规定程序停止在饲料中添加药物。

③称活体重。

2. 放血

(1)颈外放血法　左手握鸡两翅，将其颈向背部弯曲，并以左手下拇指和食指固定其头，同时左手下小指勾住鸡的一脚。右手将鸡耳下颈部宰杀部位的羽毛拔净后用刀切断颈动脉或颈静脉血管，放血致死。血放于承血盆中。

(2)口腔内放血法　将鸡两腿分开倒悬于吊鸡架上，左手握鸡头于手下掌中并用拇指及食指将鸡嘴顶开，右手下将解剖刀的刀背与舌面平行伸入口腔，待刀伸入至左耳部时将刀翻转使刀口朝下，用力切断颈静脉和桥形静脉联合处，然后再斜刀抽出转向硬腭处中央裂缝中部(两眼间)斜刺延脑，破坏脑神经中枢。此法使屠体没有伤口，外表完整美观，放血完全，死亡快。

3. 拔毛

在血放净后，用50～80℃的热水浸烫，让热水渗进毛根，因毛囊周围肌肉的放松而便于拔毛。注意水温和浸烫时间要根据鸡体重的大小、季节差异和鸡的日龄而异，不宜太高温度和浸烫太久。一般以能拔下毛而不伤皮肤为准。拔毛顺序：

尾→翅→颈→胸→背→臀→两腿粗毛→绒毛

拔完羽毛后沥干水称屠体重并求毛重。

4. 屠体外观检查

检查屠体表面是否有病灶、损伤、淤血，如鸡痘、肿瘤、胸囊肿、胸骨弯曲、大小胸、脚趾瘤、外伤、断翅或淤血块等。

5. 分割、去内脏

割除头、颈、脚。脚从踝关节分割并剥去脚皮、趾壳，头从枕寰关节处割下颈部从肩胛骨处割下。分别将头、颈、脚称重并填入表中。

为防止屠体污染，开腹前先挤压肛门，使粪便排出。在胸骨剑突出泄殖腔之间一刀，掏出内脏，仅留肺脏和肾脏。

6. 屠宰测定项目

(1)活重 是指在屠宰前停饲12h后的质量。

(2)放血重 禽体放血后的质量。

(3)屠体重 禽体放血、拔毛后的质量(湿拔法需沥干)。

(4)胸肌重 将屠体胸肌剥离下的质量。

(5)腿肌重 将禽体腿部去皮，去骨的肌肉质量。

(6)半净膛重 屠体重去气管、食管、嗉囊、肠、脾脏、胰腺和生殖器官。留心脏、肝脏(去胆)、肺脏、肾脏、腺胃、肌胃(去除内容物及角质膜)和腹脂的质量。

(7)全净膛重 半净膛重去心脏、肝脏、腺胃、肌胃、腹脂及头、颈、脚。留肺脏、肾脏的质量(鸭、鹅保留头、颈、脚)。

(8)腹脂重 包括腹脂(板油)及肌胃脂肪。

根据实验要求有时要称脚重、肝脏重、心脏重、肌胃重、头重等。

7. 计算

(1)屠宰率

屠宰率＝屠体重/活重×100%

(2)半净膛率

半净膛率＝半净膛重/活重×100%

(3)全净膛率

全净膛率＝全净膛重/活重×100%

(4)胸肌率

胸肌率＝胸肌重/全净膛重×100%

(5)腿肌率

腿肌率＝腿肌重/全净膛重×100%

(6)腹脂率

腹脂率＝(腹脂重＋肌胃外脂肪重)/全净膛重×100%

【实训报告】

每小组屠宰1～2只鸡，要求屠体放血完全、无伤痕，并按屠宰测定顺序将结果填入测定表(表 6-2)。要求数据准确、完整。

表 6-2 肉鸡屠宰测定记录汇总表

测定周龄： 测定人： 测定时间： 年 月 日

| 品种 | 编号 | 性别 | 活重(g) | 血重(g) | 屠体 | | 半净膛 | | 全净膛 | |
|---|---|---|---|---|---|---|---|---|---|---|
| | | | | | _g | _% | _g | _% | _g | _% |

（续）

| 头颈重(g) | 脚重(g) | 腿肌 | | 胸肌 | | 腹脂 | | 心、肝、肌胃重(g) | 皮下脂肪(g) | 备注 |
|---|---|---|---|---|---|---|---|---|---|---|
| | | _ g | _ % | _ g | _ % | _ g | _ % | | | |

# 实训十一　鸡的体尺测量

## 【目的要求】

掌握家禽体尺测量方法。测量家禽体尺的目的是为了更精确地记载家禽的体格特征和鉴定家禽体躯各部分的生长发育情况，在家禽育种和地方禽种调查工作中常用到。

## 【材料和用具】

鸡骨骼标本，不同品种公、母鸡各若干只，皮尺、游标卡尺、胸角器、电子秤。

## 【内容和方法】

①在进行体尺测量前，要使学生复习并熟悉鸡骨骼和关节的正确位置，使测量的结果更精准。具体方法是为每组学生准备鸡骨骼标本一副，有重点的指出测量时用得着的各种骨骼部位，并要求学生熟记骨骼位置。

②测定动物选择：随机选择的鸡只必须符合本品种特征，样本具有代表性。

③称重：用电子台秤称测空腹鸡只个体重(kg)。

④体尺测量：测量部位和方法参见表6-3。

表6-3　测量部位和方法

| 项目 | 测量工具 | 测量部位 | 意义 |
|---|---|---|---|
| 体斜长 | 皮尺 | 肩关节到坐骨结节的距离 | 了解禽体在长度方面的发育情况 |
| 胸宽 | 卡尺 | 两肩关节间的距离 | 了解禽体胸腔发育情况 |
| 胸深 | 卡尺 | 第一胸椎到龙骨前缘的距离 | 了解禽体胸腔、胸骨和胸肌发育情况 |
| 胸角 | 胸角器 | 龙骨前缘测量两侧胸部角度 | 了解禽体胸肌发育情况 |
| 胸围 | 皮尺 | 绕两肩关节和胸骨前缘1周 | 了解禽体胸腔和肌肉发育情况 |
| 龙骨长 | 皮尺 | 龙骨突前端到龙骨末端 | 了解体躯和胸骨长度的发育情况 |
| 胫长 | 卡尺 | 胫部上关节到第三趾与第四趾间的距离 | 了解体高和长骨的发育情况 |
| 胫围 | 皮卡 | 胫骨中部的周长 | 了解体躯和体重的发育情况 |
| 髋宽 | 卡尺 | 两髋关节间的距离 | 了解禽体腹腔发育情况 |

⑤记录体尺测量结果：及时将体重和体尺测量数据记载于家禽体尺表中（表6-4）。

## 【实训报告】

根据体尺测量结果，对比不同品种和性别鸡的体尺差异。

**表 6-4　家禽体尺表**

| 禽号 | 性别 | 活重<br>(g) | 体斜长<br>(cm) | 胸宽<br>(cm) | 胸深<br>(cm) | 胸角<br>(cm) | 胸围<br>(cm) | 龙骨长<br>(cm) | 胫长<br>(cm) | 胫围<br>(cm) | 髋宽<br>(cm) |
|---|---|---|---|---|---|---|---|---|---|---|---|
|  |  |  |  |  |  |  |  |  |  |  |  |
|  |  |  |  |  |  |  |  |  |  |  |  |
|  |  |  |  |  |  |  |  |  |  |  |  |
|  |  |  |  |  |  |  |  |  |  |  |  |

# 实训十二　鸡的称重与均匀度测定

**【目的要求】**

熟练掌握体重抽测方法和鸡群均匀度的测定方法。

**【材料和用具】**

称重设备、围网、运鸡笼、体重记录表，某鸡种各周龄体重和均匀度标准、种鸡（≥500 只）。

**【内容和方法】**

1. 称测数量

在进行均匀度测定时，称测种鸡的数量以从鸡群中随机抽取 2%～5%（不得少于 50 只）的鸡只为宜。

2. 称测时间

从第 4 周开始直至产蛋高峰前，必须在每周同一天的同一时间进行空腹称重，每天限饲的种鸡在喂料后 4～6h 称重，隔日限饲的在停饲日称重。

3. 称重设备

称重设备有多种类型可以选择，如台秤、家禽秤或鸡舍内的自动称重系统等，但要使用精确度可达到±20g 的设备，同一鸡群多次或反复称重必须使用同一类型的称重器。所有的称重器都需要校准，并随时准备好标准的重量砝码以检测称重器是否称重准确。每次抽样称重前后都要对称重器进行校准。

4. 方法

用围网随机把种鸡围住，每次围圈 50～100 只鸡并逐只称重，一人抓鸡，一人称重，一人记录。为避免任何选择偏差，所有被围圈的鸡只都必须称重。如果栏内鸡群数量超过 1000 只，则必须在栏内两个不同的位置进行抽样称重。

5. 均匀度计算

将所称鸡只的单个体重相加，再除以所称鸡只数，即得出抽测鸡群的平均体重。如抽测平均体重为 1500g，再对这 50 只抽测鸡只逐个查看体重，数出体重在抽测鸡群平均体重±10% 范围内的鸡只数，然后除以抽测数，即得出均匀度。如下式：

均匀度＝体重在抽测鸡群平均体重±10% 范围内的鸡只数÷抽测鸡群总数×100%

例如，在 50 只的抽测鸡群中，体重在抽测鸡群平均体重±10% 范围（1350～1650g）的鸡有 40 只，则该群鸡的均匀度为 40÷50×100％＝80％。

6. 均匀度等级评定

均匀度大于 90％为特等、84％～90％为优、77％～83％为良好、70％～76％为一般、63％～69％为不良、62％以下为差等。

【实训报告】

按步骤写出所测鸡群均匀度，然后根据测定结果对照本鸡种的标准分析该鸡群的体重和均匀度，总结原因并对该鸡群下一阶段的饲养管理提出合理化建议。

## 练习与思考题

1. 现代肉仔鸡的特点有哪些？
2. 肉用仔鸡的管理主要包括哪些内容？
3. 优质肉鸡饲养管理要点是什么？
4. 提高快大型肉用仔鸡经济效益的措施在哪些？
5. 优质型肉鸡放养时的注意事项有哪些？

# 项目七
## 水禽生产

【知识目标】
- 掌握肉鸭、蛋鸭与鹅的育成期的关键饲养技术。
- 掌握蛋鸭与肉用种鸭产蛋期的饲养管理技术。
- 掌握仔鹅育肥与种鹅放牧的关键技术。
- 熟悉肉用瘤头鸭生产的特点与管理要点。

【技能目标】
- 能科学地进行蛋鸭的饲养管理。
- 会科学饲养管理不同生产阶段的肉鸭。
- 能正确进行鸭、鹅填饲与肥肝生产。

## 任务一　蛋鸭生产

### 一、鸭的生理特点与生活习性

#### (一)鸭的生理特点

1. 鸭的生殖生理

母鸭生殖器官包括卵巢、输卵管两大部分，右侧在发育中停止，仅存残迹，左侧发育完全。公鸭的生殖器官由睾丸、附睾、输精管及交媾器组成。睾丸呈不规则圆筒形，是产生精子、精液和分泌激素的地方。

2. 鸭的消化生理

鸭无唇，仅有长而扁平的角质化的喙，其尖端钝圆，喙分上下两片，上大下小，相邻的边缘有锯齿状的空隙，以利在水中采食。鸭的口腔内无齿且唾液腺不发达，因而采食时常常饮水，以湿润食物，利于吞咽。鸭舌厚长而软，舌神经对水温反应极为敏感，不喜高于气温的水。鸭的食道很长，正常情况下，食物在食道下端呈棒锤形的膨大部停留 3～4h，然后被有节律地推送至胃中。鸭肌胃壁厚，表面覆有腱质，收缩力强，主要用于磨碎食物，鸭要经常采食一定量砂子以增加肌胃的磨碎作用。鸭的肠道一般为体长的 4～5 倍，鸭的回肠和空肠无明显区别，小肠的主要功能是进行消化吸收。大肠由一对发达的盲肠和一段短而直的直肠构成。盲肠可消化少量的纤维素，并吸收水和电解质。盲肠主要吸收食物残渣中的水分，形成粪便由泄殖腔排出。泄殖腔为排泄粪尿、射精、产蛋的共同开口。肝脏是鸭最大的消化腺，具有很强的合成与储存脂肪的能力，生产肥肝正是利用了这一特性。

### (二)鸭的生活习性

(1)喜水性　鸭属水禽，喜欢在水中洗浴、嬉戏、觅食和求偶交配。

(2)合群性　鸭的野生祖先天性喜群居和成群飞行，这种习性驯化家养之后仍未改变，因而家鸭至今还表现出很强的合群性。因此鸭适于大群放牧饲养和圈养，管理也比较容易。

(3)耐寒性　绒羽保温性好；能有效地防水御寒，具有更强的防寒保暖作用。鸭的散热性能差，耐热性能也较差，气温超过 25℃时鸭散热困难。

(4)耐粗饲　由于鸭的嗅觉、味觉不发达，对饲料要求不高，凡是无酸败和异味的饲料都会无选择地大口吞咽，所以不论精、粗饲料或青绿饲料等都可以作为鸭的饲料。

(5)敏感性　鸭性急胆小，易受外界突然的刺激而惊群，尤其是对人、畜及偶然出现的色彩、声音、强光等刺激均有害怕的感觉。所以，应保持鸭饲养环境的安静稳定，以免因突然受惊而影响产蛋和增重。

(6)生活规律性　鸭具有良好的条件反射能力，反应灵敏，比较容易接受训练和调教，可以按照人们的需要和自然条件进行训练，以形成各自的生活规律。一天之中鸭的放牧(出栏)、觅食、嬉水、歇息、交配和产蛋等行为都有比较固定的时间，且这种规律一经形成就不易改变。

(7)无就巢性　鸭经过人们的长期选育，已经丧失了抱窝的本能(栖鸭属的番鸭除外)，这就增加了产蛋的时间，而孵化和育雏全需人工进行。

鸭还具有生长快、成熟早、繁殖力强、饲料报酬高等经济特性。

### 二、蛋鸭饲养管理

生产上将蛋鸭生产分为三个阶段：0～4 周龄为育雏阶段、5～18 周龄为育成阶段、19～72 周龄为产蛋(繁殖)阶段。

### (一)蛋鸭生产特点

我国蛋鸭生产历史悠久，产蛋水平很高，其生产特点概括为以下几个方面。

①我国的蛋鸭分布主要集中于长江中下游地区，尤以江苏、浙江、福建等地最为发达。南方其他地区主要以当地麻鸭品种生产肉用仔鸭，利用孵化淡季或孵化时节生产的多余的种蛋上市作食用鸭蛋。

②在水网和湖泊地区多采用带有给饲场和水围的开放式简易鸭舍大群饲养蛋鸭；在沿海地区采用滩涂放牧；在深丘和山区，利用冬水田和溪渠小群放牧、补饲方式饲养蛋鸭。

③蛋鸭的生产周期较长（相对于肉鸭而言）。优良蛋鸭品种在150日龄左右达到50%的产蛋率，利用期多为1.5～2年。

④蛋鸭的产蛋期要求较高的粗蛋白质水平，日粮中特别要注意动物性蛋白质的供给，以保证高产稳产的需要。

⑤我国一些地区食用鸭蛋价格偏低，按重量计算低于食用鸡蛋。因此，在从事蛋鸭生产的规模经营时，应与蛋类加工厂或出口贸易公司订立期货合同，使食用鸭蛋增值，以利于蛋鸭业的规模化生产。

### (二)生长鸭培育

#### 1. 蛋鸭育雏环境

蛋鸭育雏方式有地面育雏、网上育雏、立体笼育。对鸭舍环境有以下要求。

(1)温度　采用供温育雏方式时的做法与标准基本同肉鸭。1～3日龄温度应达30～28℃，3日龄后约每3天降2℃。小规模饲养的夏鸭和秋鸭还可以采用自温育雏方式。

(2)相对湿度　第1周65%左右，第2周60%，第3周以后为55%。

(3)光照　蛋鸭第1周每天光照20～23h，第2周逐渐缩短光照时间，第3周起如上半年育雏，白天利用自然光照，夜间以暗光通宵照明，只在喂料时照亮一些；如下半年育雏，可在傍晚适当增加光照1～2h，其余仍用暗光通宵照明。青年鸭每日光照8～10h，强度3～5lx，一般30m²的鸭舍配置一只15W的灯泡即可。如利用自然光照则以下半年培育秋鸭最合适(表7-1)。

表7-1　雏鸭光照时间和光照强度

| 周龄 | 光照时间(h) | 光照强度(lx) |
|---|---|---|
| 1 | 20～23 | 8～10(2W/m²) |
| 2～4 | 16～20 | 5(0.75W/m²) |

(4)密度　根据季节、雏鸭日龄和环境条件灵活掌握。有的蛋鸭场在3周龄前采用蛋鸡育雏笼饲养，22日龄前后转为地面散养。具体密度参见表7-2。

表7-2　绍鸭育雏期饲养密度　　　　　　　　　　　　　　　　　只/m²

| 周龄 | 1 | 2 | 3 | 4 |
|---|---|---|---|---|
| 冬季 | 33～30 | 30～25 | 25～21 | 21～16 |
| 夏季 | 36～32 | 32～28 | 28～23 | 23～18 |

注：表中数据是指在有舍外运动场的条件下的参考数据。

#### 2. 雏鸭与青年鸭饲养

(1)开食与饲喂　初饮、开食、饲喂全价颗粒料的基本方法同肉鸭。一般从出生到28

日龄，蛋用品种雏鸭需要全价配合饲料1.4~1.5kg(兼用品种需要1.7~2.2kg，肉用品种需要2.6~3.2kg)。传统养鸭要适应放牧就有一些不同的做法。

适时"开青""开荤"。3日龄后开始补喂青绿饲料，占混合料的25%左右，20日龄后可占40%。不喂青饲料的要加喂维生素。4日龄可"开荤"(喂动物性饲料尤其是鲜活的鱼虾等)。农谚说："鸭要腥，鹅要青"。

逐渐训练吃稻谷、吃落谷、吃螺蛳和浅水中觅食。训练鸭觅食稻谷的方法是先将稻谷经温水浸泡使其外壳变柔软，或经开水煮至米粒从稻壳里刚刚爆开露出(即"开口谷")，再经冷水浸凉后，逐步由少到多加入到配合饲料中，起初可以将开口谷撒在料盆中饲料的上面，以后再混入配合饲料中，直到全部用稻谷饲喂。第一次不要撒得太多，要撒均匀，逐步添加，造成"抢吃"的局面。学会吃落地谷后，再训练鸭从浅水中觅食。

除野外觅食训练外还要进行放牧信号训练，使鸭群建立听从指挥的条件反射，管理时可以做到"招之即来，驱之即走"。

(2)放水 在3日龄以后可适时下水。每天上、下午各一次，每次不超过10min，水温以不低于15℃为宜。以后逐渐增加下水次数并延长时间，2周龄以后可游泳洗浴。每次理干毛后再回鸭舍。夏季不能在中午烈日下进行，冬季不能在阴冷的早晚进行，寒冷气候少下水或不下水。

(3)适当加强运动 不能放牧时，每天定时驱赶鸭在舍内转圈或运动场活动2~5次，每次1~1.5h。

(4)青年鸭管理

①青年鸭特点：食性广，会吃会睡，可塑性较强，但胆小、神经敏感，怕拥挤。管理上要有意识地培养鸭只的胆量，多与鸭接触，提高鸭的适应性。饲料宜粗不宜精。

②饲养方式：舍内可以采用厚垫料、网状和栅状地面饲养。限制饲养主要用于舍饲与半舍饲养鸭，一般从8周龄开始，至16~18周龄结束。放牧饲养较适合于农户的小规模养殖方式，31日龄开始可实行全天放牧饲养，不需限饲。

③分群与密度：每群以300只左右为宜，不宜过大。饲养密度以5~9周龄时15~20只/m²、10~18周龄时8~12只/m²为宜。

### (三)圈养产蛋鸭饲养管理

根据绍鸭、金定鸭和卡基·康贝尔鸭产蛋性能的测定，150日龄时产蛋率可达50%，至200日龄时达90%以上。在正常饲养管理条件下，高产鸭群高峰期可维持到450日龄左右，以后逐渐下降。

#### 1. 产蛋初期和前期饲养管理

在120~200日龄为产蛋初期，201~300日龄为产蛋前期。

①日粮中粗蛋白质含量随产蛋率的递增而调整。

②注意能量蛋白比的适度，促使鸭群尽快达到产蛋高峰，达到高峰期后要稳定饲料种类和营养水平，使鸭群的产蛋高峰期尽可能保持长久。

③白天喂3次料，夜晚21：00~22：00给料1次。

④采用自由采食制，每只蛋鸭每天耗料约150g。

⑤光照时间逐渐增加，达到产蛋高峰期，光照时间应保持 14～15h。

### 2. 产蛋中期的饲养管理

在 301～400 日龄为产蛋中期。目标是保高产。

①营养水平要在前期的基础上适当提高，日粮中粗蛋白质的含量应达 20％。

②注意钙的添加。可在粉料中添加 1％～2％颗粒状钙，或在舍内单独放置钙盆，让鸭自由采食。并适量饲喂青绿饲料或添加多种维生素。

③光照总时间稳定保持在 16～17h。

### 3. 产蛋后期饲养管理

在 401～500 日龄为产蛋后期。蛋鸭群经长期持续产蛋之后，产蛋率将会不断下降。此期内饲养管理的主要目标是尽量减缓鸭群产蛋率的下降幅度。根据体重和产蛋率确定饲料质量和喂量。如果只是身体有发胖的趋势但产蛋率还保持在 80％左右，可将代谢能降下来或适当增喂粗料和青料或控制采食量。如产蛋率已降到 60％左右时，无需加料，准备淘汰或强制换羽。若产蛋率还有 80％左右而体重有减轻趋势，则应适当增加动物性饲料喂量。多放、少关、勤运动。光照不能减少，在淘汰前 5 周还可将每天的光照时间延长为 17h。蛋鸭饲养是否得当，可以通过以下"十看"进行综合判断。

(1)看体重与羽毛　体重基本不变，羽毛光亮、紧密、贴身，产蛋集中，说明用料合理，饲养得当。体重减轻，说明营养不足，应适当增喂动物性饲料；体重增加，说明鸭只肥，应适当降低饲料代谢能，增喂青绿饲料和粗饲料，控制采食量，但动物性饲料保持不变。

(2)看产蛋时间　每天 2：00～6：00 产蛋为正常。若每天推迟产蛋时间甚至白天产蛋，产蛋稀稀拉拉不集中，且蛋越来越小，应及时补充精料，否则就要减产或停产。

(3)看鸭的粪便　如果呈全白色，说明动物性饲料过多，消化不良，应适当减少；若疏松白色不多，说明动物性饲料搭配合理；若呈黄白色、灰绿色或血便，说明鸭已患病。

(4)看蛋壳　若蛋壳厚实光滑，有光泽，说明饲养较好；蛋形变长，蛋壳薄缺、透亮、有沙点，甚至产软壳蛋，说明饲料质量不好，尤其是钙不足或维生素缺乏。

(5)看嬉水　产蛋率高的健康鸭子，精力充沛，下水后潜水时间长，上岸后羽毛光滑不湿，水珠四溅。如果鸭精神不振、行动无力、羽毛松乱、翅膀下垂，不愿下水，下水后湿毛或惊慌爬上岸、身体发抖，甚至下沉，说明鸭子营养不足，预示要减产停产，要立即加喂动物性饲料，特别是鲜活的动物性饲料，并补充鱼肝油、维生素等，最好用液体鱼肝油拌料，每只鸭喂 1mL/d，连喂 3d。如果产蛋正常，羽毛恢复光亮就停止饲喂。

(6)看食欲　喂食时鸭子很快聚拢，说明食欲强。

(7)看蛋重　食、水不足则蛋小。

(8)看精神　健康鸭子精神好，行动灵活。

(9)看蛋形　蛋形正常则食足。蛋形圆可能缺能量。

(10)看产蛋率　产蛋率波动大，说明饲养管理存在问题。

### (四)放牧鸭饲养管理

在2周龄以上可以进行放牧训练。放牧时间与路程由短到长(不超过1.5h)。最好选择水草茂盛、昆虫滋生、浮游生物较多的湖塘或田地。

#### 1. 放牧方法

(1)一条龙放牧法　放牧时由一位有经验者在前面领路，引导鸭群行进，助手在后面两侧压阵，使鸭群缓慢前行。此方法适宜于在刚收获后的稻田放牧。

(2)满天星放牧法　将鸭群赶到一块放牧田内，鸭群分散在田内自由觅食。

(3)定时放牧法　在一天的放牧中，按照鸭的采食规律在采食高潮时(9：00～10：00、14：00～15：00和16：00～18：00)进行放牧采食，不让鸭整天泡在田里或水中。

#### 2. 四季放牧注意事项

放牧鸭要严格掌握"春要晒、秋要洗、夏避雨、冬避风"的原则。要进行牧前调查，了解放牧地周围的地形地势、水源和天然饲料情况，农作物种类、收获季节、作物施肥习惯、近期是否施用过农药，选择好放牧地和放牧路线，路线远近适当，往返路线尽量固定；行走时要找水路或有草地的线路，不走石子路和水泥路；过江河时要选择水浅流缓的地方，上下河岸选择坡度小、场面宽阔之处；行走途中一般要逆风、逆水前进，途中有1～2个阴凉之处可避风雨，牧地附近要有鸭休息的场所。放牧群以500～1000只为宜，按大小、公母分群放牧饲养。注意选择合适的田块、浅水放牧、不重复放牧。注意"三防四不放"(防兽害、防惊扰、防病害，刚施过化肥农药的地块不放，秧苗刚种下或已经扬花结穗、未割完禾的田不放，发生传染病的疫区不放，受三废污染或污浊的河流渠道不放)。归牧后要检查鸭群吃食情况。

(1)春季放牧　在有风天气应逆风而放，这样鸭体不致受凉。初春气温低，放牧应晚出早归，鸭群不宜在水中长时间逗留。如有母鸭落在大群后面，不断回头顾盼，多是没有产蛋的母鸭，可任其返回舍内产蛋。雨天或大雾天时不放牧。

(2)夏季放牧　上午早出早归，下午晚出晚归，天黑前收牧。中午休息，避免烈日直晒，特别要避免鸭群在晒烫的地面上行走。晚上若鸭群在棚内鸣叫不安，往往是由闷热引起的，应及时开棚放水。放牧途中，如发现个别蛋鸭离群独游，不停鸣叫，多是产蛋推迟的表现，要挑出来加强饲养，待产蛋时间正常后再放养，以防蛋丢失。补饲时，早餐要早，晚餐要晚，还要适当加喂鲜料。夏季多暴风雨，必须留心天气预报，避开雷雨和大风天气。

(3)秋季放牧　要早出晚归，途中让鸭慢慢行走(扑翼急行易造成产畸形蛋、软壳蛋或造成漏蛋，特别是下午鸭蛋已在子宫部时)。放牧时间应随气温下降而逐渐缩短。尽量在刚收割后的稻田里放牧(落谷、昆虫、水草丰富)。放牧茬田时，注意觅食一段时间后，将鸭群放在净水处饮水和洗澡。放牧时不要过急驱赶，让鸭群随意游动觅食。

(4)冬季放牧　以舍饲为主、放牧为辅。要增加补饲的精料、鲜料和青绿饲料数量。停产时可喂粗饲料。缩短每天的放牧时间，一般不超过4h，要晚出早归，避免在冰雪中行走和觅食。要找背风向阳、植物籽实多的牧地。冬季关棚饲养期间，每天驱赶运动"噪鸭"，防止过肥。早晚补充光照，每天光照不少于14h。

# 任务二　肉鸭生产

## 一、肉鸭生产特点

### 1. 生长迅速，经济效益高

肉鸭的早期生长速度极快，生产周期短，8 周龄活重可达 3.2～3.5kg，可在较短的时间内上市，提高鸭舍和设备的利用率，同时资金周转快，经济效益好。

### 2. 产肉率高，肉质好

商品肉鸭的胸腿肌特别发达，据测定 7 周龄时胸腿肌可达 600g 以上，占全净膛重的 25.4%，胸肌可达 300g。肉鸭具有肌肉肌间脂肪多、肉质细嫩等特点，是加工烤鸭、板鸭和煎、炸鸭食品，以及分割肉生产的上乘原料。

### 3. 性成熟早，繁殖率高

肉鸭是繁殖率较高的水禽，大型肉鸭配套系母本开产日龄为 26 周龄左右，开产后 40 周内可获得合格种蛋 180 个左右，可生产肉用仔鸭 120～140 只。

### 4. 前期生长快，后期生长慢

大型肉用仔鸭的突出特点是早期生长快，饲料转换率高。但超过 8 周龄以上，增重减缓，饲料转换率随之下降。

## 二、肉仔鸭生产

### (一)育雏期饲养管理

在 0～3 周龄为肉鸭育雏期，是肉鸭养殖的最关键时期。

### 1. 育雏方式

根据条件，肉用雏鸭的培育可以选择地面育雏、网上育雏、塑料大棚育雏及地网混合式育雏等方式。也有在前 2 周采用笼养而后平养的。

### 2. 健康雏鸭选择

(1)根据种鸭饲养质量选择　选择生产和卫生防疫管理规范、饲养管理条件全面、信誉度较高的种鸭场。最好实地了解种鸭饲养情况，选择品种优良、经过系统免疫程序的种鸭。

(2)根据鸭苗出雏时间选择　选择孵化设备质量可靠、孵化卫生和技术管理严格的孵化厂。选择出雏整齐、按时孵出的鸭苗(鸭蛋孵化期为 28d，实际上应为 27.5d)。

(3)根据外形选择　选择个体中等、大小均匀一致，初生重一般为 40～42g；腹部平坦，体型匀称，尾端不下垂，站立稳重，运动协调；绒毛金黄色、洁净、有光泽，头大颈粗，胸深背阔；脐部收缩良好，干燥无血迹，有绒毛覆盖；腿部光润丰满，趾蹼油润，无炎症、无脱水现象；膘情良好，显得水灵；叫声洪亮，对声光反应灵敏；手握有温暖感，挣扎有力。尤其要注意脐部的愈合情况。

### 3. 雏鸭饲养

水对雏鸭的生长发育至关重要，雏鸭在开食之前一定要先饮水。

（1）饮水方式

①用鸭篮：通常每只鸭篮放 40～50 只雏鸭，将鸭篮慢慢浸入水中，使水浸没鸭脚面为止，2～3min 后将鸭篮端起来，让鸭梳理绒毛。

②往雏鸭绒毛上洒水：雏鸭互相啄食小水珠。

③用水盘：水盘边高 4cm、盘中盛 1cm 深的水，将鸭放在盘内饮水、理毛 2～3min 后抓出放在垫料上理毛。以后逐渐加深水，并将水盘放在有排水装置的地面上，任其饮水、洗浴。

④用饮水器：如使用饮水器要先对雏鸭进行调教。

前两种适用于小群自温育雏，后两种适用于大群保温育雏。

⑤饮水注意事项：雏鸭出壳后 24～26h、接入育雏室后就可以饮水。前 5～7d 以温开水为宜，间隔使用糖水、药水、保健水，标准基本同雏鸡（水中加葡萄糖 5%～3%、电解多维 0.1%、补液盐或 0.01% 高锰酸钾等）。每 1000 只雏鸭需 30～40 个 2L 真空饮水器，均匀分布，绝不能断水。2 周龄后，逐渐增添饮水槽，减少钟形饮水器或自动悬挂式饮水器。从第 3 周龄开始可全部更换为水槽。

（2）开食与饲喂

①开食时间：在"开水"1～2h 后或雏鸭出壳后 12～24h 开始投第一次料。主要根据外界气温和雏鸭的外观、精神状态及表现判断。气温高，雏鸭出壳较早，精神活泼，神态老练，有求食行为者可先开；雏鸭脚胫和蹼上的表皮干燥收缩（出壳已久）可先开；相反，应在雏鸭绒毛稍干后进行；凡表皮细嫩，似在水中浸过一样湿润（说明出壳不久）者可暂缓开食。

②开食方法：用开食盘（放在饮水器旁边）喂给全价饲料（拌湿或用破碎料），一个 40cm×40cm、缘高 2～2.5cm 的开食盘可供 50 只雏鸭用。或撒在油布或深色塑料布上。农村传统开食法是喂给半生半熟、经水洗的夹生米饭。要特别注意还不会采食的雏鸭，必要时给予人工辅助。

③喂食注意事项：饲喂雏鸭的关键是前 3～5d，此阶段如果雏鸭颈部从下部开始出现食道膨大部分，腹部开始下垂，尾部上翘，说明雏鸭生长良好。需要细心观察，要使每只雏鸭都能够吃到饲料。对于采食较猛较多的雏鸭，要提前捉出。对于吃得少或没有吃到饲料的雏鸭，单独圈在一起，专门喂料。对个别仍不吃食的雏鸭，可以单独喂点葡萄糖水。

每日给料量应遵循"少喂多餐，随吃随添"原则，要保证不断料。第 1 周采用定时喂料法（两次喂料之间有一定的间隔时间）。1 周龄以后让鸭自由采食或采用定时喂料，一般 2 周龄内昼夜 6 次，其中 1 次安排在晚上。3 周龄时昼夜 4 次。随着雏鸭长大，逐步升高饮水器和料线（料桶）的高度。

### 4. 雏鸭管理

（1）温度　肉鸭不像麻鸭那样容易适应环境温度的变化。温度管理最关键的是第一周。农谚说："小鸭请来家，五天五夜不离它"。在最初 3d，温度应达 30～28℃。3 日龄后约每

3 天降 2℃。鸭舍昼夜温差控制在 0.5～1℃，"适宜而均衡"是控温的原则。可根据温度计和观察雏鸭的动态表现综合判断温度是否合适。气温不低于 18℃就可脱温。夏鸭 1～2 周、春秋鸭 15 日龄后就可脱温(表 7-3)。

表 7-3　雏鸭培育温度

| 日龄(d) | 1～3 | 4～6 | 7～10 | 11～14 | 15～20 | 大于 21 |
|---|---|---|---|---|---|---|
| 温度(℃) | 30～28 | 28～26 | 26～24 | 24～22 | 22～20 | 不低于 20 |

要严防打堆。雏鸭夜间常常堆挤而眠，温度偏低时更严重。减少打堆方法：夜间加强观察；每隔 1～2h 驱赶一次；放水上岸后有充分的理毛时间；保持舍内干燥；调整舍温；更换潮湿垫料；将弱雏隔离饲养。

(2)湿度　第 1 周保持在 60%～70%，2 周龄起为 50%～60%，应避免出现高温高湿现象。地面垫草必须干燥、新鲜、无霉变。"养鸭无巧，窝干食饱"。

(3)光照　前 3d 每天保持在 23h 光照、1h 黑暗，强度约 10lx。在喂料和饮水处相对亮一些。在 4 日龄以后，白天利用自然光照，早晚开灯喂料，光照强度以雏鸭能看见采食即可。

(4)密度　密度过大，雏鸭活动不开，采食、饮水困难，空气污浊，不利于雏鸭生长；密度过小，房舍利用率低，能耗多，不经济。饲养密度的大小要根据育雏舍的结构和通风条件以及管理水平等因素决定(表 7-4)。

表 7-4　肉用雏鸭饲养密度　　　　　　　　　　　　　　　　　　　　　　　　　只/m²

| 周龄 | 地面垫料平养 | 网上饲养 | 笼养 |
|---|---|---|---|
| 1 | 20～30 | 30～50 | 60～65 |
| 2 | 10～15 | 15～25 | 30～40 |
| 3 | 7～10 | 10～15 | 20～25 |

(5)其他方面　适当通风换气、适时扩群、加强垫料管理与卫生消毒。肉鸭虽可旱养，但设置比较浅的水面运动场对夏季养鸭有一定好处，其他季节一般不用。育雏室应使用可移动式的围栏或隔墙。小鸭可按 500～800 只进行分群(栏)，中大鸭可按 300～500 只。

5.观察鸭群

(1)观察行为姿态　观察方法基本同养鸡。正常雏鸭精神活泼，眼睛明亮有神，反应灵敏，采食饮水正常，均匀散布于全栏，睡觉时几只或十几只头向中央围成一个梅花形。

(2)观察羽毛　正常情况下羽毛舒展，有光泽，贴身整齐。如全身羽毛污秽或脱落，多为湿度过大；全身羽毛逆立、蓬乱，多为发病的象征。

(3)观察粪便　正常粪便为青灰色，多成堆形，不硬不软，表面有少量白色尿酸盐沉积。绿色、白色、金黄色等异样稀粪常预示着生病。

(4)观察呼吸　主要观察呼吸频率和姿势是否改变，有无流鼻涕、咳嗽、眼睑肿胀和异样的呼吸音，尤其是当气候急剧变化、舍内氨气含量过高和灰尘大时。

(5)观察采食量　鸭采食量逐渐减少预示着生病。

此外，鸭场要实行"五定"：定人、定时、定饲料、设备定位、定行为规则，以避免鸭群发生应激反应。舍内网上饲养者每天要定时驱赶运动。

### (二)育肥期饲养管理

从 21 日龄到上市时间段的肉鸭称为仔鸭。多采用舍内地面平养或网上平养。

#### 1. 平稳脱温，及时、平稳换料

育肥饲料比育雏料蛋白质含量低而能量高。白天喂 3 次，晚上 1 次。采用自由采食，任其食饱，不能剩余。

#### 2. 满足小环境条件

肥育期室温以 15～18℃最宜，冬季应在 10℃以上。相对湿度为 55%～60%。采用弱光照，以能看见吃食为准，早、晚加料时才开灯。炎热天气饮水中添加 0.5%碳酸氢钠、多维电解质、维生素 C 和 E；饲喂量重点放在早晚。及时扩群，减少饲养密度，肥育期地面平养饲养密度为 4 周龄 7～8 只/m²，5 周龄 6～7 只/m²，6 周龄 5～6 只/m²，7～8 周龄 4～5 只/m²。清粪、换垫料等工作要在清晨进行。

#### 3. 适当运动

肉鸭习惯在采食后伏卧在地面，每天可定时驱赶久卧的鸭群，以防止发生腿病。

#### 4. 及时上市

舍饲成本大，不宜久喂。一般 7 周龄上市。如果是生产分割肉则建议养至 8 周龄。

## 三、肉种鸭生产

大型肉鸭父母代种鸭的饲养管理一般分为三个环节，即育雏期(0～4 周龄)、育成期(5～25 周龄)和产蛋期(26 周龄至淘汰)。

### (一)育雏期饲养管理

#### 1. 种鸭育雏期体重的控制

父母代种鸭育雏期的饲喂不能等同于商品代肉鸭，即在 28d 以前应适当控制采食量，达到控制种鸭体重的目的，一般通过控制喂料次数和减少光照时间来实现。在 0～7 日龄全天自由采食，24h 或 23h 光照；在 8～14 日龄白天自由采食。光照时间由 24h(或 23h)逐渐过渡到自然光照，逐渐减少夜间喂料时间；在 15～21 日龄每天喂料三次，早、中、晚各一次，每次喂料以 30～40min 食槽内饲料基本吃尽为准；在 22～28 日龄每天喂料两次，早晚各一次，喂料量以 30～40min 食槽基本吃尽为准。

#### 2. 尽早脱温下水

在我国南方，切忌种雏鸭在温室养到 10 多天后才下水，北方可根据当时气候情况进行适当调整。太晚下水必然引起雏鸭出现湿毛现象，即使在温暖的春秋季节也会导致感冒。种雏鸭下水时应选择晴朗天气进行，冬天应在 10：00 以后。

#### 3. 公母鸭混养

父母代公鸭和母鸭从小应养在一起，不允许公母鸭分群饲养。运输时公母鸭应分开包装，但在进入育雏室时，公母鸭应按比例混在一起饲养。

肉用种鸭育雏期的其他饲养管理与蛋用雏鸭的饲养管理要求相近，可以参考执行。

## (二)育成期饲养管理

### 1. 限制饲养

育成期是父母代种鸭一生中最重要的时期。其特点是对种鸭进行限制性饲养，其目的是既要保证种鸭体格充分发育，又要控制种鸭体重过度增长和性器官过早发育，培育出体格健壮、体重符合品种标准、适时开产、产蛋量高、蛋重符合品种要求的种鸭群。其方法分为两种：一是限量法，即控制育成期种鸭饲喂量；二是限质法，即适当控制育成期种鸭日粮的蛋白质和能量水平。目前世界各地普遍采用限制喂料量的办法控制种鸭的体重。种鸭限饲期间的饲养管理要点分为以下几个方面。

(1)限制饲养的种鸭，必须保证有足够的采食、饮水的位置，每只鸭应提供15～20cm长的饲槽位置，水槽为10～15cm长，要求在喂料时，保证每只鸭几乎都能同时吃到饲料。

(2)从第5周开始，在每周龄开始的第一天早上空腹随机抽测群体10%的个体，求其平均体重，称重时应分别测定公鸭和母鸭的平均体重。

(3)每群鸭每天的喂料量只能在早上一次性投给。

(4)限制饲养开始时(29日龄)和限饲期间随时观察鸭群，将弱鸭、伤残鸭分隔成小群饲养，不限喂料量或少限，直到恢复健壮再放回限饲群。

(5)把光照控制与体重控制、饲喂量的控制结合起来配套使用，是控制鸭群性成熟和适时开产最有效的办法。

(6)从25周(169日龄)起改为产蛋鸭饲料，并逐步增加喂料量促使鸭群开产，可每天增加喂料量25g，约用4周的时间过渡到自由采食，不再限量。

### 2. 喂料量与体重

喂料量确定的依据是种鸭群的平均体重。将抽样平均体重与标准体重进行比较(标准体重由育种公司提供)，确定种鸭的喂料量。如平均体重低于标准体重，每只每天喂料160g；平均体重符合标准体重，每只每天喂料150g；平均体重高于标准体重，每只每天喂料140g。

### 3. 转群

育成期一般采用半舍饲的管理方式，鸭舍外设运动场，面积比鸭舍大1/3。若育雏期网上平养转为育成期地面垫料平养，应在转群前1周准备好育成鸭舍，并在转群前将饲料及水装满容器。由于后备公母鸭的采食速度、喂料量及目标体重均不同，因而公母鸭要分群饲养。但在公鸭群中应配备少量的母鸭，以促使后备公鸭的生殖系统发育。

### 4. 光照

这一阶段的光照原则是光照时间宜短不宜长，光照强度宜弱不宜强，以防过早性成熟，通常每日光照9～10h或用自然光照。

## (三)产蛋期饲养管理

### 1. 饲喂技术

鸭的喂料量可按不同品种的饲养手册或建议喂料量进行饲喂，最好用全价配合饲料或湿拌料。鸭有夜食的习惯，而且在午夜后产蛋，所以晚间给料相当重要，一般喂给湿料。喂料方法有两种：一种是顿喂，每天4次，时间间隔相等，要求喂饱；另一种是昼夜喂饲，每次少喂勤添，保证槽内有料，但不能有过多剩料。无论哪种饲喂方法，都应供给充足的饮水，并且每天洗刷水槽，保证饮水清洁，水的深度要淹没过鸭的鼻孔，以便清洁鼻孔。

### 2. 光照管理

在育成期结束后，每周逐渐增加人工光照时间，直到26周龄时每天总光照时间达16～17h。从26周龄至产蛋结束，保持总光照时间16～17h。

### 3. 环境条件

鸭虽然耐寒，但冬季舍内温度不应低于0℃，夏季不应低于25℃。舍内保持干燥，加强通风换气，保持舍内空气清新，饲养密度要适宜，一般肉用种鸭每平方米2～3只为宜。

### 4. 产蛋箱准备

育成鸭转入产蛋舍前，在产蛋舍内放置足够的产蛋箱，如果不换鸭舍，则在育成鸭22周龄时放入产蛋箱。每个产蛋箱供4只母鸭产蛋，箱底铺满松软的垫料。

### 5. 种蛋收集

刚开产时母鸭的产蛋时间集中在后半夜1：00～5：00。初产母鸭产蛋时间比较早，在早上4：30左右开灯捡第一次蛋较适宜，捡完蛋后将照明灯关闭，以后每30min捡一次蛋。随着母鸭产蛋日龄的延长，产蛋时间稍稍推迟，到产蛋中后期多数母鸭在6：00～8：00大量产蛋。收集好的种蛋应及时进行消毒，然后送入蛋库贮存。

### 6. 减少窝外蛋，提高种蛋合格率

产蛋箱要固定，保持产蛋箱内垫料新鲜、干燥、松软，设置一个"引蛋"，以养成母鸭在产蛋箱内产蛋的良好习惯。

### 7. 加强公鸭管理，提高种蛋受精率

①适合的公母比，一般肉用种鸭公母配比为1：（4～5），种鸭过少会影响受精率。

②检查种公鸭的生殖器官。

③检查精液品质，对达到性成熟后的留种公鸭进行精液品质鉴定，将不合格的公鸭予以淘汰。

## （四）强制换羽

为了缩短换羽时间，使母鸭提早产蛋，提高年产蛋量。当产蛋率降低到60％以下、蛋重减轻、部分鸭的主翼羽开始脱落时（一般在鸭产蛋10个月前后）即可施行人工强制换羽。过程参照鸡的强制换羽进行。不同之处：在转舍、驱赶、停牧、停光的同时结合控制喂料。控料阶段如果原来为棚舍则不回原舍，换到有窗房舍内。原来放牧则停放，原来不放牧的则控制喂料。第10天就可人工拔羽。拔羽后25d左右新羽长齐，30～35d开始产蛋，1.5个月左右进入产蛋高峰期。

## （五）选择与配种

### 1. 育雏期选择与淘汰

育雏期结束时，即在29日龄应根据种鸭的体重指标、外貌特征等进行初选，公鸭应选择体重大、体质健壮的个体留种；母鸭则选择体重大小中等、生长发育状况良好的个

体留种。淘汰多余的公鸭及有伤残的、体重特别小的母鸭。初选后公母鸭的配种比例为1：4～1：4.5。

**2. 育成期选择与淘汰**

在22～24周龄时应对种鸭进行第二次选择。主要根据种鸭的体重指标、外貌特征等进行选择，种公鸭要求体格发育良好，体质健壮，活泼灵敏，体型标准，羽毛丰满，双脚强壮有力，雄性特征明显，将质量最好的公鸭留种，淘汰多余的公鸭；而母鸭主要是淘汰体重较轻、体质较弱以及有伤残的个体。选留后，公母的配种比例为1：5～1：6。

**3. 产蛋期选择与淘汰**

产蛋期种鸭的淘汰方式分为全群淘汰和逐渐淘汰两种。

(1)全群淘汰制度　具体淘汰时间可根据当地对种蛋的需求情况、鸭苗价格或种蛋价格、饲料价格和种蛋的受精率、孵化率等因素决定。

(2)逐渐淘汰制度　母鸭产蛋9～10个月，鸭群中出现个别母鸭停产换羽，此时可根据羽毛脱换情况及生理性状进行选择淘汰。随时淘汰出现主翼羽脱落、腿部有伤残等情况的母鸭，并淘汰多余的公鸭，通过选择淘汰后的群体仍可保持较高的产蛋率，直到全群淘汰完。

**4. 配种年龄及公母比例**

(1)配种年龄　合理的配种年龄有利于提高受精率和种鸭的利用效率，不同品种的种公鸭其性成熟期不同，应根据种鸭品种确定最适的配种时间，不能一概而论。

(2)公母比例　肉用种鸭公母比例受品种类型、季节、年龄及饲养管理条件等因素影响。一般情况下为1：4～1：6，生产中可根据受精率高低进行适当调整。

**5. 配种方法**

(1)小群配种　适用于育种场，是指在一小群母鸭中放入1只种公鸭进行交配。

(2)大群配种　在一母鸭群内，按比例放入公鸭进行自由交配。

(3)人工辅助配种　主要在不同品种间杂交时用，主要是因为品种间个体存在较大差异，在人为的帮助下使其顺利进行交配。

(4)人工授精　主要用于个体间差异较大的品种杂交。

## 四、番鸭和骡鸭生产

### (一)番鸭生产

**1. 番鸭生理特点**

①番鸭即瘤头鸭、洋鸭、麝香鸭，皮下脂肪少，没有汗腺，尾脂腺分泌物少。

②产蛋少：年产蛋130～150枚，平均蛋重80g。

③公鸭在30～34周龄性成熟，母鸭在26～28周龄开产。配种的公鸭最好比母鸭大1个月。

**2. 番鸭生活习性**

①耐热性强：番鸭原产于热带地区，耐热，怕寒冷，忌潮湿。

②喜欢干燥、清洁的环境：对水养、旱养、圈养、笼养和放牧饲养均适应。

③食性杂，耐粗饲：爱吃湿料，不爱吃干粉料。

④喜群体生活，性情温驯，行走动作缓慢，不爱活动，很少争斗。

⑤喜上栖架：有短距离飞翔能力(可在育雏阶段剪去一侧翅尖防飞)。

⑥交配都在地面上进行：交配时间以 15：00～17：00 为多。公番鸭有喜新特点，即使刚交配结束，遇到新的母鸭仍会追逐交配。

⑦母番鸭开产前有找巢行为，产蛋多在 7：00～9：00。

⑧有就巢性，但只喜欢抱孵自己产的蛋，若每天拣蛋，母鸭就很少抱窝。

**3. 肉用番鸭饲养管理**

(1)分阶段饲养　肉用番鸭 0～3 周龄为育雏期，在 4 周龄后进入育肥期。大型瘤头鸭的饲养期一般为 10 周，国内普通型瘤头鸭的饲养期约 15 周。

(2)饲养方式　在 0～3 周龄最好用网上饲养，在 4 周龄以后采用地面圈养或笼养(每笼 3～5 只)。常用自由采食。而 3 周龄后可以适当喂些青绿饲料。育肥前期要求饲料中蛋白质和钙的含量充足；育肥后期(出栏前 2 周)，饲料中的代谢能要高于前期，粗蛋白质比前期稍低，需补饲含脂肪的动物性饲料和谷物饲料。

(3)管理要点

①国外大都采用短光照(8～10h)暗光静养。

②防热：遇闷热天气应及时人工降温。

③防止啄羽：番鸭在 4～7 周龄和换羽期间易发生啄羽。预防方法：喂含硫氨基酸的饲料如鱼粉、羽毛粉，限制光照及控制密度，在 2～3 周龄断喙(在喙豆中部切除，只断上喙不断下喙，只断母鸭不断公鸭)。

④选择最佳屠宰周龄：番鸭一般在 10 周龄以前增重迅速。母番鸭在 10 周龄、公番鸭在 11 周龄为最佳屠宰日龄。这时羽毛基本长齐，料肉比在 2：1～2.5：1。

## (二)骡鸭生产

骡鸭是用栖鸭属的公番鸭与河鸭属的母家鸭杂交产生的后代，是不同属之间的远缘杂交，所得的杂交后代虽有较大的杂交优势，但没有生殖能力，故称为骡鸭或半番鸭。骡鸭具有性情温驯，耐粗饲，皮下脂肪很薄，腹脂少，胸腿肉比率高，体重大，适宜填肥，能生产优质肥肝，填肥时间短，节省饲料，生产费用低等优点。骡鸭的饲养方法与一般肉鸭相似。

# *任务三　鹅生产

## 一、鹅生理特点与生活习性

## (一)生理特点

鹅是草食性家禽，食物主要以植物性饲料为主。其食管膨大部较宽，肌胃肌肉厚实，收缩力强，盲肠发达。每天每只成年鹅采食青草 2kg 左右。中国鹅，头较大，额骨凸，有一个大而硬的肉质瘤。咽喉部皮肤皱褶松弛、下垂，形成"口(咽)袋"。白鹅的嘴、肉瘤、腿、脚、蹼为橘黄色。灰鹅从头到体背为暗黄色或黑色，嘴、肉瘤为黑色，腿、脚、蹼为灰黄色。同一品种内颈细长者产蛋性能好，颈粗短者易育肥。灰鹅与白鹅交配第一代鹅为灰毛（显性）。有些鹅种腹部皮肤明显下垂呈袋状，称为腹褶；腹褶在产蛋期增大，称为蛋窝。

### (二)生活习性

鹅为水禽，合群性强，警惕性高，喜斗（鸭胆小，鹅胆大）。听觉灵敏，鸣声宏大，生活有规律性，耐寒。

## 二、雏鹅饲养管理

### (一)雏鹅潮口与开食

雏鹅出壳重，小型种为100g、大型种达130g左右。在出壳24h左右，当大多数鹅站立走动、伸颈张嘴、有啄食欲望时，就可进行第一次饮水（称为"潮口"）。为预防腹泻，前3d饮水中可添加0.05%高锰酸钾（起到消毒饮水和预防肠道疾病的作用），同时添加5%的葡萄糖、速溶多维和口服补液盐，可提高成活率。每天上午、下午各用1次，每次饮用20～30min。潮口后15～30min即可开食。开食时先喂精料再喂少量青料，防止因吃青料过量、精料不足而导致拉稀。或青料与精料拌在一起开食。夜间喂2～3次。青饲料要求鲜嫩多汁，以叶菜类为主，以莴苣叶、苦荬菜最佳；洗净后沥干，再切成细丝。从第4天开始，白天喂给含60%～70%青绿饲料的混合料，夜间喂配合饲料。

### (二)雏鹅管理

#### 1. 温度

雏鹅自身调节体温的能力较差，饲养过程中必须保证均衡的温度（表7-5）。育雏温度是否合适，可以根据雏鹅的活动、表现及食欲综合判断。保温期的长短，因品种、气温、季节、雏鹅强弱不同而异，一般保温2～3周。

脱温应慎重，降温要平稳（每3天降1℃），特别当气温突然下降时不要急于脱温。

表7-5　雏鹅育雏温度

| 周龄(周) | 1 | 2 | 3 | 4 |
|---|---|---|---|---|
| 温度(℃) | 28～27 | 26～25 | 24～22 | 21～18 |

注：表中温度数值前大后小，表明逐渐降温的过程。

#### 2. 湿度与通风

雏鹅舍适宜的相对湿度为60%～70%。雏鹅最怕潮湿与寒冷。地面垫料育雏时，一定要做好垫料的管理工作，防止垫料潮湿和发霉。应做好雏鹅舍的通风换气，经常保持鹅舍空气新鲜。

#### 3. 分群与防堆

在1～10d，群体越小越好，每群30～50只为宜，最多不超过100只。在10d、20d分别进行两次分群，雏鹅阶段每群以100～120只为宜；育雏结束时，按公母分栏饲养。雏鹅喜欢聚集成群，易压伤、压死，要注意及时赶堆分散，天气寒冷的夜晚更应注意。

#### 4. 饲养密度

雏鹅饲养密度: 1~5 日龄为 20~25 只/m²; 6~10 日龄为 15~20 只/m²; 11~15 日龄为 12~15 只/m², 15 日龄后为 8~10/m²。随着日龄的增加, 密度逐渐减少。具体密度应依品种、类型和饲养条件等因素而定。

#### 5. 放牧与放水

雏鹅在 10d 以后可放水和放牧。洗浴水如果是非流动水, 就应经常更换池水, 或每月 1 次用生石灰(14~20g/m³)、漂白粉(1g/m³)进行池水消毒。

春秋季雏鹅 10 日龄左右, 夏季 5~7 日龄可开始放牧。首次放牧 1h 左右, 以后逐步延长。冬春季推迟到 15~20d 后放牧。上午放牧要等到露水干后进行, 否则会导致拉稀; 下午要避开烈日暴晒。应避开寒冷、大风天和阴雨天。另外牧前调查是否用过农药。

从雏鹅开始, 饲养人员要使鹅群对下水、休息、缓行、补饲等信号形成条件反射。同时进行"头鹅"的培养和调教, "头鹅"一般选择胆大、机灵、健康的老龄公鹅。为了容易识别"头鹅", 可在其背部涂上颜色或颈上挂小铃铛。

#### 6. 光照

在 1~3d 保持每天 24h 光照, 在 4~15d 每天光照 18h, 16d 以后用自然光照, 夜间要开灯喂食。在 0~7d 每 15m² 用 1 只 40W 灯泡, 在 8~14d 用 25W 灯泡。日常管理重在规律化、制度化, 建立鹅的条件反射、减少各种应激。

#### 7. 疫病预防

雏鹅应隔离饲养, 不能与成年鹅和外来人员接触。定期对雏鹅、鹅舍进行消毒。如果种鹅未接种小鹅瘟疫苗, 在 3 日龄皮下注射 10 倍稀释的小鹅瘟疫苗 0.2mL, 之后 1~2 周再接种一次。

### 三、肉用仔鹅饲养管理

肉用仔鹅是指雏鹅不论公母, 一般养到 10~12 周龄(放牧育肥 80 日龄、舍饲 60~70d、农村粗放式散养 90~100d)上市作肉用的仔鹅。上市体重要求大型鹅种达 5.5~6.0kg, 中型鹅种达 3.0~3.5kg, 小型鹅种为 2.25~2.5kg。上市前 10~15d 都要加强饲喂, 供给高能高蛋白饲料, 使仔鹅快速育肥。

#### (一)舍饲育肥

舍饲育肥主要是在缺少放牧场地的农区应用, 也可在北方冬季和早春外界气温低、青绿饲料匮乏的时期应用。

##### 1. 舍饲育肥设施

将育肥仔鹅饲养在鹅舍中并在鹅舍南侧附设一个舍外运动场, 一般采用地面垫料平养或网上平养方式, 舍外运动场面积至少是舍内面积的 3 倍, 在运动场外侧设置水池供仔鹅洗浴(图 7-1)。

喂料用具有小盆子、自制料槽(底部宽度约 20cm、上边缘宽度约 30cm, 深度 20cm, 长度 1~1.5m)。饮水用具主要是水盆或水槽, 水槽的宽度约 20cm, 深度约 15cm(图 7-2)。

图 7-1　鹅舍与水池　　　　　　　　图 7-2　鹅舍与食槽

### 2. 饲料与饲喂

精料参考配方：玉米(粉)55%(或 15%稻谷)、麦麸 19%、米糠 10%、菜籽饼 11%、鱼粉 3.7%、骨粉 1%、食盐 0.3%。青粗饲料包括花生秧粉、红薯秧粉、牧草、蔬菜、青贮饲料等。第 5～6 周饲料中精饲料占 30%，第 7～8 周的精饲料占 25%，第 9～12 周的精饲料占 35%左右。精料与青粗料要混合均匀后喂饲，青饲料要切碎，每天喂 3～4 次，自由采食，充足饮水。

### 3. 舍饲育肥管理

(1)分群　育肥前的仔鹅可能来自不同孵化场，个体差异较大，应尽量将同一品种、同一性别、体重相近的鹅只放入同一栏。注意饲养密度，保证均匀生长，对于弱小仔鹅，切不可放入大群。

(2)保持良好环境　低温季节要做好防寒保暖，高温季节要做好防暑降温，注意通风以保证舍内空气清新，光照时间从早晨 6：30 前后开始，至晚上 21：30 前后结束。防止舍内湿度过高。

(3)合理安排运动　每天应放鹅游泳 0.5h，加强鹅只运动，增进食欲和清洁羽毛。

(4)做好栏舍内卫生工作　垫草潮湿后要及时更换，及时清理粪便，定期清洗消毒食槽和饮水器。舍内地面、墙壁、鹅只体表也要定期喷洒消毒。

## (二)放牧育肥

以放牧为主，适当补充精料是应用较多的仔鹅饲养方式，也是目前养鹅比较经济的方法，更适于小群多批次生产肉用仔鹅。放牧仔鹅 9 周龄的体重可达到 3kg 以上，且胸腿肉率高于舍饲。

### 1. 放牧场地

放牧场地要有丰富的野草或牧草资源，如专用牧草地、河滩、果园、林地、收获后的农田、路边沟等。

### 2. 放牧时间安排

在 1 月龄以后的仔鹅可采用全天放牧，刚开始每天 6～8h，以后逐渐延长到 8～10h，使鹅只有充分的放牧采食时间。天气暖和时早出晚归，天气较冷或大风天气要晚出早归，但要注意早上放牧最早也要等到露水干后，否则采食到含有大量露水的牧草会引起仔鹅腹泻，影响生长。

### 3. 鹅群划分

大批饲养肉用仔鹅，放牧时要有合适的群体规模。群体太大，走在后边的鹅采食不到足够的牧草，影响生长；群体太小，劳动生产率不高，不能充分利用牧草。一般大中型鹅种群体以 300～500 只为宜，小型鹅种以 700～800 只为宜。

### 4. 实行轮牧

无论是自然的放牧地还是人工草地，为了保证牧草的再生利用，避免草地退化，仔鹅在放牧过程中要实行分区轮牧，每天在一小区内放牧，待 15d 新草长出后再放牧一次。

### 5. 补饲

放牧育肥的仔鹅，除以采食青草为主外，还应补饲一定量的精料。每天补饲的次数和数量，应根据鹅的品种类型、日龄大小、草地情况、放牧情况等灵活掌握。一般 30～50 日龄每天补饲 2～3 次，51～80 日龄每天补饲 1～2 次。精料补饲量：中、小型鹅(或 50 日龄以下)每天补饲 100～150g，大型鹅(50 日龄以上)每天补饲 150～300g。体型较小的鹅在接近上市前 10～15d 要加强补饲。

### 6. 注意事项

①驱赶鹅群速度要慢，防止践踏致伤。

②注意观察采食情况，待大多数鹅吃到 7～8 成饱时应将鹅群赶入池塘或河中，让其自由饮水、洗浴。

③防止其他动物及有鲜艳颜色的物品、喇叭声的突然出现引起惊群。

④避免在夏天炎热的中午、大暴雨等恶劣天气放牧。

⑤定期驱虫，绦虫病是放牧鹅群的常发病，分别在 20 日龄和 45 日龄，用硫双二氯酚拌料喂食。线虫病用盐酸左旋咪唑片饲喂。

⑥特别注意饲养期的安排，一旦稻麦茬田结束，要及时出售，以免掉膘。

## (三)填饲育肥

填饲育肥又称强制育肥(填肥)。填肥鹅主要用于生产肥肝，具体方法在后面鸭、鹅肥肝生产技术中介绍。

## 四、种鹅生产

种鹅饲养通常分为育雏期、后备期、产蛋期和休产期等几个阶段，其育雏期饲养管理可参照雏鹅饲养管理。

## (一)后备种鹅饲养管理

后备种鹅是指从 1 月龄到开始产蛋的留种用鹅。后备期较长，应加强饲养管理，培育出健壮的后备种鹅。

### 1. 合理饲喂

在 5～15 周龄，鹅以放牧为主要饲养方式，可选择收割后的稻田、水草丰富的草滩等进行放牧，节约精料，锻炼其消化青绿饲料和粗纤维的能力，提高适应外界环境的能力。在草地资源有限的情况下，可采用放牧与舍饲相结合的饲养方式。在 16～22 周龄，鹅生长最快，采食旺盛，容易引起肥胖，注意限制饲养，后备母鹅100日龄以后逐步改用粗料，日喂2次。草地良好时，可能不补饲。防止母鹅过肥和早熟。从22周龄以后到开产，加强饲喂，饲料由粗变精，饲喂次数增加到每天3～4次，自由采食。

### 2.种鹅选择

为培育出健壮高产的种鹅，保证种鹅的质量，后备种需经过三次选择。

(1)第一次选择　在4周龄育雏期结束时进行，公鹅选择的重点是体重大，母鹅具有中等体重。淘汰体重偏小、残伤病弱、有杂色羽毛的个体。淘汰鹅转入肉用仔鹅进行肥育饲养。

(2)第二次选择　在70～80日龄进行，主要根据生长发育情况、羽毛生长情况及体型外貌等进行选择，公鹅要求具有品种典型特征，身体均匀，肥度适中，两眼有神，无畸形，胸深而宽，背宽而长，腹部平整，脚粗壮有力，行动灵活，鸣声响亮。母鹅要求头大小适中，眼睛明亮有神，颈细长灵活，体型长圆，后躯宽深，腹部柔软容积大，臀部宽广。淘汰生长速度较慢、体型较小、腿部有残伤的个体。

(3)第三次选择　在150～180日龄进行，选择品种特征典型、生长发育良好、体重符合品种要求，健康状况良好的鹅留作种用。公鹅要求雄性特征明显，生殖器发育良好，淘汰生殖器发育不好或有缺陷的公鹅；母鹅要求体重中等，颈细长而清秀，体型长而圆，两腿间距宽。

### 3.保持良好环境条件

低温季节要做好防寒保暖，高温季节要做好防暑降温，及时清除粪便，注意通风以保证舍内空气清新，每天清洗食槽、水槽及更换垫料，保持舍内干燥。

### 4.接种疫苗

种鹅开产前1个月要接种小鹅瘟疫苗和禽霍乱菌苗。禁止在产蛋期接种疫苗，防止发生应激反应，引起产蛋量下降。

## (二)产蛋期饲养管理

### 1.适时调整日粮的营养水平

进入产蛋期后应以舍饲为主，放牧补饲为辅。后备鹅群开产前一个月左右应将日粮的粗蛋白质含量调整到15%～16%，待日产蛋率达到30%～40%时，将粗蛋白质含量提高到17%～18%。注意维生素和矿物质的补充。喂料要定时定量，先喂精料再喂青料，青料可不定量，让其自由采食。每天喂料三次，在9：00喂第一次，14：00喂第二次，傍晚回舍喂第三次。

### 2.光照制度

许多研究证实，采用13～14h，每平方米25lx光强度对产蛋期的种鹅是适宜的。通常母鹅是在秋末冬初开产，日照时间短，因此，在开产前就应注意早晚逐渐补充人工光照。在自然光照条件下，母鹅一年只有一个产蛋周期。为了提高母鹅的产蛋量，采用控制光照的办法，可使母鹅一个产蛋年内增至两个产蛋周期。

### 3.适当的公母配比

群鹅的公母配种比例以1(公)：4～6(母)为合适。一般重型品种配比应低些，小型鹅种可高些；冬季的配比应低些，春季可高些。

### 4. 产蛋鹅的管理

母鹅的产蛋时间多在凌晨至 9：00 以前。因此，种鹅应在上午产蛋基本结束时才开始出牧。对在窝内待产的母鹅不要强行驱赶出圈放牧，对出牧半途折返的母鹅则任其自便返回圈内产蛋。大群放牧饲养的种鹅群，为防止母鹅随处产蛋，最好在鹅棚附近搭些产蛋棚。产蛋期的母鹅，腹部饱满下沉，行动迟缓，不要随意驱赶鹅群，放牧人员应随鹅群的前进速度控制放牧，遇有高低不平的道路或陡坡河岸下水处，应减慢速度，以免母鹅受伤。

## （三）休产期饲养管理

无就巢性或很弱的母鹅，经 7～8 个月的产蛋之后体力消耗很大，产蛋明显减少，蛋形变小，畸形蛋增多，不能进行正常的孵化。这时羽毛破损严重，陆续进行自然换羽。这些变化说明种鹅进入了休产期。休产期种鹅饲养管理上应注意以下几个方面。

### 1. 调整饲喂方法

种鹅停产换羽开始，逐渐停止精料的饲喂，应以放牧为主，舍饲为辅，补饲糠麸等粗饲料。将产蛋期的日粮改为育成期日粮。其目的是消耗母鹅体内的脂肪，提高鹅群耐粗饲的能力，降低饲养成本。

### 2. 人工拔羽

可在鹅群产蛋期基本结束后进行人工拔羽。拔羽后要加强饲养管理，头几天实行圈养，避免下水，供给优质青饲料和精饲料。

### 3. 活拔羽绒

种鹅休产期时间较长，没有经济收入，致使养鹅的经济效益较低。在种鹅休产期可进行人工活拔羽绒。休产期一般可拔 2～3 次，用以增加经济收入，刺激饲养种鹅的积极性，有利于提高种鹅质量。

### 4. 鹅群更新

（1）全群更新　将原来饲养种鹅全部淘汰，选用新种鹅来代替。全群更新一般在饲养 5 年后进行，如果产蛋率和受精率都较高，可适当延长 1～2 年。

（2）分批更新　种鹅群保持一定的年龄比例，1 岁鹅占 30％，2 岁鹅 25％，3 岁鹅 20％，4 岁鹅 15％，5 岁鹅 10％。根据上述年龄结构，每年休产期要淘汰一部分低产老龄鹅，同时补充新种鹅。

# * 任务四　鸭、鹅肥肝生产与羽绒生产技术

## 一、肥肝生产

肥肝包括鸭肥肝和鹅肥肝，是采用人工强制填饲，使鸭、鹅的肝脏在短期内大量积贮脂肪等营养物质，体积迅速增大，形成比普通肝重 5～6 倍，甚至十几倍的肥肝。肥肝水分和蛋白质相对减少，脂肪含量高，其中 65％～68％ 的脂肪酸是对人体有益的不饱和脂肪酸。

### (一)填饲品种选择

#### 1. 填饲鸭选择

鸭肥肝的大小是多种因素相互作用的结果，其中鸭种群质量是首要因素。肉用性能越好、体型越大的鸭种，肥肝越重；兼用型次之；蛋用鸭种肥肝较小，一般不用来生产鸭肥肝。常用品种有樱桃谷鸭、番鸭和北京鸭等。

#### 2. 填饲鹅选择

品种是影响肥肝生产的关键因素，不同鹅品种肥肝性能差异很大，我国的狮头鹅、溆浦鹅和国外朗德鹅是最著名的肥肝专用鹅种。

### (二)填饲技术与填饲期管理

#### 1. 填饲日龄与体重

鸭、鹅填饲适宜日龄和体重随品种和饲养条件不同而异，通常要求在骨骼、肌肉生长基本成熟后进行填饲效果较好。一般选择 70～90 日龄、体重达 2.5kg 的仔鸭，15～16 周龄、体重达 4.0～5.0kg 的仔鹅进行填饲。

#### 2. 填饲季节

适宜温度在 10～15℃，25℃以上很不适宜。炎热季节不宜填饲，春秋季节填饲较好，冬季要求在 0℃以上。

#### 3. 填饲饲料选择与填料调制

选用优质无霉变的国产玉米粒作填料，通常选择以下三种处理方法。

(1)浸泡法　冷水浸泡玉米粒 8～12h，此法生产中最常用。

(2)水煮法　将玉米粒入锅加水(水面超过玉米 5cm)加盖煮沸后，再烧 3～6min。

(3)干炒法　文火炒玉米至八成熟呈深黄色，炒完后装袋备用。饲前再用热水浸泡 1～1.5h。把玉米粒经以上方法处理、沥干后加食盐(0.5%～1%)、油脂(1%～2%，减少摩擦，提高填饲机效率)、复合维生素(每 100kg 加入 10g)拌匀即成。

#### 4. 预饲期

鸭、鹅从非填饲期进入填饲期应通过预饲期，使其逐步完成由放牧至舍饲、由自由采食转为强制填饲、由定额饲养转为超额饲养。预饲期一般为 2～3 周，预饲期应做好卫生防疫工作，保持安静和暗光照，舍内饲养密度为 2～3 只/m²。预饲期后几天，可开始适应性填饲，一般每天填 1～2 次，填量较少，为正式开填作准备。

#### 5. 填饲期和填饲次数

填饲期一般为 3～4 周，大、中型鹅品种为 4 周，小型鹅品种为 3 周，鸭比鹅填饲期短，一般每天填 3～5 次。

#### 6. 填饲量

初期填饲量宜少，第 3 天起增加，以后尽可能多填、填足。以干玉米粒计，鸭为 0.1～0.3kg，小型鹅为 0.5～0.8kg，中型鹅为 0.75～1.0kg，大型鹅为 1.0～1.5kg，全期用料平均每羽 20～30kg。填饲量切忌突然增加，以防消化不良或撑死。以水料计(水料比 62：38 或 56：44)，鸭开始时每次 150g，以后每天增加 30～50g，一般第 14 天可达

450g；鹅第一周每天填 0.6～1.0kg，第二周后每天 1.5～2.0kg。白天少填，晚上多填。填饲后将鸭鹅放开，如表现精神愉快，展翅饮水，说明填饲正常；如用力甩头、呕吐填料，说明填饲距喉头太近。

凡是精神好、好动的鸭只，若填喂前其胸前有一道深沟，说明上次填料已完全消化，可适当多填。如果鸭食道内积食、胸前胀满，说明消化不良，应暂停填喂或少填，在饮水中加入小苏打并隔离观察。凡是发现有垂头、缩颈、羽毛蓬乱、精神状况不良者，应及时隔离，查明原因。经常出现消化不良者要尽早屠宰取肝。填饲量不足则肥肝增重慢。

### 7. 填饲操作

有手工填饲与机械填饲两种。目前，广泛采用机械填饲法(图 7-3)。方法：两人操作时，助手用双手将鹅保定，填饲员坐在填饲机前(一人操作时，填饲员将鹅夹在两膝间)，左手握其头，使鹅头朝上露出颈部，用拇指和食指撑开上下喙；右手握食道膨大部，然后将充分撑开的鹅嘴朝向填饲胶管口，缓慢向上套至食道膨大部，压入填食，边填边退至距咽喉 4～5cm 处，用手指将食道上端的饲料向下反复捋 2～3 次，轻轻将鸭、鹅放回(图 7-4)。单笼饲养，鹅填喂时直接将填饲机推至笼前，拉出鹅颈，进行填饲。机械填鸭操作要领：鸭体平、开嘴快、压舌准、插管适、进食慢、撒鸭快。

图 7-3　鸭、鹅填饲机　　　　图 7-4　填饲操作示意(双人)

### 8. 填饲期管理与注意事项

①填饲期要保持良好的舍内环境：减弱光照强度，保持安静，尽量避免惊扰。闲人不得入内。种群密度合适，做好防暑降温工作。应保持舍内通风、干燥、卫生、冬暖夏凉，地面平整。

②填饲 10d 后应仔细观察鸭、鹅群的精神状况，如出现积食、腹泻等消化不良症状时应及时屠宰取肝。

③要注意抓法，不得粗暴：动作要快、部位要准、捏握力量适宜，既要保证填饲速度，又不损伤禽体。驱赶要慢，不可粗暴，不可惊吓禽群，道路、场地要平稳，防止挤伤、摔伤或受惊吓。每隔 3h 应轻轻赶起禽群，使之运动。

④若偶尔发生填料误入气管时，应立即倒提禽体，将填料甩出。

⑤填饲人员要细致耐心，认真负责，填饲人员要固定。

⑥不设运动场和水池，停止运动和游水，限制活动，以减少其能量消耗。保证 24h 供

足清洁饮水。

### (三)取肝与肝处理

填饲到一定时期后，应注意观察鸭(鹅)群，成熟一批，屠宰一批。成熟特征：前胸下垂，体态肥胖，腹部下垂，两眼无神，眼睛凹陷，精神萎靡，呼吸急促，行动迟缓，步态蹒跚，跛行，甚至瘫痪，羽毛潮湿零乱，出现积食和腹泻等消化不良症状，此时应及时屠宰取肝。对精神好，消化能力强，还未充分成熟的可继续填饲，待充分成熟后再屠宰。屠宰前 8～12h 禁食(不停水)，宰时抓住双腿倒挂宰杀架上、颈动脉放血，使屠体皮肤白而柔软，肥肝色泽正常。待血放净后，将鸭、鹅置于 65～73℃ 热水中浸烫 1～2min 后拔毛，操作时动作要轻，防肝破裂。将净毛后的屠体腹部向上放置在 0～3℃ 冷库中预冷 10～18h，再用刀在龙骨末端至泄殖腔前缘皮肤作"Y"形切口，取肝。将新鲜肥肝清理干净后放入 0.9％ 盐水中浸泡，漂洗 5～10min，捞出后称重、分级，进行真空包装的同时注入氮、二氧化碳等惰性气体，置 2～4℃ 冷藏或外运鲜销。

## 二、活拔羽绒技术

活拔羽绒技术是在不影响产肉、产蛋性能的前提下，拔取鹅、鸭活体的羽绒来提高经济效益的一种生产技术。

### (一)技术优点

活拔鸭、鹅获得的羽绒，含绒率高达 20％～35％，具有纯净柔软、蓬松度好、色泽纯正、杂质少，最适合加工制作高级羽绒制品。售价要比经传统水烫法所褪的毛高 2～3 倍。一年之中可多次拔取，能显著提高羽绒产量。

### (二)品种选择

任何品种鹅(鸭)都可以进行活拔羽绒，其中体型较大的鹅(鸭)，如狮头鹅、溆浦鹅、四川白鹅、建昌麻鸭等产绒量多，更适宜活拔羽绒。白色羽绒比有色羽绒价格高，拔羽效益更好，是适宜的拔羽对象。注意老弱病残鹅(鸭)不宜拔羽。

### (三)时间要求

后备鹅(鸭)在 90 日龄左右羽绒长齐时可进行第一次拔羽绒。一般间隔 40～45d 拔一次，最后一次拔羽绒应在产蛋前 45～50d 进行，以便让母鹅(鸭)有充足的时间补充营养，恢复体力，长齐羽绒，使其繁殖性能不受影响。在产蛋期不能活拔羽绒，否则会导致产蛋量下降，种禽休产期可拔羽绒 2～3 次。

### (四)操作过程

#### 1. 活拔羽绒前准备

拔毛前进行抽样检查，发现鹅(鸭)胸部羽毛根部已干枯，皮肤中的一些血管毛刚显露，说明羽毛已成熟，正是活拔适宜期。拔毛前 1d 停喂食，拔羽当天还要停止饮水，使鹅(鸭)排空粪便。拔羽要选择晴朗的天气进行，对第一次拔羽的水禽，可于拔羽前 10min 给鹅(鸭)每只灌服 10mL 左右白酒，使其保持安静，毛囊扩张，皮肤松弛，容易拔取。以后再拔就不必灌酒了。

**2. 鹅(鸭)的保定**

操作者坐在凳子上，用绳捆着鹅(鸭)的双脚(双人保定时由另一助手抓住双脚)，将鹅(鸭)头朝操作者，胸腹朝上，背置于操作者大腿上，再用双脚夹住鹅(鸭)。

**3. 拔羽绒的顺序**

先从胸上部开始拔，由胸到腹，从左到右。

**4. 拔羽绒的手法**

用左手按压住鹅(鸭)的皮肤，右手的拇指和食指、中指拉着羽毛的根部，每次适量，顺着羽毛的尖端方向，用巧力迅速拔下。所捏羽绒宁少勿多，拔片羽时一次拔两三根为宜；拔绒羽时，手指要紧贴皮肤，捏住绒朵拔起，以免拔断而成为飞丝，降低绒羽质量。所拔部位的羽绒要尽量拔干净，要防止拔断而使羽干留在皮肤内，否则会影响新羽绒的再生，减少羽绒产量。拔羽过程中，如不小心拔破皮肤，待拔完后用红药水或碘酊涂抹消毒。如拔破伤口较大，为防止感染，涂药后喂 2～3d 的抗菌药物。

### (五)羽绒的包装与储藏

羽绒包装应轻拿轻放，双层包装，放在干燥、通风的室内贮存，防潮、霉、蛀。包装、贮存时要分类、分别标志，分区放置，以免混淆。

### (六)活拔羽绒后期饲养管理

活拔羽绒对鹅(鸭)是一个很强的外界刺激，常会引起生理机能暂时紊乱。为保证其健康，尽快恢复羽绒生长，必须加强饲养管理。拔羽后 3d 内不在阳光下暴晒，5～7d 不下水，拔羽后公母分开饲养，并保持舍内清洁、干燥。为了加快羽绒的生长，在拔羽后最初一段时间应补喂精料，建议营养水平为代谢能 10.9MJ/kg、粗蛋白质 16.5%。

---

**知识链接**

### 野鸭生产

野鸭是各种野生鸭的通称，在分类学上属鸟纲雁形目鸭科，目前人工饲养的野鸭基本上都是由野生绿头鸭经人工驯化选育而成。绿头鸭分布很广，亚洲、非洲、欧洲、美洲等地均有，在我国各省份均有饲养。我国是野鸭最早驯化地。在距今 2500～3000 年，我国南北很多地方已将野鸭驯化为家养。古籍《尔雅》中记有凫和鹜。凫，指的是野鸭；鹜，说的是家鸭。春秋战国古籍《吴地志》记有"吴王筑成养鸭，周围数十里"，说明我国当时已驯化野鸭为家养。野鸭在欧洲驯化的时间稍晚于我国。目前，世界上很多国家都驯养培育出自己的家养野鸭，如德国野鸭、美国野鸭。我国在 20 世纪 70 年代末，对野鸭驯养进行了研究，并取得一定成效。

## 一、生活习性

(1)群居　野鸭喜欢结群活动和群栖。夏季常以小群栖息于水生植物茂盛的淡水河流、湖泊和沼泽。秋季脱换羽毛及迁移时，常集结成数百至千余只的大群，越冬时集结成百余只的鸭群栖息。

(2)喜水　野鸭喜欢生活在河流、湖泊、沼泽地、水生动植物较丰富的地区，善于在水中游泳和戏水，游泳时尾露在水面，并在水中觅食嬉戏和求偶交配。

(3)杂食　野鸭食性广而杂。常以小鱼、小虾、甲壳类动物、昆虫、植物的种子、茎叶、藻类和谷物等为食物。

(4)飞翔能力强　绿头野鸭翅膀强健，善于长途飞行。野鸭自70日龄后，翅膀长大，飞羽长齐，不仅能从陆地起飞，还能从水面直接起飞，飞翔较远。人工驯养的野鸭，仍保持其飞翔特性，人工集约化养殖时要注意防止野鸭的飞翔外逃，对于大日龄野鸭所使用的房舍、陆地场和水上运动场都要设置网篷。

(5)敏感　野鸭十分胆小，警惕性很高，有一点小动作就能立即警觉。

(6)有就巢性　野鸭在越冬结群期间就开始配对繁殖，一年有两季产蛋，春季3~5月为主要产蛋期，秋季10~11月再产一批蛋，每窝蛋10个左右。蛋有灰绿色或纯白略带肉色两种。蛋重48.5~50g，孵化期28d。

(7)适应性强　野鸭不怕炎热和寒冷，在－25~40℃范围都能生存，适应性强，野鸭抗病力强，疾病发生少，成活率高，更有利于集约化饲养

## 二、经济价值

野鸭是一种适应性强、食性广、耐粗饲、疾病少、容易饲养的特禽，发展野鸭是一项经济价值较高的养殖业。

(1)生长速度快，料肉比高　出壳雏鸭初重约为40g，在良好饲养条件下，60日龄仔鸭体重可达1.4kg，料肉比为2.5：1~3：1。

(2)营养价值高　野鸭60~70日龄即可上市，野鸭肉鲜嫩，富含营养，胸腿肌肉丰满，肌纤维细，清香滑嫩，野香味浓，没有家鸭那种腥臊味。不论是蛋白质还是矿物质含量都比家鸭高，肌肉中蛋白质含量达23%，野鸭的胸腿肌瘦肉约占总体重的28%。同时野鸭有一种特殊的野香味，被视为野味上品，对人体有滋补价值。

(3)羽毛质量好　野鸭的羽毛轻而柔软，富有弹性，色彩鲜艳，不仅能保温，还能做帽饰和其他装饰品。

## 三、繁殖特性

野鸭性成熟在150~160日龄。年产蛋量100~150枚，高产者可达200个以上。蛋重55~65g。野鸭产蛋集中在3~6月，产蛋量占全年产蛋量的70%~80%，种蛋受精率可达90%以上，第二个产蛋高峰9~11月，产蛋量只占全年蛋量的30%，种蛋的受精率为85%左右。种野鸭的公母配比为1：10~1：8，种蛋的受精率可达85%~92%。野鸭在野生状态下具有抱窝的习性，孵化靠母鸭自孵。而在家养条件下，都采用人工孵化，孵化期为27~28d。

## 四、野鸭的饲养管理

野鸭生长发育各阶段的营养需要，目前尚没有一个完善、通用的标准。都是根据本地区、本单位的情况，参照家鸭的饲养标准。

刚出壳的雏野鸭，全身为黑色绒毛，肩、背、腹部有淡黄色绒毛相间，喙和脚黑黄色，趾、爪黄色。随着日龄增加，羽毛发生一系列规律性的变化。在 60～70 日龄，为易发敏感期，又称野性暴发期，容易激发飞翔野性的出现，致使体重下降。在 80 日龄，羽毛长齐，主翼羽达 19cm，公野鸭体重为 1.3kg，母野鸭为 1.1kg，野鸭 80～140 日龄为青年期，这期间应选出品种标准，体形健壮，体重适中的青年野鸭作为后备种野鸭饲养。母野鸭在 150～160 日龄开始产蛋，进入产蛋期管理。野鸭在 70 日龄前后应进行选择分群，公、母鸭按 1：(6～8)的比例留种，其余的野鸭进行短期肥育后，作为肉用野鸭出售。进入产蛋期的野鸭，按产蛋前期、产蛋初期、产蛋高峰期和产蛋后期 4 个阶段供给不同蛋白质含量的产蛋料。并根据体重和产蛋量的变化调整喂量。每天每只野鸭耗料 100～120g。根据成鸭产蛋高峰在日出日落之时的特点，可在早晨 6：00、下午 16：00、晚上 22：00 喂料。在陆场设地面料槽，不要与水源离得过远。产蛋期的饲料要注意增加动物性饲料。增加 20％青绿饲料等，以满足产蛋期的营养需要，达到高产、稳产。要提前在鸭舍内近墙壁处设产蛋区，或设置足够的产蛋箱。产蛋区垫上洁净干草，训练种鸭在产蛋区内产蛋，避免野鸭到处产蛋，造成种蛋污染，保证种蛋清洁卫生，提高种蛋孵化率。种用野鸭只有正确实施人工光照才能延长产蛋时间，增加产蛋量和提高受精率。野鸭从 20 周龄开始每天光照时间 13h。在 21 周龄后，每周增加 0.5h 光照，直至达到 16h，并维持到 40 周龄。在 40 周龄后每周增加 0.5h，到产蛋期结束，保持每天 17h 光照。鸭每天增加的光照时间，最好是早晨 4：00 开灯照明为好。这样可以使野鸭产蛋集中在上午，产蛋整齐，窝外蛋少。人工光照采用白炽灯照明，鸭舍内、运动场均应安装照明灯。鸭舍内每 20m² 安装一个 40W 灯泡，安装高度离地 2m，这样既可增加光照，又能防止惊群。在产蛋期间，要防止外人进入惊扰鸭群，避免野鸭遇惊扰，可能引发"吵棚"，造成体重和产蛋量下降。鸭舍内要保持干燥，勤换垫料。

# 实训十三　鹅活拔羽绒技术

【目的要求】

初步掌握鹅活拔羽绒的操作技术。

【材料和用具】

休产期的种鹅若干只，板凳、秤、药棉、消毒用药水、围栏以及放鹅毛的容器(硬纸箱、塑料桶、布口袋)。

【内容和方法】

1. 拔羽前准备

(1)鹅体准备　拔羽前一天停食，清洁鹅体。

(2)场地和设备准备　选择避风向阳的场地，地面打扫干净。准备好围栏、消毒药水和放鹅毛的容器等。

（3）鹅体保定

①双腿保定：操作者坐在凳子上，用绳捆住鹅的双脚，将鹅头朝操作者，背置于操作者腿上，用双腿夹住鹅只，然后开始拔羽。

②半站立式保定：操作者坐在凳子上，用手抓住鹅颈上部，使鹅呈站立姿势，用双脚踩在鹅两脚的趾和蹼上面，使鹅体向操作者前倾，然后开始拔羽。

2. 拔羽操作

（1）毛绒分拔法　先用三指将鹅体表的毛片轻轻的由上而下全部拔光，装入专用容器，然后再用拇指和食指平放紧贴鹅的皮肤，由上而下将留在皮肤上的绒朵轻轻地拔下，放在另外一只专用容器中。此法可以分级出售，按质计价，生产上较为常用。在操作过程中，拔羽方向顺拔和逆拔均可，但以顺拔为主，如果不慎将鹅的皮肤拔破，应立即用消毒药水（紫药水、碘酊等）涂抹消毒。

（2）活拔羽绒的包装与贮存　羽绒的包装大多采用双层包装，即内衬厚塑料袋，外套塑料编织袋，包装时尽量轻拿轻放，包装后分层用绳子扎紧。羽绒要放在干燥、通风的室内贮存。在贮藏期间，要注意防潮、防霉、防蛀、防热。

（3）拔羽鹅的饲养　拔羽后的鹅要加强饲养管理，3d 内不在强烈阳光下放养，7d 内不要让鹅下水和淋雨。饲料中增加蛋白质的含量，补充微量元素，适当补充精料。

【实训报告】

按毛绒分拔法操作，分别测定羽片和绒所占的比例和质量。

# 练习与思考题

1. 简述肉用仔鸭的育肥方法。
2. 简述产蛋前期、中期、后期蛋鸭的饲养管理要点。
3. 简述雏鹅的饲养管理技术。
4. 肉用仔鹅生产的关键技术有哪些？
5. 影响肥肝生产的因素有哪些？

# 项目八
# 家禽场疫病预防与控制

**【知识目标】**

• 掌握家禽场常用的消毒方法和消毒药物，针对不同的消毒对象正确选择适宜的消毒方法和消毒药物。

• 了解家禽场消毒时应注意的问题；掌握家禽场常见的免疫途径和免疫程序的制订。

• 了解造成免疫失败的原因。

• 了解家禽场污染物的种类及其处理方法。

**【技能目标】**

• 能够对家禽场的各种对象进行正确的消毒。

• 会正确鉴别疫苗质量和疫苗的使用。

• 能够制订合理的免疫程序并熟练掌握各种接种方法的操作。

目前我国养禽业已发展到集约化、规模化饲养，要保证家禽的健康成长和生产，必须有一整套综合性疫病防治措施，这对于集约化程度越高的家禽养殖企业，越具有重要性。因饲养密度越大，一旦发生传染病，损失越大。所以，必须树立明确的"预防为主，防重于治"的观念，坚持不懈地搞好日常卫生管理，做好消毒和药物预防工作，充分了解当地疫病的流行情况，结合传染病免疫监测的结果，制订适合当地和本场的免疫程序，促进和提高禽群的免疫和抗病能力，有效控制疫病的传播和流行。对于常见的疫病，除采用免疫接种外，更应注重消毒和废弃物的处理工作。只有这样才能保证家禽生产的安全，有效提高养禽场的经济效益。

## 任务一　家禽场消毒

消毒是指通过物理、化学或生物学方法清除或杀灭环境中病原体的技术，它将病原微生物的数量减少到最低或无害的程度，不存在传播感染的危险。因此，消毒是保证禽群健康和正常生产的重要技术措施，也是预防和扑灭疫病最重要的措施，更是防止和减少人畜共患传染病发生和蔓延的极为有效的手段之一。特别是在我国目前的饲养条件下，小规模、农户经营为主，硬件设施投入严重不足，隔离卫生条件和管理较差，饲养管理技术水平落后，疾病频频发生，进行有效的消毒显得更为重要。通过消毒能够杀灭环境中的病原体，切断传播途径，防止疫病的传播和蔓延，尽快控制和扑灭疫情。根据消毒的目的可将其分为预防消毒、随时消毒和终末消毒。

(1)预防消毒　平时对禽舍、场地、用具和饮水等进行定期消毒，以达到预防一般传染病的目的。

(2)随时消毒　是指在发生传染病时，为了及时消灭病家禽排出的病原体而进行的消毒。消毒对象主要是病家禽排泄物和污染物。根据需要，每天可随时进行一次或多次消毒。

(3)终末消毒　是指在病家禽解除隔离、痊愈或死亡后，或者在疫区解除封锁之前，为了消灭疫区内可能残留的病原体而进行的全面彻底的消毒。

## 一、消毒方法

常用的消毒方法有物理消毒法、化学消毒法和生物消毒法。

### 1. 物理消毒法

物理消毒法是指通过机械性清扫、冲洗、通风换气、高温、干燥、照射等物理方法，对环境或物品中的病原体清除或杀灭。

(1)机械性消毒　通过清扫、洗刷、通风等手段，清除禽舍周围、墙壁、空气中、禽舍内设施以及家禽体表污染的粪便、垫草、饲料等污物，以消除或减少环境中的病原微生物。它是一种最为简单、直接的消毒方法，随着污物的清除大量病原微生物也被除去。

(2)辐射消毒法　阳光是天然的消毒剂，是一种最经济、有效的消毒媒介。通过其紫外线和高温以及水分蒸发引起的干燥等因素的作用，能够直接杀灭多种病原微生物。如将清洗过的孵化工具、食槽、水槽、蛋箱等放在阳光下暴晒，即可达到较好的消毒效果，可杀死病毒和非芽孢性病原菌，甚至使带芽孢的菌体变弱或失掉活性。紫外线灯照射消毒一般用于进出禽舍的人员消毒、对空气中的微生物消毒以及防止一些已经消毒过的工具被再度污染。

(3)高温消毒法　利用高温使微生物的蛋白质及酶发生凝固或变性，以杀灭病原微生物。

①煮沸灭菌法：适用于金属器械、玻璃用具及橡胶类（长期未使用或消毒次数较多时，容易硬化，要及时更换）等物品的灭菌。在水中煮沸至100℃后，持续15～20min。如在水中加入2%的碳酸氢钠，则沸点可提高到105℃，灭菌时间可缩短至10min，并可防止金属器械生锈。

②高压蒸汽灭菌法：适用于耐高温的物品，如手术器械、玻璃容器、注射器、普通培养基和敷料等物品的灭菌。灭菌前，将需要灭菌的器械物品包好，装入高压灭菌锅内，进行高压灭菌。通常所需压力0.105MPa，温度121.3℃，维持20～30min可达到灭菌目的。

③干烤灭菌法：用干热灭菌箱进行灭菌。通常灭菌条件：加热至160℃，维持1～2h；适用于易被湿热损坏和在干燥条件下使用更方便的物品(如试管、玻璃瓶、培养皿等)灭菌。

④焚烧和火焰灼烧灭菌法：焚烧法主要是指对病禽的尸体以及传染源污染的饲料、垫草、垃圾及其他废弃物品等点燃或在焚烧炉内烧毁，从而达到消灭传染源的目的。灼烧法是指直接用火焰喷射灭菌，适用于笼具、地面、墙壁、剪、刀、接种环等不怕热的金属器材，体积较小的物品(如解剖刀、剪等)可直接在酒精灯上灼烧，笼具、地面和墙壁的灼烧必须借助火焰消毒器进行。

2. 化学消毒法

化学消毒法是指应用化学消毒剂对病原微生物污染的场所、物品等进行清洗、浸泡、喷洒或熏蒸，以达到杀灭病原体的目的。化学消毒法是养禽业中最常用的消毒方法。主要应用于禽场内外环境、禽笼、禽舍、器具及饮水消毒。常用以下几种方法。

(1)浸泡法　选用杀菌谱广、腐蚀性弱的水溶性消毒剂，将物品浸没于消毒剂内，在规定浓度和时间内进行消毒灭菌。

(2)擦拭法　选用易溶于水、穿透性强的消毒剂，擦拭物品表面，在规定浓度和时间内进行消毒灭菌。

(3)熏蒸法　通过加热或加入氧化剂，使消毒剂呈气态，在规定浓度和时间里进行消毒灭菌。主要适用于精密仪器和不能蒸、煮、浸泡的物品及空气的消毒。

(4)喷雾法　借助普通喷雾器或其他喷雾器，使消毒剂形成微粒气雾弥散在空间，进行空气和物品表面的消毒。

3. 生物消毒法

生物消毒法是指通过堆积发酵、沉淀池发酵、沼气池发酵等产热或产酸，以杀灭粪便、污水、垃圾及垫草等的内部病原体的方法。在发酵过程中，由于粪便、污物等内部微生物产生的热量可使温度上升到70℃以上，经过一段时间后便可杀死细菌、病毒、寄生虫卵等病原体，从而达到消毒的目的，还可以改善粪便的肥效。所以，广泛应用于禽粪等污物的无害化处理。

## 二、常用消毒药物

用于家禽场的消毒剂较多，有碱类、酸类、卤素类、醛类、氧化剂类、酚类、染料类、氯制类、碘制类、重金属类和表面活性类等。每个家禽场应选择2～3种消毒剂，交替使用。家禽场常用消毒剂包括以下几种。

1. 氢氧化钠(烧碱)

碱类消毒剂，是一种强碱性高效消毒药，适用于禽舍、墙壁、地面及运输车辆的消毒。常用浓度为2％～5％水溶液，对细菌、病毒和芽孢均有杀灭作用，也可杀灭某些寄生虫虫卵。

2. 石灰(生石灰)

碱类消毒剂，主要成分是氧化钙，加水即成氢氧化钙而产生杀灭细菌和病毒的作用，但对芽孢和结核菌效果较差。通常将生石灰加水调制成10％～20％石灰乳剂，用于禽舍墙壁、运动场地面或排泄物的消毒。

### 3. 漂白粉

卤素类消毒剂，广泛应用于禽舍、地面、粪池、排泄物、饮水等消毒。饮水消毒可在1000kg水中加6~10g漂白粉，10~30min后即可饮用；地面和路面可先撒干粉再洒水消毒；粪便和污水消毒可按1∶5的用量，一边搅拌，一边加入漂白粉。

### 4. 新洁尔灭（苯扎溴铵）

阳离子表面活性剂，具有杀菌和去污作用，能杀灭一般细菌繁殖体，不能杀灭芽孢。无刺激性和腐蚀性，毒性低。0.1%水溶液能用于皮肤、黏膜、创伤、手术器械及禽蛋等消毒。

### 5. 福尔马林（甲醛）

醛类消毒剂，是含37%~40%的甲醛水溶液，主要用于禽舍、禽蛋和孵化器等的熏蒸消毒，对细菌、真菌、病毒和芽孢等均有效。2%~5%水溶液用于喷洒墙壁、地面、料槽及用具消毒；禽舍每立方米配置：一级消毒为福尔马林14mL、高锰酸钾7g；二级消毒（用于旧禽舍）为福尔马林28mL、高锰酸钾14g；三级消毒（用于污染严重禽舍）为福尔马林42mL、高锰酸钾21g。

### 6. 过氧乙酸

氧化剂类消毒剂，能杀死细菌、霉菌、芽孢及病毒。0.05%~0.5%水溶液用于禽体、禽舍地面、用具的喷雾消毒，喷雾后密闭门窗1~2h；用3%~5%水溶液加热熏蒸，每立方米空间2~5mL，熏蒸时需要密闭门窗1~2h。

### 7. 百毒杀

双链季铵盐，广谱消毒剂，可带禽消毒。常用于饮水、用具、种蛋、孵化器以及内外环境等的消毒。饮水消毒，每升水中加本品50~100mg；禽舍、器具消毒，每升水中加本品150~500mg。

### 8. 二氯异氰尿酸钠（消毒威）

卤素类消毒剂，主要用于养殖场地喷洒和浸泡消毒，也可用于饮水消毒，消毒力较强，可带禽消毒。

### 9. 石炭酸（苯酚）

酚类消毒剂，可杀灭细菌繁殖体与某些种类的病毒，增加浓度及环境温度，延长消毒时间，可有效提高其消毒的效果。可用于污染物表面的消毒，多用于禽舍、墙壁、运动场地面等的消毒，因有特殊臭味不宜用于肉品、蛋品的运输车辆和储藏仓库消毒。苯酚溶液对皮肤、黏膜有刺激性，易引起麻木感，使皮肤发白或产生红斑，甚至引起皮炎。忌与高锰酸钾、溴剂和碘剂、过氧乙酸等消毒剂配伍应用。

### 10. 煤酚皂溶液（来苏儿）

酚类消毒剂，是一种高效、广谱、低毒的溶液消毒剂，能杀灭细菌繁殖体，对真菌亦有一定的杀灭作用；常用1%~2%水溶液用于禽舍工作人员的洗手消毒，3%~5%水溶液用于器械、用具、禽舍及场地、运输车辆的喷雾消毒，10%水溶液消毒污物及排泄物。

## 三、消毒程序

禽舍消毒要有一定的程序。根据消毒的类型、对象、环境温度、病原体性质以及传染病流行特点等因素，将多种消毒方法科学合理地加以组合而进行的消毒过程称为消毒程序。高效消毒程序的建立，需根据本场的实际情况、所用药物、消毒方式和以往经验而定，并根据监测结果和疫情等随时加以调整。对家禽生产的重要环节设立关键性控制点，对不同的控制点配以专用高效消毒药。以下推荐家禽生产中较为有效的消毒程序，供生产场参考和使用。

1. 家禽场出入门口的消毒

车辆出入口大门处设一消毒池（池宽与大门大小相同，长为机动车车轮的 2 倍以上，深度大于 15cm），内盛消毒剂用于车轮通过时消毒，该消毒剂应具有耐有机物干扰、耐阳光等特性，且需定时更换，脏污严重时可随时更换，保持有效的消毒药性。通常选用 4% 氢氧化钠溶液，每周更换 2～3 次。车体可用 3%～5% 福尔马林喷雾消毒。对于侧门消毒，一切出入人员皆在此用漫射紫外线照射 5～10min（直射紫外线对人有一定伤害），并设置脚踏消毒槽，内盛 5% 来苏儿溶液，踏踩消毒。不准带入可能染疫的家禽产品或物品。

2. 生产区工作人员和环境消毒

进入生产区的工作人员，要脚踏消毒池，同时必须更换已消毒的衣服和鞋帽，以及消毒双手，进入自己的生产工作区后，严禁相互串栋。工作人员的衣服和鞋帽每周洗涤、消毒 1 次，且不得将其穿出生产区。禽舍门口消毒池内消毒剂 5～7d 更换 1 次。垃圾、粪便等废弃物要及时清除至场外作无害化处理。

3. 空舍消毒

空舍消毒的目的是给禽群饲养创造一个良好的干净舒适的环境，清除以往禽群和外界环境中的病原体。空舍消毒包括舍内、舍外周围环境的消毒，其消毒程序通常为粪污清除、高压冲洗、喷洒消毒剂、清水冲洗，干燥后熏蒸消毒、再次喷洒消毒剂、晾干后即可转入家禽。

（1）粪污清扫　当禽只出栏后，舍内从上到下（从屋顶、墙壁、门窗至地面，下同）喷洒大量消毒液，以免病原微生物随尘土飞扬或顺水流排出，扩散至相邻的禽舍及环境中而造成污染。并将所有可拆卸的用具如食槽、水槽、笼具等拆下，移至舍外清扫、浸泡、冲洗、刷刮，并反复消毒。禽舍内清除垫料和粪便等污物，扫落天花板、墙壁上的蜘蛛网和灰尘，从上到下打扫干净，集中清扫到一起作无害化处理。

（2）高压冲洗　经过彻底清扫后，在舍内（包括工作区和走廊）使用高压水枪由上到下、由内向外冲洗干净。对于较脏的地方，可先进行人工刮除再冲洗。并注意对角落、缝隙、设备背面的冲洗，做到不留死角、不留污垢，真正达到清洁的目的。

（3）喷洒消毒剂　禽舍经彻底冲洗、干燥后，即可进行喷洒消毒。为了提高消毒效果，一般要求使用两种以上不同类型的消毒药进行至少两次消毒，即第一次喷雾消毒 24h，用高压水枪冲洗；干燥后再换另一种类型消毒药物喷雾器具，刷洗墙壁、笼架、槽具、地面，消毒 1～2h，再次用清水冲洗干净。

（4）熏蒸消毒　喷洒消毒干燥后，将已消毒好的设备及用具搬进舍内安装调试，并密闭门窗、通风孔，使舍内温度升至 25℃ 以上、相对湿度达 60% 以上，进行熏蒸。必要时 3d 后再用过氧乙酸熏蒸一次，并且封闭空舍 7～15d，消毒程序完成；如急用时，在熏蒸后 24～28h，打开门窗通风换气 24h 后再使用。

库房、孵化室等均可按上述方法消毒。

### 4. 设备用具消毒

包括饲槽、水槽、盆、桶、清扫用具等定期清洗消毒。通常先洗涮干净、晾干，然后浸泡在消毒液(常用新洁尔灭液或高锰酸钾液)内 2~3h，取出用清水冲洗干净、晾干后使用。蛋箱、运输用的鸡笼等，应在运回禽场前进行消毒或在场外严格消毒。

### 5. 种蛋消毒

为有效地控制细菌性疾病的垂直传染，提高雏禽的出壳率和育雏的存活率，严格做好集蛋后消毒、储存前消毒、入孵前消毒及出壳前消毒。常用甲醛、络合碘等消毒药剂。

### 6. 带禽消毒

在家禽自进舍至出栏的整个饲养期内，定期使用高效消毒剂对禽舍内环境和禽体喷雾，以杀灭或减少病原微生物，达到预防消毒的目的。它不仅能直接杀灭隐藏于禽舍内环境以及禽体表的病原微生物，而且有利于控制粉尘，净化空气，防暑降温，提高舍内湿度和阻止病原扩散。对禽流感、新城疫、法氏囊病、马立克氏病等疫病均有良好的预防作用，对呼吸系统的疫病则效果更佳。

(1)消毒剂的选择　一般选用广谱、高效、强力，对金属、塑料制品腐蚀性小，毒性小，无残留和无浓烈刺激性的消毒剂，如菌毒净、除菌净、百毒杀、碘消、惠福星、过氧乙酸(多用氯制剂、季铵盐类和碘制剂)等，两种或两种以上交替使用(每季度或每月轮换一次)，药量要按使用说明书，准确配用。另外，还要根据禽只的日龄、体质状况，以及季节、传染病流行特点等因素，针对性地选用高效消毒药。

(2)带禽喷雾消毒的方法　处于 10~20 日龄的禽群每 3 天消毒 1 次；处于 21~40 日龄的禽群每 2 天消毒 1 次，在 41 日龄以后每天消毒 1 次；种禽则每 3 天消毒 1 次。在疫区或受威胁区，可每天消毒 1 次；在夏季、疾病多发季或热应激时，可每天消毒 1~2 次。

①喷雾量：一般按每立方米的空间约 15mL 消毒液计算，可据饲养方式及禽只的大小适当调整。雾粒直径控制在 80~120μm，喷头距禽体 60~80cm 喷雾。配制消毒药液选用杂质较少的 30~40℃ 深井水或自来水较好。

②消毒时间：可选在中午最热的时候，以便消毒的同时起到防暑降温的作用。

③消毒操作方法：将配好的消毒水放入喷雾器后，由禽舍的一端开始消毒，边喷雾边向另一端慢慢走，喷头向上，使药液似雾一样慢慢下落；地面、墙壁、顶棚、笼具都要喷施药液；注意动作要轻、声音要小。

④喷雾程度：以地面、笼具、墙壁、顶棚均匀湿润和禽体表面稍湿为宜。

### 7. 饮水系统消毒

禽场内的饮水要经常消毒并定期检查水源是否受到污染，可在饮水中投入适当的消毒剂。在临床上常见的饮水消毒剂为氯制剂、季铵盐类和碘制剂。水的消毒方法主要分为两类。

(1)物理消毒法　主要是煮沸消毒、过滤和沉淀等方法，此外还有紫外线消毒法、超声波消毒法、电子消毒法、磁场消毒法。最常用的是煮沸消毒法。

(2)化学消毒法　主要是含氯消毒法、碘消毒法、溴消毒法、臭氧消毒法等，经过滤和沉淀后的饮水，再用漂白粉配合消毒，效果更好。这种消毒方法也是应用最为广泛、安全和经济的。

饮水消毒常用的消毒剂：漂白粉，每 1000mL 饮水中加入 0.3～1.5g，或每立方米水加粉剂 6～10g；20％过氧乙酸每升水加 1mL；0.1％高锰酸钾、50％百毒杀每 10L 水加 0.5～1mL，发病时应增加倍量。

**8. 粪便消毒**

家禽的粪便中含有一些病原微生物和寄生虫卵，尤其是患传染病的家禽，含有微生物数量会更多。如果不进行消毒处理，直接作为农业肥料，往往成为新传染源，因此对家禽粪便必须进行严格的消毒处理。常见的方法有掩埋法、焚烧法、堆肥发酵法及化学消毒法。

(1)掩埋法　将粪便与新鲜的生石灰或漂白粉混合，然后深埋地下。一般埋的深度在 2m 左右。这种方法简单易行，但病原微生物有经地下水散布的危险性，且损失大量的有机肥料，故很少采用。

(2)焚烧法　焚烧是杀灭一切病原微生物最有效的方法，但大量焚烧粪便显然是不合适的。因此，只限于患烈性传染病家禽的粪便。具体做法是：挖一个深 75cm、宽 75～100cm 的坑，在距坑底 40～50cm 处加一层较密的铁炉底(炉底孔密些比较好，否则粪便易漏下)。在坑内放置木材等燃料，在炉底上放置欲消毒的粪便。如果粪便太潮湿，可混合一些干草，以利燃烧。

(3)堆肥发酵法　利用粪便堆积发酵、产热，杀灭细菌和病毒或者送入沼气池发酵，还能产生沼气，形成生态链，提高转化率。

(4)化学消毒法　适用于粪便消毒的化学消毒剂有漂白粉或 10％～20％漂白粉液、0.5％～1％过氧乙酸、5％～10％硫酸、苯酚合剂、20％石灰乳等。使用时应注意搅拌均匀，使消毒剂与粪便混匀。

**9. 病禽与尸体消毒**

针对烈性传染病急宰后的病禽和死亡的尸体处理方法有掩埋法、焚烧法、发酵法和化制法。

(1)掩埋法　掩埋法简单易行，但不是彻底的处理方法。对烈性传染病死亡的家禽尸体不能掩埋，掩埋坑的长度和宽度以容纳下尸体为度，深度以尸体表面到坑缘的高度不少于 2m。掩埋前，将坑底先铺垫上 2～5cm 厚的石灰。尸体投入后再撒上一层石灰，尸体周围被污染的土壤和其他物品都一起放入坑内，填土夯实。

(2)焚烧法　焚烧法是销毁尸体、消灭病原体最彻底的方法，但要消耗大量能源，所以非烈性传染病尸体不常应用此法。进行焚烧时，要注意防火，选择离房屋、村镇较远、下风方向的地方，在可控制的焚烧坑内进行。自制焚尸坑可选择十字坑、单坑和双层坑等形式，均要在底部放置燃料(如干草、木柴或加少许柴油、汽油、酒精等助燃剂)，放好尸体后从底部点燃，一直将尸体焚烧成黑炭为止，并在坑内就地掩埋。少量的尸体可放在专门建立的焚烧炉中进行处理。

(3)发酵法　将尸体抛入尸体坑内，利用生物热的方法进行发酵，从而起到消毒灭菌的作用。坑一般为井式，深达 8～9m，直径 2～3m，坑底和坑壁应以水泥抹面，坑口高出地面 30cm 左右，并配好铁盖或水泥盖。将尸体投入坑内，堆到距坑口 1.5m 处，盖好经

3～5 个月发酵处理后，尸体即可完全腐败分解。

（4）化制法　化制法主要是将尸体放在有盖的大铁锅内煮熟至骨肉松脆为止。有条件的养禽场应备有专门的化制容器，将尸体投入到容器中炼制，达到消毒灭菌的目的。

## 四、影响消毒效果的因素

消毒效果受许多因素影响，了解和掌握这些因素，可以指导我们正确进行禽舍内的消毒工作，提高消毒效果；反之，处理不当，只会影响消毒效果，导致消毒失败。影响因素概括起来主要有以下几个方面。

### 1. 消毒剂的种类

针对要消毒的微生物特点，选择合适的消毒剂是消毒工作成败的关键。要杀灭细菌的芽孢或非囊膜病毒，则必须选用灭菌剂或高效消毒剂，也可选用物理灭菌法，才能取得可靠的消毒效果，若使用酚制剂或季铵盐类消毒剂则效果很差；季铵盐类是阳离子表面活性剂，有杀菌作用的阳离子具有亲脂性，杀革兰阳性菌和囊膜病毒效果较好，但对非囊膜病毒就无能为力了。龙胆紫对葡萄球菌的效果特别强。加热对结核杆菌有很强的杀灭作用，但一般消毒剂对其作用要比对常见细菌繁殖体的作用差。所以为了取得理想的消毒效果，必须根据消毒对象及消毒剂本身的特点科学地选择，采取合适的消毒方法使其达到最佳消毒效果。

### 2. 多种消毒剂配合

良好的配方能显著提高消毒的效果。如用 70％乙醇配制季铵盐类消毒剂比用水配制穿透力强，杀菌效果更好；苯酚若制成甲苯酚的肥皂溶液就可杀死大多数繁殖体微生物；超声波和戊二醛、环氧乙烷联合应用，具有协同效应，可提高消毒效力。当然，消毒药之间也会产生颉颃作用，如酚类不宜与碱类消毒剂混合，阳离子表面活性剂不宜与阴离子表面活性剂及碱类物质混合，它们彼此会发生中和反应，产生不溶性物质，从而降低消毒效果。因此，消毒药不能随意混合使用，但可考虑选择几种产品轮换使用。

### 3. 消毒液浓度

消毒液的浓度是决定消毒效果的首要因素，要想起到良好的消毒效果，必须要有一定的药物浓度。任何一种消毒药的消毒效果都取决于其与微生物接触的有效浓度，同一种消毒剂的浓度不同，其消毒效果也不一样。大多数消毒剂的消毒效果与其浓度成正比，但也有部分消毒剂的消毒效果与其浓度成反比，随着浓度的增大其效果反而下降。各种消毒剂受浓度影响的程度不同。每一消毒剂都有它的最低有效浓度，要选择有效而又对人、家禽安全并对设备无腐蚀的杀菌浓度。若浓度过高不仅对消毒对象不利（腐蚀性、刺激性或毒性增强），而且势必增加消毒成本，造成浪费。

### 4. 消毒液作用时间

消毒剂接触微生物后，要经过一定时间后才能杀死病原，只有少数能立即产生消毒作用，所以要保证消毒剂有一定的作用时间，消毒剂与微生物接触时间越长消毒效果越好，接触时间太短往往达不到消毒效果。被消毒物上微生物数量越多完全灭菌所需时间越长。此外，大部分消毒剂在干燥后会失去消毒作用，溶液型消毒剂在溶液中才能有效地发挥作用。

## 5.环境和消毒液温度

通常温度升高消毒速度会加快，药物的渗透能力也会增强，可显著提高消毒效果，消毒所需要的时间也可以缩短。一般温度按等差级数增加，则消毒剂杀菌效果按几何级数增加。许多消毒剂在温度低时，反应速度缓慢，影响消毒效果，甚至不能发挥消毒作用。如福尔马林在室温15℃以下用于消毒时，即使用其有效浓度，也不能达到很好的消毒效果，但室温在20℃以上时，则消毒效果很好。

## 6.环境湿度

湿度对许多气体消毒剂的作用有显著影响。这种影响来自两方面：一是消毒对象的湿度，它直接影响微生物的含水量。如用环氧乙烷消毒时，细菌含水量太多，则需要延长消毒时间，细菌含水量太少，消毒效果亦明显降低；二是消毒环境的相对湿度。每种气体消毒剂都有其适宜的相对湿度范围，如甲醛以相对湿度大于60％为宜，用过氧乙酸消毒时要求相对湿度不低于40％，以60％～80％为宜。直接喷洒消毒剂干粉处理地面时，需要有较高的相对湿度，使药物潮解后才能发挥作用。而紫外线消毒时，相对湿度增高，反而影响穿透力，不利于消毒处理。

## 7.有机物的干扰

消毒现场通常会遇到各种有机物，如血液、血清、培养基成分、分泌物、脓液、饲料残渣、粪便等，这些有机物的存在会严重干扰消毒剂消毒效果。因为有机物覆盖在病原微生物表面，妨碍消毒剂与病原直接接触而延迟消毒反应，导致病原杀不死、杀不全。部分有机物可与消毒剂发生反应生成溶解度更低或杀菌能力更弱的物质，甚至产生的不溶性物质反过来与其他组分一起对病原微生物起到机械保护作用，阻碍消毒过程的顺利进行。因此，消毒物品应先清洁干净后再进行消毒。当然各种消毒剂受有机物影响程度有所不同。在有机物存在的情况下，氯制剂消毒效果显著降低；季铵盐类、过氧化物类等消毒作用也明显地受到影响；但烷基化类、戊二醛类及碘伏类消毒剂则受有机物影响就比较小些。对大多数消毒剂来说，当存在有机物影响时，需要适当加大处理剂量或延长作用时间。

## 8.微生物类型和数量

不同类型的微生物对消毒剂的敏感性不同，根据近年来对微生物抗力的研究，微生物对化学因子抗力的排序依次为：感染性蛋白因子(牛海绵状脑病病原体)、细菌芽孢(炭疽杆菌、梭状芽孢杆菌、枯草杆菌等芽孢)、分枝杆菌(结核杆菌)、革兰阴性菌(大肠杆菌、沙门菌等)、真菌(念珠菌、曲霉菌等)、无囊膜病毒(亲水病毒)或小型病毒(口蹄疫病毒、猪水疱病病毒、传染性法氏囊病毒、小鹅瘟病毒、腺病毒等)、革兰阳性菌繁殖体(金黄色葡萄球菌、绿脓杆菌等)、囊膜病毒(亲脂病毒、憎水病毒)或中型病毒(猪瘟病毒、新城疫病毒、禽流感病毒等)。其中，抗力最强的不再是细菌芽孢，而是最小的感染性蛋白因子(朊粒)。因此，在选择消毒剂时，应根据新的排序加以考虑。

消毒对象的病原微生物污染数量越多，则消毒越困难。因此，对严重污染物品或高危区域，如禽舍地面、粪便、污染物、孵化室及伤口等破损处应加强消毒，加大消毒剂的用量，延长消毒剂作用时间，并适当增加消毒次数，这样才能达到良好的消毒效果。

因此，为了保证消毒效果，应注意做好以下几方面的工作。

(1)清除污物　消毒药的作用效果与环境中有机物量的多少成反比，即有机物的量越多，消毒效力越差。因此，在应用消毒药之前，应清除环境中的杂物和污物，用清水冲洗干净后再使用化学消毒剂。

（2）合理选择消毒剂　不同种类的病原微生物或所处的发育阶段不同，对消毒药的敏感性不同。一般繁殖型的细菌易于杀灭，但芽孢菌体耐受性强，较难杀灭；病毒对碱敏感，而对酚类有抵抗力。

（3）配备适当的消毒剂浓度　一般来说消毒药的浓度越高其作用越强，但也有例外，如75％的乙醇消毒效果好于95％的乙醇。另外，应根据消毒对象选择浓度，如同一种消毒药在应用于环境、地面、用具、器械时可选择高浓度；而应用于体表、特别是创伤面消毒时应选择低浓度。

（4）把握适当的环境温度和作用时间　温度升高可以增加消毒剂的作用效果，缩短消毒时间。一般温度每增加10℃，消毒效果可增加1倍。在其他条件相同时，消毒剂与被消毒对象的作用时间越长，消毒效果越好。

（5）控制环境湿度　熏蒸消毒时，湿度对消毒效果的影响最大，如过氧乙酸或甲醛熏蒸消毒时，环境的相对湿度应控制在60％～80％。

（6）调配适当的消毒剂的pH值　环境或组织中的酸碱度对消毒药的作用影响较大，如含氯消毒剂作用的最佳pH值为5～6，而阳离子表面活性剂新洁尔灭则在碱性环境中的杀菌力增强。

# 任务二　家禽场免疫接种

免疫接种是指用疫苗等生物制品，刺激机体在不发病的情况下产生特异性免疫力，使易感动物转化为非易感动物，从而达到预防禽病的目的。为了养禽场的安全应制定合理的免疫程序，并进行必要的免疫监测，了解家禽群体的免疫水平，及时调整免疫计划和采取必要的防制措施，减少疫病的发生。

## 一、家禽免疫接种的途径与方法

免疫接种是养禽场一项很重要的工作，免疫成败直接影响养禽效益的高低。家禽免疫接种可分为群体免疫法和个体免疫法。群体免疫法主要有饮水免疫法、拌料法和气雾免疫法；个体免疫法主要包括点眼和滴鼻法、刺种法、涂擦法以及注射法等。采用哪种免疫方法，应根据具体情况而定，既要考虑工作方便和经济合算，又要考虑疫苗的特性和免疫效果。

### 1. 滴鼻和点眼法

用滴管、滴瓶或5mL注射器。事先用1mL水试一下，看有多少滴。在2周龄以下的雏鸡以每毫升50滴为好，每只鸡2滴，每毫升滴25只鸡。操作方法：操作者左手轻轻握住鸡体，食指与拇指固定住小鸡的头部，右手用滴管吸取药液，滴入鸡的鼻孔或眼内，当药液滴在鼻孔上不吸入时，可用右手食指把鸡的另一个鼻孔堵住，药液便很快被吸入。此法适合雏鸡新城疫Ⅱ、Ⅲ、Ⅳ系疫苗和传支、传喉等弱毒疫苗的接种，由于接种均匀、免疫效果较好，被养殖界称为免疫弱毒苗的最佳方法（图8-1）。

图 8-1　滴鼻和点眼法

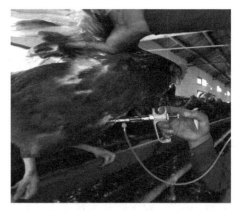

图 8-2　胸部肌肉注射法

### 2．饮水免疫法

对日龄较大的禽群，若要逐只进行免疫接种，既费时费力，且不能在短时间内完成全群免疫，因而生产中常采用饮水法，即将口服的疫苗混于水中，让禽群在较短时间内饮完，以达到免疫接种的目的。此法适用于鸡新城疫Ⅱ系、Lasota 系疫苗、传染性支气管炎疫苗、传染性法氏囊病疫苗等。

饮水免疫前后 24h 不得使用任何消毒药物，免疫前停水 2～4h，使禽只产生一定程度的渴欲，使其尽快一致地饮完疫苗液。疫苗必须是高效价的，为一般注射剂量的 2～3 倍。配制疫苗的饮水最好在 2～3h 内饮用完。

### 3．肌肉注射法

使用时，一般按规定倍数稀释后，较小的鸡每只注射 0.2～0.5mL，成年鸡每只注射1mL。注射部位可选择胸部肌肉、翼根内侧肌肉或腿部外侧肌肉。注射腿部应选在腿外侧无血管处，顺着腿骨方向刺入，避免刺伤血管神经；注射胸部应将针头顺着胸骨方向，选中部并倾斜 30°刺入，防止垂直刺入伤及内脏；在 2 月龄以上的鸡可以选在翅膀根部肌肉多的地方注射。此法适合鸡瘟Ⅰ系疫苗、马立克弱毒苗及禽霍乱弱毒苗或灭活苗（图 8-2）。

### 4．皮下注射法

多采用雏鸡颈背皮下注射法，注射时先用左手拇指和食指将雏鸡颈背部皮肤轻轻捏住并提起，右手持注射器将针头刺入皮肤与肌肉之间，然后注入疫苗液，防止伤及鸡颈部血管、神经。此法主要适用于接种鸡马立克氏病弱毒疫苗、新城疫Ⅰ系疫苗等。

### 5．翅内刺种法

用蘸笔或接种针蘸取稀释好的疫苗，在鸡翅膀内侧无血管处刺种，在 20 日龄内的雏鸡刺 1 针，大鸡刺 2 针，3d 后检查刺种部位，若有小肿块或红斑则表示接种成功，否则需重新刺种。此法适用于鸡瘟Ⅰ系苗和鸡痘疫苗的接种。

### 6．气雾免疫法

利用气泵将空气压缩，然后通过气雾发生器，将稀释的疫苗喷射出，使疫苗液形成1～10μm 雾化粒子，均匀地悬浮于空气中，随呼吸而进入禽体内，以此达到免疫的目的。主要适用于接种鸡新城疫Ⅰ系、Ⅱ系、Lasota 系疫苗和传染性支气管炎弱毒疫苗等。

### 7. 涂擦肛门法

将疫苗按要求稀释，捉鸡倒提，用手捏鸡腹使肛门黏膜外翻，用接种刷或棉球，刷擦肛门内黏膜，使黏膜发红为止，每 500 只鸡换一把刷子。此法主要用于传喉疫苗接种。

## 二、免疫程序制订

免疫程序是指根据禽场或禽群的实际情况与不同传染病的流行状况及疫苗特性，对特定禽群制订的疫苗接种类型、次序、次数、方法及时间间隔等预先安排的计划和方案。制订科学合理的免疫程序，是获得最佳免疫效果的前提，是养殖成功与否的关键，在生产中，制订免疫程序应遵循以下原则：①依据威胁本地区或养禽场的传染病的种类及规律合理安排免疫程序。对本地或本场尚未证实的传染病，不要冒然接种，只有证实已经受到严重威胁时，才能计划免疫，不要轻易引进新的疫苗，特别是弱毒苗。②根据养殖家禽的生产用途及饲养周期的长短制订免疫接种程序。③选用疫苗毒(菌)株的血清型要与当地流行血清型一致，并详细了解疫苗的免疫学特性。④根据传染病流行特点和规律，有计划地进行免疫。⑤定期免疫监测，根据抗体消长规律，确定首免日期和加强免疫的时间，灵活及时地调整免疫程序。

总之，免疫程序的制订必须根据本地禽病流行情况及规律、家禽的品种和年龄、种类和用途、母源抗体水平和饲养管理条件，以及疫苗情况等因素而定，不能机械性地套用个别养禽场的免疫程序；同时，还要根据实际应用效果、疫苗间的协同或干扰作用、疫情变化、禽群动态、免疫检测结果等情况适时调整。

### 1. 鸡、鸭、鹅的免疫程序(仅供参考，表 8-1～表 8-7)

表 8-1　种鸡、蛋鸡的参考免疫程序

| 龄期 | 接种的疫苗 | 接种途径 | 备注 |
|---|---|---|---|
| 1 日 | ①马立克氏病疫苗(CVI—988 或 HVT) | 皮下或肌肉注射 | |
| | ②新城疫(4 系或克隆 30)＋传染性支气管炎(H120 等)二联弱毒疫苗 | 滴眼鼻或气雾 | |
| | ③鸡痘 | 皮肤刺种 | |
| 8～20 日 | 传染性法氏囊病弱毒疫苗 | 饮水或滴入口中 | 根据母源抗体高低决定接种时间 |
| 10～15 日 | ①新城疫(4 系或克隆 30)＋传染性支气管炎(H120 等)二联弱毒疫苗 | 滴眼鼻或气雾 | |
| | ②新城疫＋禽流感(H9＋H5 亚型)灭活疫苗 | 皮下或肌肉注射 | 0.5 羽份剂量 |
| 12～14 日 | 病毒性关节炎弱毒疫苗 | 肌肉注射 | |
| 20～25 日 | 新城疫(4 系或克隆 30)弱毒疫苗 | 点眼鼻或气雾 | |
| 26～30 日 | 传染性喉气管炎弱毒疫苗 | 点眼 | |
| 7 周 | 传染性鼻炎弱毒疫苗 | 肌肉注射 | |

（续）

| 龄期 | 接种的疫苗 | 接种途径 | 备注 |
|---|---|---|---|
| 8 周 | ①新城疫（4 系或克隆 30）＋传染性支气管炎（H52 等）二联弱毒疫苗 | 点眼鼻或气雾 | |
| | ②新城疫＋禽流感（H9＋H5 亚型）灭活疫苗 | 皮下或肌肉注射 | |
| 12～14 周 | ①传染性喉气管炎弱毒疫苗 | 点眼 | |
| | ②病毒性关节炎弱毒疫苗 | 饮水或肌肉注射 | |
| 16 周 | ①新城疫（4 系或克隆 30）弱毒疫苗 | 点眼或气雾 | 需要时可安排鸡毒支原体或禽出败灭活疫苗 |
| | ②传染性脑脊髓炎弱毒疫苗 | 饮水 | |
| 20～21 周 | 病毒性关节炎、传染性脑脊髓炎、传染性鼻炎、传染性支气管炎灭活疫苗 | 皮下或肌肉注射 | 根据需要选择一种或几种疫苗联合使用 |
| 22～23 周 | ①新城疫（4 系或克隆 30）弱毒疫苗 | 点眼或气雾 | 蛋鸡不接种传染性法氏囊病疫苗 |
| | ②新城疫＋传染性法氏囊病＋减蛋综合征灭活疫苗 | 皮下或肌肉注射 | |
| | ③禽流感（H9＋H5 亚型）灭活疫苗 | 皮下或肌肉注射 | |
| 30 周 | 新城疫（4 系或克隆 30）弱毒疫苗 | 点眼鼻或气雾 | |
| 38 周 | 新城疫（4 系或克隆 30）弱毒疫苗 | 点眼鼻或气雾 | |
| 44～46 周 | ①新城疫（4 系或克隆 30）弱毒疫苗 | 气雾 | 蛋鸡不接种传染性法氏囊病疫苗 |
| | ②新城疫＋传染性法氏囊病灭活疫苗 | 皮下或肌肉注射 | |
| | ③禽流感（H9＋H5 亚型）灭活疫苗 | 皮下或肌肉注射 | |
| 50～55 周 | 新城疫（4 系或克隆 30）弱毒疫苗 | 气雾 | |

**表 8-2　肉鸡（以 100 日龄上市为例）的参考免疫程序**

| 龄期 | 接种的疫苗 | 接种途径 | 备注 |
|---|---|---|---|
| 1 日 | ①马立克氏病疫苗（CVI－988 或 HVT） | 皮下或肌肉注射 | |
| | ②新城疫（4 系或克隆 30）＋传染性支气管炎（H120 等）二联弱毒疫苗 | 滴眼鼻或气雾 | |
| | ③鸡痘 | 皮肤刺种 | |
| 8～20 日 | 传染性法氏囊病弱毒疫苗 | 饮水或滴入口中 | 根据母源抗体高低决定接种时间 |
| 10～15 日 | ①新城疫（4 系或克隆 30）＋传染性支气管炎（H120 等）二联弱毒疫苗 | 滴眼鼻或气雾 | |
| | ②新城疫＋禽流感（H9＋H5 亚型）灭活疫苗 | 皮下或肌肉注射 | 0.5 羽份剂量 |
| 20～25 日 | 新城疫（4 系或克隆 30）＋传染性支气管炎（H120 等）二联弱毒疫苗 | 点眼鼻或气雾 | |

(续)

| 龄期 | 接种的疫苗 | 接种途径 | 备注 |
|---|---|---|---|
| 26～30 日 | 传染性喉气管炎弱毒疫苗 | 点眼 | 可安排鸡毒支原体或禽出败灭活疫苗 |
| 7 周 | ①新城疫(4 系或克隆 30)弱毒疫苗<br>②新城疫＋禽流感(H9＋H5 亚型)灭活疫苗 | 滴眼鼻或气雾<br>皮下或肌肉注射 | 在冬季或环境受污染时使用 |

**表 8-3　肉鸡(以 49 日龄上市为例)的参考免疫程序**

| 龄期 | 接种的疫苗 | 接种途径 | 备注 |
|---|---|---|---|
| 1 日 | 新城疫(4 系或克隆 30)＋传染性支气管炎(H120 等)二联弱毒疫苗 | 滴眼鼻或气雾 | |
| 5 日 | 新城疫＋禽流感(H9＋H5 亚型)灭活疫苗 | 皮下或肌肉注射 | 0.5 羽份剂量 |
| 8～20 日 | 传染性法氏囊病弱毒疫苗 | 饮水或滴入口中 | |
| 10 日 | 新城疫(4 系或克隆 30)＋传染性支气管炎(H120 等)二联弱毒疫苗 | 滴眼鼻或气雾 | |
| 20～30 日 | ①新城疫(4 系或克隆 30)弱毒疫苗<br>②新城疫(4 系或克隆 30)弱毒疫苗 | 点眼鼻或气雾<br>肌注 | 3～5 羽份剂量 |

**表 8-4　种鸭的参考免疫程序(不包括番鸭)**

| 龄期 | 接种的疫苗 | 剂量 | 接种途径 | 备注 |
|---|---|---|---|---|
| 1～3 日 | 病毒性肝炎高免血清或蛋黄液 | 0.5～1mL | 皮下或肌肉注射 | |
| 10～15 日 | H5 亚型禽流感灭活疫苗 | 0.5 羽份(成鸭剂量) | 皮下或肌肉注射 | |
| 3～4 周 | 鸭瘟弱毒疫苗 | 1 羽份 | 皮下或肌肉注射 | 必要时可接种鸭疫里默氏杆菌疫苗 |
| 10～12 周 | H5 亚型禽流感灭活疫苗 | 2 羽份 | 皮下或肌肉注射 | |
| 开产前 1 个月 | ①鸭瘟弱毒疫苗<br>②病毒性肝炎弱毒疫苗<br>③H5 亚型禽流感灭活疫苗 | 1 羽份<br>1 羽份<br>2 羽份 | 皮下或肌肉注射 | 在接种病毒性肝炎弱毒疫苗后一周，再重复接种一次，对雏鸭有更高的保护率 |
| 开产后每3～12 个月 | ①鸭瘟弱毒疫苗<br>②病毒性肝炎弱毒疫苗<br>③H5 亚型禽流感灭活疫苗 | 1 羽份<br>1 羽份<br>2 羽份 | 皮下或肌肉注射 | |

注：该免疫程序仅在环境污染较严重、疫病较复杂的地方使用，在环境较干净的地方可适当减少其中一些疫苗的接种。

表 8-5　肉鸭的参考免疫程序(约 60 日龄上市)

| 龄期 | 接种的疫苗 | 剂量 | 接种途径 | 备注 |
|---|---|---|---|---|
| 1～3 日 | 病毒性肝炎高免血清或蛋黄液 | 0.5～1mL | 皮下或肌肉注射 | ①也可接种弱毒疫苗<br>②必要时接种鸭疫里默氏杆菌疫苗 |
| 约 10 日 | H5 亚型禽流感灭活疫苗 | 0.3mL | 皮下或肌肉注射 | |
| 3～4 周 | 鸭瘟弱毒疫苗 | 1 羽份 | 皮下或肌肉注射 | 必要时可接种鸭疫里默氏杆菌疫苗 |
| 约 30 日 | H5 亚型禽流感灭活疫苗 | 0.5mL | 皮下或肌肉注射 | |

表 8-6　种鹅的参考免疫程序

| 龄期 | 接种的疫苗 | 接种途径 | 备注 |
|---|---|---|---|
| 1 日 | 小鹅瘟高免血清或高免蛋黄液 | 肌肉注射 | |
| 10～15 日 | ①小鹅瘟高免血清或高免蛋黄液<br>②禽流感(H5 亚型)灭活疫苗 | 肌肉注射<br>皮下或肌肉注射 | 按鸡的 1 羽份剂量 |
| 20～30 日 | ①鹅的鸭瘟弱毒疫苗<br>②小鹅瘟弱毒疫苗 | 肌注<br>肌注或饮水 | |
| 约 40 日 | H5 亚型禽流感灭活疫苗 | 皮下或肌肉注射 | 0.5mL |
| 开产前 1 个月 | ①小鹅瘟弱毒疫苗<br>②鹅的鸭瘟弱毒疫苗<br>③禽流感(H5 亚型)灭活疫苗 | 肌注<br>肌注<br>皮下或肌肉注射 | 按鸡的 3～4 羽份剂量 |
| 以后每隔半年 | ①小鹅瘟弱毒疫苗<br>②鹅的鸭瘟弱毒疫苗<br>③禽流感(H5 亚型)灭活疫苗 | 肌注<br>肌注<br>皮下或肌肉注射 | 按鸡的 3～4 羽份剂量 |

表 8-7　肉鹅的参考免疫程序(约 60～70 日龄上市)

| 龄期 | 接种的疫苗 | 接种途径 | 备注 |
|---|---|---|---|
| 1 日 | 小鹅瘟高免血清或高免蛋黄液 | 肌肉注射 | 1 羽份 |
| 10～15 日 | ①小鹅瘟高免血清或高免蛋黄液<br>②H5 亚型禽流感灭活疫苗 | 肌肉注射<br>皮下或肌肉注射 | 1～2 羽份<br>0.5mL |
| 20～25 日 | ①鹅的鸭瘟弱毒疫苗<br>②小鹅瘟弱毒疫苗 | 肌肉注射<br>肌肉注射或饮水 | |
| 约 30 日 | H5 亚型禽流感灭活疫苗 | 皮下或肌肉注射 | 1mL |

2. 紧急免疫接种

紧急免疫接种是指在某些传染病暴发时，在已经确诊的基础上，为迅速控制和扑灭该病的流行，对疫区和受威胁的家禽进行的应急性免疫接种。紧急免疫接种应根据疫苗或抗血清的性质、传染病发生及其流行特点进行合理安排。

在紧急免疫接种时需要注意：①紧急接种必须在疫病流行的早期进行，在诊断正确的基础上，越快越好。②在疫区应用疫苗进行紧急接种时，仅能对正常无病的家禽实施，对病禽和可能受到感染的潜伏期家禽，必须在严格的消毒下立即隔离，不能再接种疫苗，最好使用高免血清或其他抗体进行治疗。③按先后次序进行接种，应先从安全区再到受威胁区，最后到疫区。在疫区，应先从假定健康家禽开始接种，然后再接种可疑感染家禽。④注意更换注射器和针头。

## 三、免疫失败的原因

免疫是控制家禽传染病的重要手段，几乎所有家禽群都需要采取免疫接种。然而，有时家禽经免疫接种后，不能抗御相应特定疫病的流行，旧病常发，新病迭出，而造成免疫失败。

### (一)导致免疫失败的因素

1. 机体自身因素

(1)遗传因素　动物机体对接种抗原有免疫应答，在一定程度上受遗传控制，家禽品种不同，免疫应答有差异。同一品种不同个体对同一疫苗的免疫反应强弱也不一致。甚至有的禽只有先天性免疫缺陷，从而导致免疫失败。

(2)母源抗体　由于种禽各种疫苗的广泛应用，使幼禽母源抗体水平可能很高，若接种过早，当疫苗病毒注入幼禽体内时，会被母源抗体所中和，从而影响了疫苗免疫力的产生。如有同源母源抗体存在时，可使马立克氏病火鸡疱疹病毒疫苗的保护力下降38.8%。

(3)营养因素　雏禽的营养水平低下，如氨基酸不平衡或必需氨基酸不足，维生素缺乏或不平衡，矿物质和微量元素缺乏或不平衡，必需微量元素如铁、锌、铜等缺乏均会影响机体对抗原的免疫应答，免疫效果下降。

(4)感染疫病　接种时部分家禽群已感染了某些病原体而处于潜伏期，此时接种可激发禽群在短时间内发病。某些免疫抑制病如鸡传染性法氏囊病、马立克氏病等能损害鸡的免疫器官，导致免疫抑制，从而引发免疫失败。

2. 疫苗因素

(1)疫苗质量不佳或失效

①疫苗运输、保存不当导致疫苗失效：疫苗从出厂到使用，中间要经过许多环节，若某一环节未能按要求储藏、运输疫苗，或由于停电使疫苗反复冻融，就会使疫苗微生物死亡而使疫苗失效。

②假冒伪劣疫苗充斥市场：目前，制售未经国家批准疫苗、贴假标签疫苗、质量不合格疫苗、自制疫苗等现象还比较严重，部分养禽户贪图便宜、省事，购买使用来路不明的

疫苗，免疫效果无保障。

③疫苗过期失效：微生物在储藏过程中，部分微生物会发生死亡，而且随着时间的延长死亡会越来越多。所以，疫苗过期后，大部分病毒或细菌死亡而导致疫苗失效。

(2)疫苗选择不当　在疫病严重流行的地区，仅选用安全性好，但免疫力较低的疫苗品系。例如，在有速发性嗜内脏型新城疫流行的地区选用弱毒的Ⅲ系或Ⅳ系疫苗，产生的抗体不能抵御强毒的攻击。有的疫苗有若干不同的品系，其毒力也是不同的，若首免选择毒力较强的品系，不但起不到免疫保护的作用，而且接种后会引起发病，导致免疫失败。

(3)疫苗使用不当　免疫是一项对操作技术要求很高的工作，由于疫苗使用者责任心不强，或文化水平较低，或免疫知识欠缺等原因，未严格按疫苗使用规范操作，致使免疫效果大打折扣。

①稀释剂选择不对：多数疫苗稀释时可用生理盐水、蒸馏水，个别疫苗则需专用稀释剂。若需专用稀释剂的疫苗用生理盐水或蒸馏水稀释，则疫苗的效价就会降低，甚至完全失效。有的养禽场在饮水免疫时用井水直接稀释疫苗，由于工业污水、农药、家禽粪水及生活污水等渗入井水中，使井水的重金属离子、农药及含菌量严重超标，用这种井水稀释疫苗，疫苗就会被干扰、破坏而失活。

②药物使用不合理：活疫苗免疫的同时使用抗菌药物，影响免疫力的产生。表现为用疫苗的同时饮服消毒水、饲料中添加抗菌药物、家禽舍内喷洒消毒剂、紧急免疫时同时用抗菌药物进行防治。上述举措导致家禽体内同时存在疫苗成分及抗菌药物，造成活菌疫苗被抑杀、活毒疫苗被直接或间接干扰，灭活疫苗也会因药物的存在而不能充分发挥其免疫潜能，最终疫苗的免疫力和药物的防治效果都受到影响。

③盲目联合使用疫苗：主要表现在同一时间内以不同的途径接种几种不同的疫苗，如同时用新城疫疫苗滴眼、传染性支气管炎疫苗滴鼻、传染性法氏囊疫苗滴口、鸡痘苗刺种。当多种疫苗到体内，其中的一种或几种抗原产生的免疫成分，可能被另一种抗原性最强的成分产生的免疫反应所遮盖。另外，疫苗病毒进入体内后，在复制过程中疫苗间会产生相互干扰作用，从而导致免疫失败。

④免疫剂量不准：免疫剂量原则上必须以说明书的剂量为标准，如量不足，不能激发机体产生免疫反应；量太多，会产生免疫麻痹而使免疫力受到抑制。目前，在使用中多存在宁多勿少的倾向，接种时任意加大免疫剂量，造成负效应。

⑤疫苗稀释后用完的时间过长：疫苗稀释后一般要在 30～60min 用完。因为疫苗稀释后除了温度升高外，浓度也降低了，使微生物抗原与外界的光线、水有了更广泛的接触。由于外界物理因素的突然刺激，这种抗原易被破坏。

⑥免疫接种工作疏漏：如采用饮水免疫时饮水不足，进行疫苗稀释时计算错误或稀释不均匀，没有把应该接种的动物全部接种。

3. 环境因素

(1)环境污染严重　舍内空气污浊，有害气体大量蓄积，会刺激呼吸道、眼等黏膜系统，严重影响疫苗的局部黏膜免疫，或环境中病原微生物过多，导致动物抵抗力下降，并易引起接种感染。

（2）饲料发霉变质 有十多种霉菌毒素，尤其是黄曲霉毒素，可抑制机体 IgG 和 IgA 的合成，使胸腺和法氏囊、脾脏萎缩，导致免疫抑制。玉米霉变现象在实际生产中是比较普遍的。

（3）化学元素 如镉、铅、汞、砷等重金属，可增加机体对病毒和细菌的易感性，影响免疫效果。加漂白粉的自来水中，含有大量的氯离子，若用来稀释疫苗，会降低疫苗效果。

（4）应激因素 如受到饥渴、寒冷、过热、转群、噪音、惊吓、拥挤等不良因素的刺激，能抑制机体的体液免疫和细胞免疫，从而导致疫苗免疫保护力的下降，此时不宜接种疫苗。另外，机体为了抵抗不良应激，往往使防御机能处于一种疲劳状态，使疫苗不能产生有效免疫力。

### （二）采取的对策

#### 1. 正确选择和使用疫苗

选择国家定点生产厂家生产的优质疫苗，到兽医部门批准经营生物制品的专营店购买。免疫接种前对使用的疫苗逐瓶检查，检查瓶子有无破损、封口是否严密、瓶内是否真空和疫苗有效期等内容，有一项不合格就不能使用。疫苗种类多，选用时应考虑当地疫情、毒株特点等情况。

#### 2. 制订合理的免疫程序

根据本地区或本场疫病流行情况和规律、禽群的病史、品种、日龄、母源抗体水平和饲养管理条件以及疫苗的种类、性质等因素制订出合理科学的免疫程序，并视具体情况进行调整。

#### 3. 采用正确的免疫操作方法

选择正确的免疫接种方法直接关系到免疫应答的效果和成败，因此，必须严格按照每种疫苗的操作说明书进行规范接种。

## *任务三　家禽场废弃物处理及综合利用

近年来，我国家禽业发展迅猛，规模化养禽场迅速崛起。然而，在规模化、高密度的禽场生产过程中产生的大量粪便、污水和有害气体等废弃物引起的污染问题也日益突出，减污减排是当前国家发展规划确定的约束性指标，如何采取综合治理措施，使这些废弃物既不对养禽场内产生危害，也不对场外环境造成污染，同时又能变废为宝综合利用，促进家禽生产持续健康稳定的发展，已成为目前家禽生产中必须解决的重要任务。

### 一、家禽废弃物污染

家禽生产中形成的废弃物主要有禽粪、污水、病死家禽尸体、孵化废弃物等，这些废弃物均可对禽场和外界环境造成污染。

### （一）空气污染

养殖过程产生的空气污染主要来源于粪便、污水、饲料、破损禽蛋、粉尘、垫料腐败发酵和家禽呼吸等。由于集约化饲养密度高，禽舍潮湿，上述废弃物在禽舍内堆积发酵产生的降解产物与家禽呼吸气体混合，产生恶臭。家禽长期暴露在恶臭环境中会影响生长，造成抵抗力下降和生产性能降低；同时，由于部分养殖场位于城市近郊或村镇周边，恶臭对周边空气质量及居民身体健康也造成了一定的影响。

### (二)水体和土壤污染

禽场废弃物中排放量最大的是粪便。据统计，每只蛋鸡每年生产 45～50kg 新鲜鸡粪，每只肉鸡在每个饲养周期生产 22～24kg 新鲜鸡粪，一个饲养 10 万只蛋鸡的规模化养禽场，年产新鲜鸡粪可达 5000t。若家禽粪便得不到有效的处理，将会对周边环境造成极大的破坏。禽粪及禽场污水中含有大量的氮、磷、有机物和病原体，这些物质随着粪便、污水排入河流和池塘中，会造成水体富营养化，恶化水质，严重时使水体发黑、变臭。并且其有毒、有害成分还易渗透到地下水中，使地下水溶解氧含量减少，有害成分增多。粪便中含有的铜、锌、铁等重金属进入水源和土壤，不但造成地表水或地下水污染，而且导致土壤板结，土地利用率下降。

### (三)生物污染

家禽粪便和病死家禽尸体中携带大量的有害微生物，这些病原微生物是多种疾病的潜在发病源，可以在较长的时间内维持其感染性。据化验分析，家禽场所排放的每毫升污水中平均含 30 多万个大肠杆菌和 60 多万个肠球菌。如处理不当，不仅会造成大量蚊蝇滋生，而且还会成为传染源，造成疫病传播，影响人类和家禽健康。另外，未经处理粪水归田还可能引发公共健康问题。

## 二、家禽场废弃物处理和综合利用途径

### (一)粪便处理和综合利用

#### 1. 肥料化处理

禽粪中含有丰富的有机营养物质，是优质的有机肥料。但若禽粪不经发酵处理，直接施到土壤里是对农作物有害的。目前，禽粪便用作肥料较广泛的方法是堆肥法，即通过微生物降解禽粪中的有机物质，从而产生高温，杀死其中的病原菌、寄生虫及虫卵，使有机物腐殖质化，提高肥效。采用堆肥法处理禽粪的优点是处理最终产物臭味少，较干燥，易包装和撒播。缺点是处理过程中氨气有损失，不能完全控制臭味，所需场地大，处理时间长，容易造成下渗污染。目前，一些有机肥生产厂在常规发酵法的基础上增加使用厌氧发酵法、快速烘干法、微波炉法、充氧动态发酵法等，克服了传统发酵法的一些缺点。

#### 2. 能源化处理

禽粪由于含水量高，干燥困难，不便于直接燃烧，但禽粪可以通过厌氧发酵处理，将粪便中有机物转化为沼气，同时杀灭大部分病原微生物，消除臭气，改善环境，减少人畜共患病的发生和传播，本法适用于刮粪和水冲洗法的家禽饲养工艺。该方法不仅可以提供清洁能源，解决养殖场及周围村庄部分能源问题；而且发酵后的沼渣、沼液还可以作为优质无害的有机肥料。

### （二）污水处理和综合利用

#### 1. 物理处理法

物理处理法就是利用物理作用，除去污水的漂浮物、悬浮物和油污等，同时从废水中回收有用物质的一种简单水处理法，常用于水处理的物理方法有沉淀法、过滤法、蒸发结晶和物理调节等方法。

#### 2. 化学处理法

化学处理法是利用化学氧化剂等化学物质将污水中的有机物或有机生物体加以分解或杀灭，使水质净化，达到再生利用的方法。化学处理最常用的方法有混凝沉淀法、氧化还原法及臭氧法。

#### 3. 生物处理法

生物处理法主要靠微生物的分解作用来实现。参与污水生物处理的微生物种类很多，包括细菌、真菌、藻类、原生动物、多细胞动物等。其中，细菌起主要作用，它们繁殖力强，数量多，分解有机物的能力强，很容易将污水中溶解性、悬浮状、胶体状的有机物逐步降解为稳定性好的无机物。生物处理法可根据微生物的好气性分为好氧生物处理和厌氧生物处理两种。目前常用的方法有生物膜法、活性污泥法、氧化塘法、厌氧处理法。

### （三）孵化废弃物处理和综合利用

孵化废弃物主要包括无精蛋、死胚蛋、毛蛋、死雏和蛋壳等。孵化场废弃物在热天很容易招惹苍蝇，因此，应尽快处理。无精蛋可用于加工食品或食用，但应注意卫生，避免腐败物质及细菌造成的食物中毒。死胚、死雏、毛蛋一般是经过高温消毒、干燥处理后，粉碎制成干粉，可代替肉骨粉或豆粕。孵化废弃物中的蛋壳，其钙含量非常高，可加工成蛋壳粉利用。但若没有加工和高温灭菌等设备，则每次出雏废弃物应尽快深埋处理。

## 三、病死禽无害化处理

死禽尸体若不及时处理，任其随意丢弃，分解腐败，发出恶臭，不仅会造成环境、土壤和地下水污染，而且会形成新的传染源，对养殖场及周边的疫病控制产生极大的威胁。因此，必须进行妥善的处理。处理方法一般有焚烧、掩埋和发酵等，并对焚烧点和深埋点等地方进行消毒。对非传染病死亡禽只也可以经过蒸煮、干燥、高压灭菌等工艺处理后加工成优质的肉骨粉。

#### 1. 焚烧法

采用焚烧炉焚烧处理病死禽尸体，同时焚烧产生的烟气采取有效的净化措施，防止烟尘、一氧化碳、恶臭等对周围大气环境的污染。

此法适用于中大规模养殖场，优点是：①操作简便，免于切割，只需把病死禽扔进焚烧炉内即可；②处理彻底、效果好，高温焚烧可有效杀灭病原微生物，最后只剩下灰烬。缺点是：①能耗大，成本高；②焚烧过程中产生的废气容易对空气造成污染。

#### 2. 掩埋法

该法简单易行，但不是彻底的处理方法。因此，因烈性传染病死亡的家禽尸体不能掩埋。掩埋坑的长度和宽度以能容纳下尸体为度，深度以尸体表面到坑缘的高度不少于

1.5～2m。掩埋前将坑底先铺垫上 2～5cm 厚的石灰，尸体投入后再撒上一层石灰，填土夯实。一般埋的深度在 2m 以上。掩埋地点应远离学校、公共场所、居民住宅区、村庄、饮用水源地、河流等。应选择地势高燥、地下水位较低的地方。

### 3. 堆肥发酵法

利用堆肥原理和设施，对病死禽进行生物发酵处理，以达到无害化处理的目的。该方法是将病死禽尸体运到堆肥发酵大棚(经过破碎后效果更佳)，在地面上铺上不少于 15cm 厚的预发酵好的垫料，接着在垫料上平铺一层病死禽尸体，再在病死禽尸体上撒上少量的废旧饲料或米糠，并喷洒稀释后的菌液，最后再铺上不少于 15cm 厚预发酵好的垫料，如此堆置若干层，总高度不少于 1.5m。定期对垫料进行翻堆，使物料充分混合，保证发酵效果。此法适用于中小型养殖场。

### 4. 高温发酵法

是指在微生物作用下通过高温发酵使病死禽尸体及废弃物充分矿质化、腐殖化和无害化，从而变成腐熟肥料的过程。高温发酵降解设备主要包括分切、绞碎、发酵、杀菌、干燥 5 大功能。其处理过程是将病死禽尸体投入无害化处理机内，经过分切、绞碎工序，同时在发酵仓内添加微生物菌，将仓内温度设定于 75～95℃，水分控制在 40%～60%，在高温中可消灭所有病原菌，待 24h 后即可完全将尸体分解。此法适用于中大型养殖场的病死禽无害化处理。

# 任务四　家禽常见疾病与防治

## 一、禽流感

禽流感的死亡率高，发病快；流行速度快，尤其刮风时；急性死亡的鸡冠鲜红，发病 3d 后死亡的鸡冠呈紫黑色；采食量下降，饮水量下降，产蛋率下降。

### (一)临床症状

出现禽流感一般出现以下症状：温和型禽流感采食饮水正常，只是产蛋率下降；典型的以呼吸道症状为主，咳嗽，甩头；精神萎靡不振，头扎翅下并缩头，羽毛松乱。运动失调，小鸡头摆或磕头；肿头肿脸，流泪流涕；拉稀，从蛋清样水样到白色蛋清样，最后变成绿、黄、白样。产蛋率大幅度下降，畸形蛋增多；发生过禽流感的鸡冠变小，肚子变大，变瘦，这是后遗症。

### (二)剖检特征

(1)成年鸡输卵管内有无色透明的分泌物，随病情的发展，变成稠豆腐脑样的分泌物，后形成凝块。

(2)腺胃与食道交界处黏膜出血，腺胃乳头黏膜出血。

(3)成年鸡的卵巢和卵泡萎缩。

(4)肌肉出血，腿肌内侧关节周围出血，心肌和心冠脂肪点状出血，腹肌出血，腺胃和肌胃出血，嗉囊外侧出血，胸骨内侧出血，胰腺有白色或红色小点状坏死。

(5)肠道节段性出血，泄殖腔直肠出血，盲肠扁桃体出血，两个盲肠交界处出血。

(6)雏鸡患禽流感后法氏囊大出血。眼睑有点状出血。

### (三)防治措施

(1)加强饲养管理及场内鸡舍的消毒。

(2)定期的疫苗防疫，定期清除场内蚊蝇及老鼠，防止疾病的传播。

(3)尽量减少场内外的人员流动。

(4)要以"全进全出"为原则。

(5)对死亡的病鸡进行深埋或焚烧，防止病菌扩散。

(6)在发病期间用强效多维加黄芪多糖饮水或拌料，提高机体的抵抗力。

## 二、新城疫

### (一)临床症状

鸡新城疫自然感染的潜伏期一般为3～5d，根据临床表现和病程长短，可分为最急性、急性、慢性三种类型。国内普遍将新城疫分为典型新城疫和非典型新城疫。

(1)典型新城疫　发病急、死亡率高。体温升高达43～44℃，极度精神沉郁、呼吸困难、发出"咯咯"声。粪便稀薄，呈黄绿色或黄白色；发病后期可出现各种神经症状，多表现为扭颈、翅腿麻痹等。

(2)非典型新城疫　精神稍沉郁或正常，采食稍下降或正常。顽固性呼吸道症状如咳嗽、流鼻、甩鼻、喷嚏、呼噜等，可持续1～6个月。顽固性消化道症状如顽固性拉稀，用抗生素治疗后症状减轻，但一停药，又重新发作，持续1～3个月。产蛋率和蛋品质下降。

### (二)剖检特征

(1)典型新城疫　腺胃乳头出血，肌胃角质层下出血；肠黏膜出血，有的肠道浆膜面还有大的出血点，十二指肠后段弥漫性出血；盲肠扁桃体肿胀出血坏死；鼻道、喉、气管黏膜和气管环充血，偶有出血点；肺脏可见淤血和水肿。

(2)非典型新城疫　十二指肠黏膜出血；卵黄蒂前后的淋巴集结肿大，出血、溃疡；回肠黏膜出血；直肠黏膜出血。

### (三)防治措施

(1)建立健全卫生防疫制度。禁止外来人员和车辆进入鸡场，门口设消毒装置，不引入病鸡和带毒鸡，种蛋需来自安全的鸡群。

(2)切实搞好预防接种。免疫基本原则：首免：1～7日龄，推荐1～5日龄点眼＋滴鼻。首免与二免的间隔在10～15d最佳。二免与三免间隔不要超过25d。

(3)加强家禽市场和屠宰场的检疫，禁止病鸡和带毒鸡交易。

(4)发生本病后需立即封锁、隔离，对鸡舍、运动场、饲养工具进行彻底消毒，对没出现临床症状的鸡群进行紧急接种，对病死鸡的粪便、垫草等进行焚烧、深埋消毒等处理。

(5)加强饲养管理。

### 三、鸡马立克氏病

#### (一)临床症状

鸡马立克氏病是由疱疹病毒科B亚群马立克氏病病毒引起的，以危害淋巴系统和神经系统，引起外周神经、内脏器官、肌肉和皮肤单个或多个组织发生肿瘤为特征的禽类传染病。潜伏期为4个月，根据临床症状分为神经型、内脏型、眼型和皮肤型。

(1)神经型　主要侵害外周神经，常见腿和翅膀完全或不完全麻痹，表现为"劈叉"式，翅膀下垂。

(2)内脏型　多见于50日龄以上的鸡，表现为精神极度沉郁，厌食，消瘦和昏迷，最后衰竭而死。

(3)眼型　视力减退或消失，一侧或两侧眼球虹膜受害，瞳孔边缘不整，呈锯齿状，严重时瞳孔只剩下一个针尖大小的孔。

(4)皮肤型　全身皮肤毛囊肿大，以大腿外侧、翅膀、腹部、胸前部尤为明显。

#### (二)剖检特征

(1)神经型　坐骨神经、腰间神经、臂神经等外周神经肿大，比正常神经粗2～3倍，呈灰白或淡黄色。

(2)内脏型　在肝脏、脾、肺、肾脏、胰腺、睾丸、卵巢等脏器上出现广泛的肿瘤结节。

(3)皮肤型　常见毛囊肿大，大小不等，融合在一起，形成淡白色结节，拨羽禽只的尸体症状更明显。

#### (三)防治措施

(1)免疫接种　要求在雏鸡出壳24h内进行，所用疫苗须是经国务院兽医行政主管部门批准使用的疫苗。疫苗注射应本着早、快、足的原则。

(2)严格执行卫生消毒制度　包括种蛋消毒、初生雏消毒、育雏舍消毒。

(3)引种检疫　国内异地引入鸡种时，应经引入地动物防疫监督机构审核批准，并取得原产地动物防疫监督机构的免疫接种证明和检验合格证明。

(4)加强饲养管理　雏鸡最好在严格隔离的条件下饲养，采用全进全出的饲养制度，防止不同日龄鸡混养于同一鸡舍。

### 四、鸡传染性法氏囊病

#### (一)临床症状

潜伏期一般为7d，病鸡初、中期体温可升高到43℃，后期体温下降，表现为昏睡、呆立、羽毛逆立、翅膀下垂等症状，病鸡以排白色石灰水样稀粪便，泄殖腔周围羽毛被白色石灰样粪便污染，趾爪干枯。

#### (二)剖检特征

法氏囊呈胶冻样水肿，法氏囊切开后可见内壁水肿和少量出血；感染3～5d的病鸡可见整个法氏囊广泛出血，如紫葡萄，切开后可见内壁黏膜严重充血、出血。胸部、腿部肌肉常有条状、块状出血；肾脏肿大，尿酸盐沉积，呈花斑肾。腺胃和肌胃之间有出血带。

### (三)防治措施

(1)免疫接种　根据当地流行病史、抗体水平等合理制订免疫程序，所用疫苗须是经国务院兽医主管部门批准使用的疫苗。疫苗注射应本着早、快、足的原则。

(2)严格执行卫生消毒制度　包括种蛋消毒、初生雏消毒、育雏舍消毒。

(3)引种检疫　国内异地引入鸡种时，应经引入地动物防疫监督机构审核批准，并取得原产地动物防疫监督机构的免疫接种证明和检验合格证明。

(4)加强饲养管理　雏鸡最好在严格隔离的条件下饲养，采用全进全出的饲养制度，防止不同日龄鸡混养于同一鸡舍。

## 五、传染性支气管炎

### (一)临床症状

(1)肾型　呼吸道症状的伴发症状，肾肿大，白色，石灰渣样的粪便。

(2)腺胃型　主要侵害15～80日龄的鸡，食欲下降，精神沉郁，缩头闭目，呆立消瘦，排泄黄绿色、黄白色粪便。在60日龄左右发病率最高，羽毛松乱，无光泽，跗部干瘪，易被误认为是马立克氏病。

(3)呼吸道型　病初甩鼻，打喷嚏，个别鸡咳嗽，流眼泪，大部分鸡伸颈呼吸。雏鸡呼吸困难，张口喘气，咳嗽有气管啰音，闭目蹲卧。

(4)产蛋鸡传支　传播速度快，3d可波及全群，发生传支主要表现为产蛋率下降，畸形蛋增多，蛋壳颜色明显变浅，雏鸡1月龄之内，发病后会有1/3的鸡不产蛋，采食饮水正常，鸡冠鲜红，羽毛完整，光亮丰富，产蛋率非常低或不产蛋。

### (二)剖检特征

(1)气管或支气管栓塞，青年鸡传支严重时气管与支气管也会有与雏鸡一样的感染症状，出现干酪样栓塞。

(2)支气管出血，成年鸡和育成鸡多见。

(3)肺出现炎症。

(4)腺胃肿大似球形，腺胃黏膜乳头出血。

(5)肾肿大或花斑肾，发病率低，以呼吸道为主的伴发症，易于慢呼、法氏囊病混淆。

(6)肾小管和输尿管内充满尿酸盐，外观呈灰白色花斑状，有时可见输尿管内有灰白色树枝状尿石。

### (三)防治措施

(1)免疫接种　雏鸡1～3日龄用H120滴鼻或点眼免疫，在21日龄用H52滴鼻或饮水免疫。因传支病毒对新城疫病毒有干扰作用，故两者使用单一疫苗时需间隔10d以上。

(2)安全防范　做好引种和卫生消毒工作、防止从病鸡场引进鸡只，彻底消毒。

(3)加强饲养管理　合理配制日粮。注意鸡舍卫生，保持通风，防止密度过大。注意保暖与通风。没有特效药物治疗，发病后需改善管理条件；隔离病鸡，并进行对症治疗。

## 六、鸡白痢

由沙门菌引起的败血性传染病，对雏鸡的危害最为严重，又称为雏白痢。特征为糊肛，慢性的引起瞎眼。

### (一)临床症状

经蛋严重感染的雏鸡往往出壳后 1～2d 内死亡。在 7～15 日龄为发病和死亡的高峰期。而 20 日龄后发病逐渐减少。

(1)雏鸡　在 3 周龄以内的雏鸡症状典型，怕冷、扎堆、尖叫、两翅下垂、反应迟钝、不食或少食、拉灰白色糊状或带绿色的粪便，沾染肛门周围的绒毛，粪便干后结成石灰样硬块常堵塞肛门发生"糊肛"现象，影响排粪。病程一般为 4～7d。

(2)育成鸡　在多发生于 40～80 日龄，青年鸡的发病受应激因素影响较大，一般突然发生，从整体上看鸡群没什么异常，但鸡群中总有几只鸡精神沉郁、食欲差和腹泻。病程较长，为 15～30d。

(3)成年鸡　一般无任何症状或仅出现轻微症状。感染母鸡产蛋量下降，少数病鸡表现精神委顿，排出稀粪。

### (二)剖检特征

(1)雏鸡　病雏鸡或病死雏鸡卵黄吸收不良，呈污绿色或灰黄色奶油样或干酪样；肝脏、脾脏、肾脏肿胀，有散布或密布的坏死点；盲肠膨大，有干酪样物阻塞；糊肛鸡可见直肠积粪；病程稍长者，在肺脏上有黄白色米粒大小的坏死结节。

(2)育成鸡　肝脏肿大至正常的数倍，质地极脆，一触即破，有散布或较密集的小红点或小白点；脾脏肿大；心脏严重变形、变圆、坏死；直肠、盲肠形成粟粒大小的坏死结节。

(3)成年鸡　成年母鸡的病变表现主要为卵子变形、变色，成年公鸡出现睾丸炎或睾丸极度萎缩。

### (三)预防措施

(1)净化鸡群　有计划地培育无白痢的种鸡群是控制本病的关键，对种鸡包括公鸡逐只进行鸡白痢血凝试验，一旦发现阳性立即淘汰，或转为商品鸡用。

(2)免疫接种　一种是雏鸡用菌苗为 9R；另一种是青年鸡或成年鸡用菌苗 9S，对本病有一定的预防效果，但国内使用不多。

(3)做好鸡场生物安全防范措施　鸡舍消毒、种蛋消毒、孵化器和其他工具消毒，注意饮水卫生，死鸡要无害化处理。

(4)利用微生态制剂预防　全用蜡样芽孢杆菌、乳酸杆菌等制剂混在饲料中喂鸡，有利厌氧菌生长，而抑制沙门菌有利需氧菌的生长。

(5)预防和治疗　在雏鸡首次开食和饮水时添加预防鸡白痢的药物，如土霉素等。常用治疗药物包括氨苄西林、链霉素、卡那霉素、庆大霉素等。

## 七、禽霍乱

禽霍乱是由多杀性巴氏杆菌引起的一种传染病，临床上以传播快、心冠脂肪出血和肝脏有针尖大小的坏死点为特征。

### (一)临床症状

本病的潜伏期一般为2～9d。病鸡表现症状主要分为以下三种。

(1)最急性型　无任何症状，突然倒地，双翅扑腾几下死亡。

(2)急性型　最为常见，表现发热，少食或不食，精神不振，鼻和口腔中流出混有泡沫的黏液，排黄色、灰白色或淡绿色稀粪，鸡冠、肉垂发绀呈青紫色，肉垂肿胀，发热，最后出现痉挛、昏迷而死。

(3)慢性型　多见流行后期，某些病鸡肉垂肿大，鼻腔流黏液，关节肿胀或化脓，出现跛行。

### (二)剖检特征

急性病例主要剖检特征。

(1)病鸡腹膜、皮下组织及腹部脂肪常见小点出血。

(2)心包变厚，心包内积有大量淡黄色液体。

(3)心外膜、心冠脂肪出血尤为明显。

(4)有的病鸡的心冠脂肪在炎性渗出物下有大量出血。

(5)肝脏肿大，表面散布有许多针头大小的灰白色坏死点。

(6)有的产蛋鸡卵泡出血，破裂。

### (三)防治措施

(1)免疫接种　接种禽霍乱G190E40弱毒菌苗、禽霍乱油乳剂灭活菌苗等疫苗。肉鸡于20～30日龄免疫1次即可，蛋鸡和种鸡于20～30日龄首免，开产前半个月二免。

(2)加强饲养管理　彻底消毒、全进全出，外地引种应从无本病的鸡场选购。

(3)药物治疗　磺胺对甲氧嘧啶，连用3～5d；磺胺嗪钠(产蛋鸡禁用)，连用3～5d；沙拉沙星(产蛋鸡禁用)，连用5d；链霉素、土霉素等。许多抗菌药物能迅速控制本病，但停药后极易复发，在治疗过程中应注意疗程。

## 八、球虫病

### (一)临床症状

(1)急性型　多见于1～2月龄鸡，感染球虫且未出现临床症状之前，一般采食量和饮水量明显增加，继而出现精神不振，食欲减退，羽毛松乱，缩颈闭目呆立；贫血，皮肤和肉垂颜色苍白，逐渐消瘦；拉血样粪便，或暗红色(西红柿样)粪便，严重时甚至排出鲜血，尾部羽毛被血液或暗红色粪便污染。

(2)慢性型　多见2～4月龄的青年鸡或成鸡，症状与急性型类似，逐渐消瘦，间歇性腹泻，产蛋量减少，饲料报酬低，生产性能降低。

### (二)剖检特征

(1)柔嫩艾美耳球虫 寄生于盲肠,致病力最强,盲肠肿大呈暗红色,浆膜外有出血点、出血斑;剪开盲肠,内有大量血液,血凝块,黏膜出血、水肿和坏死,盲肠壁增厚。

(2)毒害艾美耳球虫、巨型艾美耳球虫、堆型艾美耳球虫等 寄生小肠不同段,共同点是损害的肠管变粗,增厚,黏膜上有许多小出血点或严重出血,肠内有凝血或西红柿样黏性内容物,重症者肠黏膜出现糜烂、溃疡或坏死。

### (三)防治措施

(1)免疫接种 疫苗分为强毒卵囊苗和弱毒卵囊苗,大多采用喷料或饮水。出壳 24h 内进行,所用疫苗须是经国务院兽医行政主管部门批准使用的疫苗。疫苗注射应本着"早、快、足"的原则。

(2)药物预防 蛋鸡的药物预防可从 10～12 日龄开始至 70 日龄前后结束,在此期间持续用药不停。也可选两种药品,间隔 3～4 周交替使用。肉鸡的药物预防从 1～10 日龄开始,至屠宰前休药期为止,在此期间持续用药不停。蛋鸡与肉鸡若是笼养或在金属网上饲养,可不用药物预防。

(3)加强饲养管理 全进全出,彻底消毒,保持干燥通风,雏鸡和成年鸡分开饲养。

(4)药物治疗 可用 0.2%、0.5%的地克珠利预混剂混饲,连用 3d;磺胺氯吡嗪钠可溶粉混饲或混饮 3d。也可采用盐酸氯苯胍、盐霉素钠等。

## 九、鸭病毒性肝炎

鸭病毒性肝炎是小鸭的一种急性传染病,其特点是病鸭日龄小、发病急、传播快、病程短、死亡率高。只有鸭感染本病,常见于 35 日龄以内的雏鸭,其中 7～21 日龄最容易发病。

### (一)临床症状

(1)发病 0.5～1d 发生神经症状,行走不稳,抽搐,角弓反张,在 1h 左右死亡。

(2)身体侧卧,两脚痉挛反复蹬,约十几分钟死亡,最多几小时,喙端及爪尖淤血呈暗紫色,少数排黄绿色粪便。

### (二)剖检特征

(1)肝肿大,质脆,有大小不等的出血斑点,急性呈土黄色,病程稍长呈灰黄色或斑驳状。

(2)胆肿大,胆汁褐色、淡黄色、淡绿色。

(3)肾肿大,呈淡红色。

(4)心多苍白。

### (三)防治措施

加强饲养管理,加强日常消毒。急性突发病例应先紧急注射鸭病毒性肝炎高免血清或高免卵黄抗体。

## 畜禽规模养殖场生物安全体系建设

### 一、充分认识生物安全在畜牧生产中的重要作用

20世纪80年代以来，高致病性禽流感、牲畜口蹄疫、高致病性猪蓝耳病和链球菌病等新的畜禽疫病不断出现，畜禽疫病防控形势十分严峻。尤其是近年来，畜禽疫病的发生规律、发病特点等都出现了新情况、新变化，疫病药物控制越来越困难，防控成本越来越高，风险越来越大。

建设生物安全体系，采取严格的隔离、消毒和防疫措施，通过对人和环境的控制，建立起防止病原入侵的多层屏障，使畜禽生长处于最佳状态，已成为防控畜禽疫病的重要手段。

生物安全措施在畜牧业生产中的应用，可以有效控制畜禽疾病的发生与传播，保证畜禽的生产安全性及畜禽产品的安全性，提高畜牧业的经济效益，促进畜牧业的健康发展。

### 二、规模养殖场生物安全体系建设的关键措施

#### （一）隔离措施

动物养殖场要做到与外界环境高度隔离，使场内动物处于相对封闭的状态。

（1）空间距离隔离　规模养殖场场址的选择要按国家、省有关技术规范和标准，从保护人和动物安全出发，选择在地势高燥、水质和通风良好、排水方便的地点，要距离交通干线和居民区1km以上，距离屠宰场、畜产品加工厂、垃圾及污水处理厂2km以上，远离集中式饮用水源地。最好建在果蔬基地、鱼塘、耕地边，利于生态循环。在风向选择上，应建在城镇或集中居住区的下风向。

（2）建筑物隔离　通过建筑物将养殖场从外界环境中明确划分出来，养殖场内根据生物安全要求的不同，划分生产区、管理区和生活区，各区之间应建筑围墙等隔离性建筑物。

（3）限制进出隔离　严格限制外来人员、车辆等进出场区，必须进入时，要严格进行消毒；养殖场工作人员限制任意离开场区，必须离场时，离进场都要严格进行消毒；管理区原则上要建设监控室，配备必要的监控设备，用于生产管理和接待介绍，生产区严禁工作人员及业务主管部门专业人员以外的人员进入，生产区内使用的车辆禁止离开生产区使用，运输饲料、动物的车辆应定期进行消毒。

（4）养殖场内各物群之间隔离　养殖场要执行"全进全出"制和单向生产流程，不同种类动物不能混养，畜禽分群、转群和出栏后，栋舍要彻底进行清扫、冲洗和消毒，并空舍5～7d，方可调入新的畜禽。养殖场的栋舍布局应以方便生产和防疫为原则依具体情况而定，但栋舍之间距离不应少于10m。养殖场内部布局应根据科学合理的生产流程确定，各生产单位应单设，并严密隔离，严禁一舍多用，严禁交叉和逆向操作。饲养、兽医及其他工作人员，要建立严格的岗位责任制，专人专舍专岗，严禁擅自串舍串岗。

### (二)消毒措施

消毒是生物安全体系中重要的环节，也是养殖场控制疾病的一个重要措施。通过消毒可以减少和杀灭进入养殖场或畜禽舍内的病原，减少畜禽被病原感染的机会。

(1)大门及养殖舍进出口的卫生消毒　在畜禽场的大门口及每栋畜禽舍的出入口都必须设立消毒池(池长为车辆车轮两个周长以上)，用以消毒来往人员的鞋和进出车辆的车轮，池内的消毒液每周更换 2～3 次。设置喷雾消毒装置，对来往车辆的车身、车底盘进行细致、彻底的喷洒消毒。设立洗手池，用消毒液进行洗手消毒。工作人员应穿上生产区的水鞋或其他专用鞋，通过脚踏消毒池后进入生产区。

(2)人员消毒　工作人员在进入生产区之前，必须在消毒间用紫外线灯消毒 15min，或更换工作衣、帽。有条件的地方先淋浴、更衣后再进入生产区。

(3)畜禽舍消毒　采用"全进全出"饲养方式的规模场，在引进畜禽前，对空舍应彻底消毒。一般应先消除杂物、粪便及垫料，用高压水枪从上至下彻底冲洗顶棚、墙壁、地面及栏架，直到洗涤液清澈为止；后熏蒸消毒 12h；再用消毒液喷洒消毒一次。消毒后均应用净水冲去残留药物，以免毒害畜禽。

(4)其他消毒　饲槽及其他饲养管理用具每天洗刷，定期用消毒液进行消毒；运动场每周要进行 2～3 次消毒；为减少病原传播，畜禽体表每周要进行 2～3 次带畜带禽消毒。

### (三)免疫措施

免疫是预防、控制疫病的重要辅助手段，也是基本的生物安全措施。养殖场应根据本地疫病流行状况、动物来源和遗传特征、养殖场防疫状况和隔离水平等，在动物防疫监督机构或兽医人员的监督指导下，选择合理的疫苗种类和免疫程序。疫苗必须为有关部门批准生产的合格产品。

### (四)检疫措施

定期检疫净化，定期采血检疫。日常要详细记录整个畜禽的健康情况，出现可疑病例要及时送病料检验。畜牧兽医部门要按"实验室监测计划"，按一定比例采血进行各种疫病的监测，并定期进行粪便寄生虫卵检查，同时做好资料的收集、登记、分析、总结工作。检测结果要及时反馈到养殖场，并指导进行免疫程序的调整和针对性地进行驱虫保健。

要遵循"健康第一"的选种观念，严把引种关。引种前对该种畜禽进行全面的血清学检查，特别是禽流感、蓝耳病、圆环病毒、伪狂犬病、猪瘟等。尽量从一个种场引种，避免从几个种场购买畜禽。新引进的种畜禽在远离生产区的隔离舍隔离 30～90d，严格检疫，确认无任何疫病，方可转入生产区饲养。

### (五)杀虫、灭鼠和保健措施

在规模养殖场进行杀虫灭鼠，消灭传染病的传递媒介和传染源，是生物安全体系内容之一。要及时处理粪便，净化污水，切断产生蚊蝇的根源。同时，建立保健药物方案，经常送检剖检病料，对分离的致病菌作药敏试验，根据实验室检测结果，选择高效药物或药物组合。

### (六)制度建设和档案资料管理措施

根据生物安全的要求,建立一整套管理人员、技术人员、饲养员、防疫、消毒卫生等规章制度,并严格遵守执行。平时做好生产、防疫、消毒、投入品使用、病死畜禽无害化处理等记录,规范各项档案资料管理。每批畜禽饲养结束后,要做好资料的整理、分析、总结工作,不断提高养殖管理水平。

# 实训十四　家禽免疫接种技术

**【目的要求】**

熟悉疫苗的保存、运送和用前检查方法,掌握免疫接种的操作技术。

**【材料和用具】**

疫苗、稀释液(生理盐水)、金属注射器、针头、胶头滴管。

**【内容和方法】**

1. 疫苗保存、运送和用前检查

(1)疫苗保存　各种疫苗均应保存在低温、阴暗和干燥场所,灭活苗应在2~8℃条件下保存,防止冻结。弱毒活疫苗应在−15~−10℃条件下保存。

(2)疫苗运送　要求包装完整,防止碰坏瓶子和散播活的弱毒病原体。运送途中避免日光直射和高温,防止反复冻融,并尽快送到保存地点或预防接种的场所。弱毒疫苗应使用冷藏箱或冷藏车运送,以免其效价降低或丧失。

(3)疫苗用前检查　各种疫苗在使用前应仔细检查疫苗产品的名称、厂家、批号、有效期、物理性状等是否符合说明书的要求。同时,还要认真阅读说明书,明确使用方法、剂量及其他注意事项。对于过期、变质、无标签、无批号、裂瓶漏气、质地异常、来源不明以及未按要求储存的疫苗,均应禁止使用。

经过检查确实不能使用的疫苗,应立即废弃,不能与可用的疫苗混放在一起,废弃的弱毒疫苗应煮沸消毒或予以深埋。

2. 免疫接种的方法

(1)皮下、肌内注射法　雏禽皮下注射常在颈背侧皮下部。接种时左手握住雏禽,使其头朝前腹弯下,用食指与拇指将头颈部背侧皮肤捏起,右手持注射器由前向后针头近于水平从皮肤隆起处刺入皮下,注入疫苗。肌内注射法注射部位常取胸肌、翅膀肩关节四周的肌肉或腿部外侧的肌肉。胸肌注射时从龙骨突出的两侧沿胸骨呈30°~45°角刺入,避免与胸部垂直刺入,以免刺入胸腔伤及内脏器官。腿部肌内注射时,朝禽体方向刺入外侧肌肉,针头与肌肉表面呈30°~45°角进针,以免刺伤大血管或神经。

注意事项:①疫苗稀释液应是经消毒而无菌的,一般不要随便加入抗菌药物;②疫苗的稀释和注射量应适当,一般以每只禽0.2~1mL为宜,应根据禽只大小,灵活调整;

③使用连续注射器注射时，应经常核对注射器刻度容量和实际容量之间的误差，以免实际注射量偏差太大；④根据禽体大小，配合适宜的针头长度，避免针头过长伤及腿骨；⑤将疫苗液推入后，针头应慢慢拔出，以免疫苗液漏出；⑥注射过程中应边注射边摇动疫苗瓶，力求疫苗均匀，尤其蜂胶类混悬液疫苗；⑦鸡群发病后进行紧急注射免疫时，先免疫健康群，再免疫假定健康群，最后免疫发病鸡群。给病鸡注射时，最好每注射一只换一个针头。

(2)饮水免疫法　饮水免疫时，应按家禽羽份和每羽份平均饮水量准确计算需要的疫苗剂量。其饮水量根据禽龄大小和季节而定，一般要求禽只在 2h 内饮完，疫苗稀释液总量(饮水总量)按照禽群接种日总耗水量的 40％计算。

注意事项：①用于稀释疫苗的水必须十分洁净，不得含有重金属离子，必要时可用蒸馏水；②饮水器具要十分洁净，不得残留消毒剂、铁锈、有机污染物；③为保证所有禽只在短期内饮到足够量的含疫苗水，禽舍的饮水器具要充足，而且在服用疫苗前停止饮水 2～4h(视天气及饲料等情况而定)；④用于饮水免疫的疫苗必须是高效价的，且使用剂量要加倍，为保证疫苗不被重金属离子破坏，可在水中加入 0.1％的脱脂奶粉；⑤饮水免疫前后 2d 内，在饮水和饲料中不添加含有抗菌、抗病毒药物成分。

(3)刺种法　接种时，将 1000 羽份的疫苗用 10mL 生理盐水稀释，充分摇匀后，用接种针或蘸水笔尖蘸取疫苗，刺种于鸡翅膀内侧无血管处的翼膜内，按照 20～30 日龄的雏鸡刺种 1 针，按照 30 日龄以上的禽只刺种 2 针。

注意事项：接种后 4～7d 应检查刺种部位是否出现轻微红肿、结痂，如出现说明免疫正常，如未出现以上情况，应重新免疫。

(4)点眼与滴鼻法　适用于弱毒苗的免疫方法。使用时将疫苗按瓶签注明羽份，用灭菌生理盐水或适宜稀释液作适当稀释，用消毒过的玻璃滴管或专用滴瓶吸取稀释液，每只禽点眼、滴鼻各一滴。操作时左手轻握禽体，其食指和拇指固定住雏禽的头部，右手用滴管或滴瓶滴入禽的一侧鼻孔或眼结膜囊内，待疫苗吸收后再放开禽只；滴鼻时，用食指按压住一侧鼻孔，以便疫苗能快速吸入。

注意事项：①疫苗的稀释液，不能随意加入抗生素；②滴入时，把禽的头颈提起，呈水平位置，滴鼻时用手堵住一侧鼻孔，然后将稀释疫苗液滴到眼和鼻内，稍停片刻，使疫苗液完全吸入鼻和眼内即可；③注意不要让疫苗液外溢，否则应重滴；④疫苗稀释液配好后应在几小时内用完；⑤为减少应激，最好在晚上或光线稍暗的环境下接种。

(5)泄殖腔涂擦法　接种时将疫苗按瓶签标明剂量用生理盐水稀释、摇匀。助手将禽只倒提，手握腹部，使肛门黏膜翻出，用接种刷或棉签蘸取疫苗涂擦泄殖腔黏膜，使黏膜发红为止。

(6)气雾免疫法　利用气泵将空气压缩，然后通过气雾发生器，使疫苗溶液形成雾化粒子，均匀地悬浮于空气之中，随呼吸进入肺内而获得免疫的方法。

注意事项：①所用疫苗必须是高效价的，剂量加倍；②稀释疫苗应该用去离子水或蒸馏水，最好加 0.1％～0.2％脱脂奶粉或明胶；③雾滴大小要适中，一般要求成禽雾粒的直径应在 5～10μm，雏禽 30～50μm；④喷雾时禽舍要密闭，要遮蔽直射阳光，最好在傍晚或夜间进行，喷雾前在鸡舍内喷洒清水，以增加湿度和清除空气中的浮尘，一般要求相对湿度在70%左右，温度在20℃左右为宜；⑤喷雾时喷头与禽只保持0.5～1m左右，呈45°角喷雾，使雾滴刚好落在禽只头部，以头颈部羽毛略有潮湿感为宜；喷雾后20min开门窗通风换气。

3. 免疫接种前检查

在对家禽进行免疫接种时，必须对禽群进行详细的了解和检查，注意家禽的年龄是否符合免疫年龄，以及家禽的营养和健康状况。只要禽群健康，饲养管理和卫生条件良好，就可以保证免疫接种结果的安全。如饲养管理条件不良，则可能使家禽出现明显的接种反应，甚至发生免疫失败。对患病禽和可疑感染禽，暂不免疫接种，待康复后再根据实际情况决定补免时间。

4. 接种后护理与观察

家禽接种疫苗后，部分家禽会出现接种反应，有些家禽可发生暂时性抵抗力降低现象，故应加强接种后的护理和观察。注意改善禽舍环境卫生及饲养管理，减少各种应激因素。因此，禽群接种疫苗后，应进行全面观察，观察期限一般不少于1周。产蛋禽在短期内可能出现停产或产蛋量下降。如发现严重反应甚至死亡，要及时查找原因，了解疫苗情况和使用方法。

5. 免疫接种注意事项

注射器、针头、镊子等，经严格的消毒处理后备用。注射时每只家禽应使用一个针头，稀释好的疫苗瓶上应固定一个消毒过的针头，上盖消毒棉球。疫苗应随配随用，并在规定时间内用完。一般气温在15～25℃，6h内用完，25℃以上，则4h内用完；马立克氏疫苗应在2h内用完，过期不可使用。针筒排气溢出的疫苗，应吸附于酒精棉球上，用过的酒精棉球和吸入注射器内未用完的疫苗应集中销毁。稀释后的空疫苗瓶深埋或消毒后废弃。

【实训报告】

写出家禽常用免疫接种方法的操作要点和注意事项。

## 练习与思考题

1. 禽场常用的消毒方法有哪些？
2. 如何制定禽舍合理的消毒程序？
3. 家禽免疫接种的方法有哪些？
4. 制定免疫程序应遵循的原则有哪些？
5. 常见的免疫失败原因有哪些？
6. 禽场废弃物种类有哪些？如何综合利用与处理禽场废弃物？

# *项目九
# 家禽场经营与管理

【知识目标】

- 了解生产成本的构成。
- 掌握生产成本支出项目的内容。
- 掌握生产成本的计算方法。
- 了解生产计划制订依据。
- 掌握禽群周转计划制订、孵化计划制订、产品生产计划制订。
- 掌握饲料供应计划的制订。

【技能目标】

- 能根据实际情况，合理制订家禽场的生产计划。
- 会准确核算家禽场的生产成本。
- 会进行家禽场经济效益分析。

## 任务一　家禽场生产计划的制订

### 一、年度生产计划的制订

生产计划是一个家禽场全年生产任务的具体安排。制订生产计划要尽量切合实际，才能很好地指导生产、检查进度、了解成效，并使生产计划完成和超额完成的可能性更大。

#### (一)生产计划制订的依据

任何一个禽场必须有详尽的生产计划，用以指导饲养各环节。养殖业的计划性、周期性、重复生产性较强。通过不断修订、完善的计划，可以大大提高生产效益。在制订生产计划时常依据下面几个因素。

## 1. 生产工艺流程

制订生产计划，必须以生产工艺流程为依据。生产流程因企业生产的产品不同而异。综合性鸡场，从孵化开始，育雏、育成、蛋鸡以及种鸡饲养，全由本场完成。各鸡群的生产流程顺序，蛋鸡场为：

种鸡(舍)→种蛋(室)→孵化(室)→育雏(舍)→育成(舍)→蛋鸡(舍)

肉鸡场的产品为肉用仔鸡，多为全进全出生产模式。为了完成生产任务，一个综合性鸡场除了涉及鸡群的饲养环节外，还有饲料的贮存、运送、供电、供水、供暖、兽医防制，对病死鸡的处理、粪便和污水处理，成品贮存与运送，行政管理和为职工提供必备的生活条件等工作。不同类型的禽场生产周期的长短各异，如饲养地方鸡种，生长周期时间长，而现代鸡种生产周期时间短。

## 2. 经济技术指标

各项经济技术指标是制订计划的重要依据。制订计划时可参照饲养管理手册上提供的指标，并结合近几年来实际达到的水平综合考虑。

## 3. 生产条件

将当前生产条件与过去的条件对比，主要在房舍设备、家禽品种、饲料和人员等方面比较，看是否改进或倒退，根据过去的经验，酌情确定新计划增减的幅度。

## 4. 创新能力

采用新技术、新工艺或开源节流、挖掘潜力等可能增产的数量。

## 5. 经济效益制度

效益指标常低于计划指标，以保证承包人有产可超。也可以两者相同，提高超产部分的提成，或适当降低计划指标。

### (二)禽群周转计划的制订

根据饲养制度和各禽场的实际情况，禽群周转计划有简有繁。下面以全进全出饲养肉仔鸡和商品蛋鸡为例说明，其他家禽周转计划的制订可以参考执行。

#### 1. 全进全出饲养肉仔鸡的周转计划

这类禽场的周转计划相对简单，只需列出每月的饲养只数、周转周数、死亡淘汰数和出栏数即可。如制订从年初1月1日到年底12月31日，出栏25万只肉用仔鸡场(成活率按98%计)的鸡群周转计划(表9-1)。

表9-1 年出栏25万只肉用仔鸡场的周转计划

| 批次 | 饲养日期 | 饲养周次 | 空舍周次 | 周转周数 | 饲养只数 | 淘汰数 | 出栏数 |
|------|---------|---------|---------|---------|---------|--------|--------|
| 1 | 1.1~3.11 | 1~8 | 9~10 | 10 | 51 025 | 1025 | 50 000 |
| 2 | 3.12~5.21 | 11~18 | 19~20 | 10 | 51 025 | 1025 | 50 000 |
| 3 | 5.22~7.31 | 21~28 | 29~30 | 10 | 51 025 | 1025 | 50 000 |
| 4 | 8.1~10.10 | 31~38 | 39~40 | 10 | 51 025 | 1025 | 50 000 |

（续）

| 批次 | 饲养日期 | 饲养周次 | 空舍周次 | 周转周数 | 饲养只数 | 淘汰数 | 出栏数 |
|---|---|---|---|---|---|---|---|
| 5 | 10.11～12.20 | 41～48 | 49～50 | 10 | 51 025 | 1025 | 50 000 |
| 合计 | | 40 | 10 | 50 | 255 125 | 5125 | 250 000 |

### 2. 商品蛋鸡群的周转计划

商品蛋鸡原则上以饲养一个产蛋年为宜，这样比较合乎家禽的生物学规律和经济规律，如果没有意外，一般不采用强制换羽后再饲养一年或几年的做法。蛋鸡各阶段的饲养日数不同，各类鸡舍的比例要恰当才能保证工艺流程正常进行。以三阶段饲养为例，雏鸡舍饲养期为1～6周，育成鸡舍饲养期为7～18周，产蛋鸡舍饲养期为19～72周，一只蛋鸡生产周期为504d。综合考虑，以产蛋期的饲养天数378d加上清洗消毒空闲14d，一个产蛋周期为392d。这样，育雏舍、育成舍和产蛋舍之间的比例按1∶2∶6设置，按表9-2模式进行周转，能保证全年均衡生产，鸡蛋均匀上市，鸡舍及其设备利用效率达到最高。若实行笼养，设计鸡舍时就根据饲养规模确定了笼位，而每只鸡均需拥有一定的笼底面积和采食、饮水长度，再加上其他因素，可得每栋鸡舍的面积。由于鸡在饲养管理过程中会有死亡和淘汰，根据死亡、淘汰率就可以计算出各批鸡饲养只数，据此可制订孵化计划或鸡苗采购计划以及雏鸡、育成鸡和蛋鸡的周转计划。

表 9-2　蛋鸡场鸡群周转模式

| 项目 | 雏鸡 | 育成鸡 | 产蛋鸡 |
|---|---|---|---|
| 各阶段周龄 | 1～6 | 7～18 | 19～72 |
| 饲养周数 | 6 | 12 | 54 |
| 每批空舍周数 | 2 | 2 | 2 |
| 每批周转周数 | 8 | 14 | 56 |
| 鸡舍栋数配比 | 1 | 2 | 6 |
| 一个产蛋周期饲养批次 | 7 | 4 | 1 |
| 一个产蛋周期饲养天数 | 392 | 392 | 392 |

## 二、产品生产计划的制订

制订产品生产计划主要包括禽蛋生产计划和禽肉生产计划。禽蛋生产计划包括各月及全年每只家禽平均产蛋率、蛋重、全场总产蛋量。产蛋指标需要根据饲养品种的生产标准，综合本场的具体饲养条件，同时考虑上年的产蛋量。计划应切实可行，经过努力可完成或超额完成。表9-3是按月制订的蛋鸡场产蛋计划表。商品蛋禽场的禽肉生产计划比较简单，主要根据每月及全年的淘汰家禽数和重量进行编制。商品肉禽场的产品计划中除每月的出栏数、出栏重外，应制定出合格率与一级品率，以同时反应产品的质量水平(表9-4)。

表 9-3　蛋鸡场每月产蛋计划表

| 月份 | 各舍产蛋情况 | | | | | | 总产蛋量 | |
| | 1号舍 | | | 2号舍 | | | | |
| | 产蛋量（枚） | 产蛋率（%） | 产蛋重（kg） | 产蛋量（枚） | 产蛋率（%） | 产蛋重（kg） | 产蛋量（枚） | 产蛋重（kg） |
|---|---|---|---|---|---|---|---|---|
| 1 | | | | | | | | |
| 2 | | | | | | | | |
| 3 | | | | | | | | |
| 4 | | | | | | | | |
| 5 | | | | | | | | |
| 6 | | | | | | | | |
| 7 | | | | | | | | |
| 8 | | | | | | | | |
| 9 | | | | | | | | |
| 10 | | | | | | | | |
| 11 | | | | | | | | |
| 12 | | | | | | | | |
| 总计 | | | | | | | | |

表 9-4　肉禽生产计划表

| 项目 | 鸡 | 鸭 | 鹅 | 项目 | 鸡 | 鸭 | 鹅 |
|---|---|---|---|---|---|---|---|
| 出栏数 | | | | 合格率 | | | |
| 出栏重 | | | | 一级品率 | | | |

### 三、种禽场孵化计划的制订

种鸡场应根据本场的生产任务和外销雏鸡数，结合当年饲养品种的生产水平和孵化设备及技术条件等情况，并参照历年孵化成绩，制订全年孵化计划（表 9-5）。

①根据种鸡场孵化成绩和孵化设备条件确定月平均孵化率。

②根据种蛋生产计划，计算每月每只母鸡提供雏鸡数和每月总出雏数。

每月每只母鸡提供雏鸡数＝平均每只产种蛋数×平均孵化率

每月总出雏数＝每月每只母鸡提供雏鸡数×月平均饲养母鸡数

③统计全年总计概数。

### 四、饲料供应计划的制订

饲料是进行养禽生产的基础。饲料计划一般根据每月各组禽数乘以各组禽的平均采食

表 9-5　孵化计划表

| 项目 | 月份 | | | | | | | | | | | | 全年总计概数 |
|---|---|---|---|---|---|---|---|---|---|---|---|---|---|
| | 1 | 2 | 3 | 4 | 5 | 6 | 7 | 8 | 9 | 10 | 11 | 12 | |
| 平均饲养母鸡数（只） | 9900 | 9700 | 9500 | 9300 | 9100 | 8875 | 8625 | 8350 | 8050 | 7650 | 14 036 | 10 127 | 9434 |
| 平均每只产种蛋数（枚） | 13 | 18 | 21 | 23 | 24 | 20 | 19 | 18 | 16 | 17 | 14 | 20 | 223 |
| 入孵种蛋数（枚） | 128 700 | 174 600 | 199 500 | 213 900 | 218 400 | 177 500 | 163 875 | 150 300 | 128 800 | 130 050 | 196 504 | 202 540 | 2 084 669 |
| 平均孵化率（%） | 80 | 80 | 85 | 86 | 86 | 85 | 84 | 82 | 80 | 80 | 78 | 76 | 81.8 |
| 每只母鸡提供雏鸡数（只） | 10.4 | 14.4 | 17.9 | 19.9 | 20.6 | 17.0 | 16.0 | 14.8 | 12.8 | 13.6 | 10.9 | 15.2 | 183.5 |
| 总出雏数（只） | 102 960 | 139 680 | 170 050 | 185 070 | 187 460 | 150 875 | 138 000 | 123 580 | 103 040 | 104 040 | 152 992 | 153 930 | 1 711 677 |

量，求出各个月的饲料需要量，根据饲料配方中各种饲料原料的配合比例，算出每月所需各种饲料原料的数量。每个禽场年初都必须制订所需饲料的数量和比例的详细计划，防止因饲料不足或比例不稳而影响生产的正常进行。

一般而言，每只鸡全程需要的饲料量：蛋用型鸡育雏期 1kg/只、育成期 8～9kg/只、产蛋期 39～42kg/只；肉用型仔鸡 4～5kg/只、成年母鸡 40～45kg/只。据此可推算出，每天每周及每月鸡场饲料需要量。再根据饲料配方，算出每月各饲料原料需要量并填入年度饲料计划表中（表 9-6）。

**表 9-6　年度饲料计划表**

| 饲料原料 | 各原料每月用量（kg） | | | | | | | | | | | | 全年总计（kg） |
|---|---|---|---|---|---|---|---|---|---|---|---|---|---|
| | 1 | 2 | 3 | 4 | 5 | 6 | 7 | 8 | 9 | 10 | 11 | 12 | |
| | | | | | | | | | | | | | |
| | | | | | | | | | | | | | |
| | | | | | | | | | | | | | |

编织饲料计划时还应该考虑以下因素：

（1）禽的品种、日龄　不同品种、日龄的禽，饲料需要量各不相同，在确定禽的饲料消耗定额时，一定要严格对照品种标准，结合本场生产实际，决不能盲目照搬，否则导致计划失败，造成严重经济损失。

（2）饲料来源　禽场如果自配饲料，除按照计划中各类禽群的饲料需要量和相应的饲料配方中各种原料所占比例折算出原料用量外，还需增加 10％～15％的保险量；如果采用全价配合饲料且质量稳定，供应及时，每次购进饲料一般不超过 3d 用量为宜。饲料来源要保持相对稳定，禁止随意更换，以免使禽群产生应激。

（3）饲养方案　采用分段饲养时，在编制饲料计划中还应注明饲料的类别，如雏鸡料、成鸡料和蛋鸡料等。

# 任务二　家禽生产成本分析

## 一、生产成本的构成

生产成本一般分为固定成本和可变成本两大类。

1. 固定成本

与养禽场的房屋、禽舍、饲养设备、运输工具、动力机械、生活设施、研究设备有关，在财务账面上称为固定资金。特点是使用期长，以完整的实物形态参加多次生产过程，并可以保持其固有物质形态。

2. 可变成本

以货币表示在成本管理中称为流动资金，是指养禽场在生产和流通过程中使用的资金，其特点是仅参加一次生产过程即被全部消耗，价值全部转移到禽产品中。属于可变成本的物质资料，包括饲料、兽药、疫苗、燃料、能源、临时工工资。可变成本因生产规模、产品的产量而变化。

## 二、支出项目的内容

按照生产费用的经济性质，分为直接生产费用和间接生产费用两大类。

### 1. 直接生产费用

即直接为生产禽产品所支付的开支。具体项目如下：

(1)工资和福利费　是指直接从事养禽生产人员的工资、津贴、奖金、福利等。

(2)疫病防治费　是指用于禽病防治的疫苗、药品、消毒剂和检疫费、专家咨询费等。

(3)饲料费　是指养禽场在生产过程中实际耗用的自产和外购的各种饲料原料、预混料、饲料添加剂和全价配合饲料等的费用及其运杂费。

(4)种禽摊销费　是指生产每千克蛋或每千克活重所分摊的种禽费用。

$$种禽摊销费(元/kg)＝(种禽原值－种禽残值)/只禽产蛋重$$

(5)固定资产修理费　是指为保持禽舍和专用设备的完好所发生的一切维修费用，一般占年折旧费的 5%～10%。

(6)固定资产折旧费　是指禽舍和专用机械设备的折旧费。房屋等建筑物一般按 10～15 年折旧，禽场专用设备一般按 5～8 年折旧。

(7)燃料及动力费　是指直接用于养禽生产的燃料、动力、水电费和水资源费等。

(8)低值易耗品费用　是指低价值的工具、材料、劳保用品等易耗品的费用。

(9)其他直接费用　凡不能列入上述各项而实际已经消耗的直接费用。

### 2. 间接生产费用

即间接为禽产品生产或提供劳务而发生的各种费用。包括经营管理人员的工资、福利费；生产经营中的折旧费、修理费、低值易耗品摊销；经营中的水电费、办公费、差旅费、运输费、劳动保险费、检验费；季节性、修理期间的停工损失等。这些费用不能直接计入到某种禽产品中，而需要采取一套标准和方法，在养禽场内各产品之间进行分摊。

除了直接费用和间接费用外，禽产品的成本、费用还包括期间费用。所谓期间费用就是养禽场为组织生产经营活动发生的、不能直接归属于某种禽产品的费用。包括管理费、财务费和销售费。

## 三、生产成本的计算方法

生产成本的计算是以一定的产品对象，归集、分配和计算各种物料的消耗及各种费用的过程。养鸡场生产成本的计算对象一般为种蛋、种雏、肉仔鸡和商品蛋等。

### 1. 种蛋生产成本的计算

$$每枚种蛋成本＝(种蛋生产费用－副产品价值)/入舍种禽出售种蛋数$$

种蛋生产费为每只入舍种鸡自入舍至淘汰期间的所有费用之和。种蛋生产费包括种禽育成费、饲料、人工、房舍和设备折旧、水电费、药费、管理费、低值易耗品。副产品价值包括期内淘汰鸡、期末淘汰鸡、鸡粪等的收入。

### 2. 种雏生产成本的计算

种雏只成本＝(种蛋费＋孵化生产费－副产品价值)/出售种雏数

孵化生产费包括种蛋采购费、孵化生产过程的全部费用和各种摊销费、雌雄鉴别费、疫苗注射费、雏鸡发运费、销售费等。副产品价值主要是未受精蛋、毛蛋和公雏等的收入。

### 3. 雏禽、育成禽生产成本的计算

雏禽、育成禽的生产成本按平均每只每日饲养雏禽、育成禽费用计算。

雏禽(育成禽)饲养只日成本＝(期内全部饲养费－副产品价值)/期内饲养只日数

期内饲养只日数＝期初只数×本期饲养日数＋期内转入只数×自转入至期末日数
－死淘鸡只数×死淘日至期末日数

期内全部饲养费用是上述所列生产成本核算内容中 9 项费用之和，副产品价值是指禽粪、淘汰禽等项收入。雏禽(育成禽)饲养只日成本直接反映饲养管理的水平。饲养管理水平越高，饲养只日成本就越低。

### 4. 肉仔鸡生产成本的计算

每千克肉仔鸡成本＝(肉仔鸡生产费用－副产品价值)/出栏肉仔鸡总重

每只肉仔鸡成本＝(肉仔鸡生产费用－副产品价值)/出栏肉仔鸡只数

肉仔鸡生产费用包括入舍雏鸡鸡苗费与整个饲养期其他各项费用之和，副产品价值主要是鸡粪收入。

### 5. 商品蛋生产成本的计算

每千克鸡蛋成本＝(蛋鸡生产费用－副产品价值)/入舍母鸡总产蛋量

蛋鸡生产费用是指每只入舍母鸡自入舍至淘汰期间的所有费用之和。

## 四、总成本中各项费用的构成

### 1. 育成鸡的成本构成

达 20 周龄育成鸡总成本的构成见表 9-7。如表所示，只要知道一项开支即可推算出总成本额。例如，知道饲料费开支多少，那么只要将饲料费除以 65％，即可推算出该鸡养至 20 周龄时的总成本。

表 9-7　育成鸡(达 20 周龄)总成本构成　　　　　　　　　　　　　　　　％

| 项　目 | 每项费用占总成本的比例 | 项　目 | 每项费用占总成本的比例 |
|---|---|---|---|
| 雏鸡费 | 17.5 | 维修费 | 0.5 |
| 饲料费 | 65.0 | 低值易耗品费 | 0.3 |
| 工资福利费 | 6.8 | 其他直接费用 | 0.9 |
| 疫病防治费 | 2.5 | 期间费用 | 1.5 |
| 燃料水电费 | 2.0 | 合　计 | 100 |
| 固定资产折旧费 | 3.0 | | |

### 2. 鸡蛋的成本构成

同上所述，鸡蛋的成本构成分析见表 9-8。

表 9-8　鸡蛋的总成本构成　　　　　　　　　　　　　　　%

| 项　目 | 每项费用占总成本的比例 | 项　目 | 每项费用占总成本的比例 |
|--------|----------------------|--------|----------------------|
| 后备鸡摊销费 | 16.8 | 维修费 | 0.4 |
| 饲料费 | 70.1 | 低值易耗品费 | 0.4 |
| 工资福利费 | 2.1 | 其他直接费用 | 1.2 |
| 疫病防治费 | 1.2 | 期间费用 | 3.7 |
| 燃料水电费 | 1.3 | 合　计 | 100 |
| 固定资产折旧费 | 2.8 | | |

# 任务三　家禽场经济效益分析

## 一、养禽场盈亏平衡点分析

盈亏平衡点分析是一种动态分析，又是一种确定性分析，适合于分析短期问题。生产成本盈亏临界点又称保本点，它是根据收入和支出相等为保本生产的原理而确定的，这一临界点就是养禽场盈利还是亏损的分界线。现举例说明。

### 1. 鸡蛋生产成本临界点

鸡蛋生产成本临界点＝(饲料价格×日耗料量)÷(饲料费占总费用的比例%×日产蛋量)

如某鸡场每只蛋鸡日均产蛋重为 42g，饲料单价 1.3 元/kg，饲料消耗 110g/(d·只)，饲料费占总成本的比率为 65%。该鸡场每千克鸡蛋的生产成本临界点为：

鸡蛋生产成本临界点＝(1.3×110)÷(0.65×42)＝5.23

即表明每千克鸡蛋平均价格达到 5.23 元，鸡场可以保本，不亏不盈；当市场销售价格高于 5.23 元/kg 时，该鸡场才能盈利。根据上述公式，如果知道市场蛋价，也可以计算鸡场最低日均产蛋重的临界点。鸡场日均产蛋重高于此点即可盈利，低于此点就会亏损。

### 2. 临界产蛋率分析

临界产蛋率＝(每千克蛋的枚数×饲料单价×日耗饲料量)÷(饲料费占
总费用的比例%×每千克鸡蛋价格)×100%

如果鸡群产蛋率高于此线即可盈利，低于此线就要亏损，可考虑淘汰处理。

## 二、养禽场经济效益分析的方法

经济效益分析法一般有对比分析法、因素分析法、结构分析法等，养禽场常用的方法是对比分析法。

对比分析法又称比较分析法，它是把同种性质的两种或两种以上的经济指标进行对比，找出差距，并分析产生差距的原因，进而研究改进的措施。比较时可利用以下方法。

①可以采用绝对数、相对数或平均数，将实际指标与计划指标相比较，以检查计划执

行情况，评价计划的优劣，分析其原因，为制订下期计划提供依据。

②可以将实际指标与上期指标相比较，找出发展变化的规律，指导以后的工作。

③可以将实际指标与条件相同的经济效益最好的养禽场相比较，来反映在同等条件下所形成的各种不同经济效果及其原因，找出差距，总结经验教训，从而不断改进和提高自身的经营管理水平。

采用比较分析法时，必须注意进行比较的指标要有可比性，即比较时各类经济指标在计算方法、计算标准、计算时间上必须保持一致。

## 三、养禽场经济效益分析的内容

### (一)产品产量(值)分析

(1)计划完成情况分析　用产品的实际产量(值)及计划完成情况，对养鸡场的生产经营总状况作概括评价及原因分析。

(2)产品产量(值)增长动态分析　通过对比历年历期产量(值)增长动态，查明是否发挥自身优势，是否合理利用资源，进而找出增产增收的途径。

### (二)鸡群工作质量分析

鸡群工作质量是评价养鸡场生产技术、饲养管理水平、职工劳动质量的重要依据。鸡群工作质量分析主要依据鸡的生活力、产蛋力、繁殖力和饲料报酬等指标来比较分析。

### (三)成本分析

产品成本直接影响着养鸡场的经济效益。通过成本分析，可弄清各个成本项目的增减及其变化情况，找出引起变化的原因，寻求降低成本的具体途径。

(1)成本项目增减及变化分析　根据实际生产报表数据，与本年计划指标或先进禽场数据比较，检查总成本、单位产品成本的升降，分析构成成本的项目增减和变化情况，找出差距，查找原因。如成本项目增加，就分析该项目增加原因，是否有必要增加等问题。

(2)成本结构分析　分析各生产成本构成项目占总成本的比例，并找出各阶段的成本结构。成本构成中饲料是第一大开支，它占生产成本比例的高低直接影响着养禽的经济效益。不同类型的禽场，其饲料支出占总成本比例不同，如家庭养鸡，各项投资少，其主要开支就是饲料；而种鸡场，由于引种费用高，设备、人工、技术投入比例大，饲料费用占的比例相对较低。

### (四)利润分析

利润是经济效益的直接体现，任何一个企业只有获得利润，才能生存和发展。养鸡场利润分析包括以下指标：

(1)利润总额

利润总额＝销售收入－生产成本－销售费用－税金±营业外收支净额

营业外收支是指与鸡场生产经营无直接关系的收入或支出。如果营业外收入大于营业外支出，则收支相抵后的净额为正数，可以增加鸡场利润；如果营业外收入小于营业外支出，则收支相抵后的净额为负数，鸡场的利润就减少。

（2）利润率　由于各个鸡场生产规模、经营方向不同，利润额在不同鸡场之间不具有可比性，只有反映利润水平的利润率，才具有可比性。利润率一般表示为：

产值利润率＝年利润总额/年总产值×100％

成本利润率＝年利润总额/年总成本额×100％

资金利润率＝年利润总额/（年流动资金额＋年固定资金平均总值）×100％

禽场盈利的最终指标应以资金利润率作为主要指标，因为资金利润率不仅能反映禽场的投资状况，而且能反映资金的周转情况。资金利润率高，资金周转越快，周转次数越多，禽场的获利就越大。

### （五）饲料消耗分析

从禽场经济效益的角度上分析饲料消耗，应从饲料消耗定额、饲料利用率和饲料日粮三个方面进行。先根据生产报表统计各类禽群在一定时期内的实际耗料量，然后同各自的消耗定额对比，分析饲料在加工、运输、贮藏、保管、饲喂等环节上造成的浪费情况及原因。此外，还要分析在不同饲养阶段饲料的转化率即饲料报酬。生产单位产品耗用的饲料愈少，说明饲料报酬越高，经济效益愈好。

对日粮除了从饲料的营养成分、饲料转化率上分析外，还应从经济上分析，即从饲料报酬和饲料成本上分析，以寻找成本低、报酬高、增重快的日粮配方、饲喂方法，最终达到以同等的饲料消耗，取得最大经济效益的目的。

### （六）劳动生产率分析

劳动生产率反映着劳动者的劳动成果与劳动消耗量之间的对比关系。常用以下形式表示：

（1）全员劳动生产率　是指养禽场每一个成员在一定时期内生产的平均产值。

全员劳动生产率＝年总产值/职工年平均人数

（2）生产人员劳动生产率　是指每一个生产人员在一定时期内生产的平均产值。

生产人员劳动生产率＝年总产值/生产工人年平均人数

（3）每工作日（d）产量　用于直接生产的每个工作日（d）所生产的某种产品的平均产量。

每工作日（d）产量＝某种产品的产量/直接生产所用工日（d）数

以上指标表明，分析劳动生产率，一是要分析生产人员和非生产人员的比例；二是要分析生产单位产品的有效时间。

## 四、提高禽场经济效益的措施

### （一）科学决策

在广泛市场调查的基础上，分析各种经济信息，结合禽场内部条件如资金、技术、劳动力等，作出经营方向、生产规模、饲养方式、生产安排等方面的决策，以充分挖掘内部潜力，合理使用资金和劳力，提高劳动生产率，最终实现经济效益的提高。正确的经营决策可收到较高的经济效益，错误的经营决策就能导致重大经济损失甚至破产。养禽企业决策人，如果能较正确的预测市场，就能较正确的做出决策，给企业带来较好的效益。要做出正确的预测，应收集大量的与养殖业有关的信息，如市场需求、产品价格、饲料价格、疫情、国家政策等方面的信息。

### 1. 经营类型与方向

建设家禽养殖场之前，要进行认真细致而广泛的市场调研，对取得的各种信息进行筛选、分析，结合投资者自己的资源如资金、人才、技术等因素详细论证，作出正确的经营类型与方向的决策，以获得较好的经济效益。

(1)种禽场　市场区域广大、技术力量雄厚、营销能力强、有一定资金实力的地方可以考虑投资经营种禽场，甚至考虑代次较高的种禽场，条件稍差的就只能经营父母代种禽场。

(2)商品场　饲料价格相对较低、销售畅通的地方可以考虑投资经营商品场。一般来说，蛋禽场的销售范围比肉禽场的要大些，能进行深加工和出口的企业销售范围更大。还要考虑各地方消费习惯和不同民族风俗习惯，如南方和港澳市场，黄羽优质中小型鸡和褐壳蛋比较受欢迎，而西南中小城市和农村市场，红羽优质中大型鸡和粉壳蛋比较受欢迎。

(3)综合场　一般一个家禽场只经营一个品种、一个代次的家禽。对于规模较大、效益比较好的企业，也可以经营多个禽种，多个品种，多代次的综合场，各场要严格按卫生防疫的要求进行设计和经营管理，还可以向上下游延伸，形成一个完整的产业链，一体化经营，经济效益会更好。

### 2. 适度规模

市场容量大的地方，适度规模经营的效益最好。规模过大，经营管理能力和资金跟不上，顾此失彼，得不偿失；规模过小，技术得不到充分发挥，也难以取得较大的效益，就不可能抓住机遇扩大再生产，占领市场。市场容量小的地方，按市场的需求来生产，如果盲目扩大生产，市场就会有被冲垮的危险。

### 3. 合理布局

家禽场的类型与规模决定以后，就要按有利于生产经营管理和卫生防疫的要求进行规划布局，一次到位最好，尽量避免不必要的重建、拆毁，严禁边设计、边建设、边生产的"三边"工程。

### 4. 优化设计

家禽场要按所饲养家禽的生物学特性和生产特点的要求，对工艺流程设计进行可行性研究，选择最优的设计方案，采购相应的设备，最好选用定型、通用设备。如果设计不合理，家禽的生产性能就不能正常发挥。

### 5. 投资适当

要把有限的资金用在最需要的地方，避免在基本建设上投资过大，以减少成本折旧和利息支出。在可能的情况下，房屋与设施要尽量租用。这一点对小企业和初创企业尤其重要。在劳动力资源丰富的地方，使用设备不一定要全部自动化，以减少每个笼位的投资；相反，劳动力费用高则要尽量使用机械设备，以降低劳动力开支。

### 6. 使用成熟的技术

在农业产业中，家禽养殖是一个技术含量相对较高的行业。特别是规模化养禽业，对饲养管理、疫病防治的技术支持要求很高，稍不注意就会影响家禽生产性能的发挥，甚至造成严重的经济损失。因此，要求家禽饲养场使用成熟的成套集成技术，包括新技术。不允许使用不成熟的或探索性的技术。当然，随着饲养规模的扩大和经济效益的提高，适当开展一些研发也很有必要。

### 7. 合理使用人才

人才在企业经营管理中占有重要地位。大多数家禽场都建在远郊或城乡结合部，生活环境枯燥、工作环境较差、劳动强度大，选择与使用合适的人才、稳定职工队伍有一定的难度。对于重要的关键岗位、培训成本较大的岗位、技术含量高的岗位要用高福利、股权激励等措施培养留住人才。对于临时性的岗位、变化较大的岗位，可以选择合同工、临时工。

### 8. 良好的形象与品牌

在养禽场的生产经营过程中，要通过提高产品质量、加强售后服务工作，使顾客高兴而来，满意而去，让顾客对你的产品买前有信心，买时放心，买后舒心；要通过必要的宣传广告及一定的社会工作提高企业的形象，形成一个良好的品牌。

### 9. 安全生产

一个企业如果经常出各种安全事故，则无法生产经营，也就谈不上提高经济效益。所以，企业必须安全生产，也只有安全才能生产。家禽养殖场必须根据自己的生产特点，制定各种生产安全操作规程和制度，包括产品安全制度，并严格督促执行到位。要定期不定期地巡查各个安全生产责任点，及时发现和解决存在的各种安全隐患，并制定相应的预案或处置措施。平时要组织职工学习各种安全操作规程和制度，并定期演练各种预案或处置措施，以防患于未然。

### 10. 充分利用社会资源

由人和动物及各种生产管理因素组成的家禽养殖场必然要生存在一定的社会系统中，成为社会的一分子。它为社会作出贡献的同时，也必然要给社会带来各种各样的影响，有时可能还会发生比较剧烈的冲突，影响家禽养殖场的经济效益。所以，家禽企业必须主动适应社会、融入社会、承担相应的社会责任和义务，协调好周围的一切社会关系。对有利于提高企业经济效益的社会资源要加以充分利用，对不利于提高企业经济效益的要主动协调，提早化解，争取变被动为主动。

## (二)提高产品产量

提高产品产量是企业获利的关键。养禽场提高产品产量要做好以下几方面的工作。

### 1. 饲养优良禽种

品种是影响养禽生产的第一因素。不同品种的禽生产方向、生产潜力不同。在确定品种时必须根据本场的实际情况，选择适合自己饲养条件、技术水平和饲料条件的品种。

### 2. 提供优质饲料

应按禽的品种、生长或生产各阶段对营养物质的需求，供给全价、优质的饲料，以保证禽的生产潜力充分发挥。同时也要根据环境条件、禽群状况变化及时调整日粮。

### 3. 科学饲养管理

(1)创设适宜的环境条件　科学、细致、规律地为各类禽群提供适宜的温度、空气、光照和卫生条件，减少噪声、尘埃及各种不良气体的刺激。对凡是能引起及有碍禽群健康生长、生产的各种"应激"都应力求避免和减轻至最低限度。

(2)采取合理的饲养方式　要根据自己的具体条件为不同生产用途的禽群，选择不同的饲养方式，以易于管理，有利防疫。同时饲养方式要接近禽的生活习性，以有利于表现禽的生产性能。

(3)采用先进的饲养技术　品种是根本，技术是关键。要及时采用先进的、适用的饲养技术，抓好各类禽群不同阶段的饲养管理，不能只凭经验，要紧跟养禽业技术发展的步伐。

### 4. 适时更新禽群

母禽第一个产蛋年产量最高，以后每年递减 15％～20％。禽场可以根据禽源、料蛋比、蛋价等决定适宜的淘汰时机，淘汰时机可以根据"产蛋率盈亏临界点"确定。同时，适时更新禽群，还能加快禽群周转，加快资产周转速度，提高资产利用率。

### 5. 重视防疫工作

养禽者往往重视突然的疫病，而不重视平时的防疫工作，造成死淘率上升，产品合格率下降，从而降低产品产量、质量，增加生产成本。因此，禽场必须制定科学的免疫程序，严格执行防疫制度，不断降低禽只死淘率，提高禽群的健康水平。

## (三)降低生产成本

增加产出、降低投入是企业经营管理永恒的主题。养禽场要获取最佳经济效益，就必须在保证增产的前提下，尽可能减少消耗，节约费用，降低单位产品的成本。其主要途径从以下几个方面分析。

### 1. 降低饲料成本

从养禽场的成本构成来看，饲料费用占生产总成本的 70％左右，因此通过降低饲料费用来减少成本的潜力最大。

(1)降低饲料价格　在保证饲料全价性和禽的生产水平不受影响的前提下，配合饲料时要考虑原料的价格，尽可能选用廉价的饲料代用品，尽可能开发廉价饲料资源，如选用无鱼粉日粮，开发利用蚕蛹、蝇蛆、羽毛粉等。

(2)科学配合饲料　提高饲料的转化率。

(3)合理喂料　给料时间、给料次数、给料量和给料方式要讲究科学。

(4)减少饲料浪费　一是根据禽不同生长阶段设计使用合理的料槽；二是及时断缘；三是减少贮藏损耗，防鼠害，防霉变，禁止变质或掺假饲料进库。

### 2. 减少燃料动力费

合理使用设备，减少空转时间，节约能源，降低消耗。

### 3. 正确使用药物

对禽群投药要及时、准确。在疫病防治中，能进行药敏实验的要尽量开展，能不用药的尽量不用，对无饲养价值的禽及时淘汰，不再用药治疗。

### 4. 降低更新禽的培育费用

加强饲养管理及卫生防疫，提高育雏、育成率，降低禽只死淘摊损费。

开展雌雄鉴别，实行公母分养，及早淘汰公禽，减少饲料消耗。

### 5. 合理利用禽粪

禽粪量大约相当于禽精料消耗量的75%左右，禽粪含丰富的营养物质，可替代部分精料喂猪、养鱼，也可干燥处理后做牛、羊饲料，增加禽场收入。

### 6. 提高设备利用率

充分合理利用各类禽舍、各种机器和其他设备，减少单位产品的折旧费和其他固定支出。

①制订合理的生产工艺流程，减少不必要的空舍时间，尽可能提高禽舍、禽位的利用率。

②合理使用机械设备，尽可能满负荷运转，同时加强设备维护和保养，提高设备完好率。

### 7. 提高全员劳动生产率

全员劳动生产率反映的是劳动消耗与产值间的比率。全员劳动生产率提高，不仅能使禽场产值增加，也能使单位产品的成本降低。

①在非生产人员的使用上，要坚持能兼（职）则兼（职）、能不用就不用的原则，尽量减少非生产人员。

②对生产人员实行经济责任制：将生产人员的经济利益与饲养数量、产量、质量、物资消耗等具体指标挂钩，严格奖惩，调动员工的劳动积极性和主动性。

③加强职工的业务培训，提高工作的熟练程度，不断采用新技术、新设备等。

## （四）搞好市场营销

市场经济是买方市场，养禽要获得较高的经济效益就必须研究市场、分析市场，搞好市场营销。

### 1. 以信息为导向，迅速抢占市场

在商品经济日益发展的今天，市场需求瞬息万变，企业必须及时准确地捕捉信息，迅速采取措施，适应市场变化，以需定产，有需必供。同时，根据不同地区的市场需求差别，找准销售市场。

### 2. 树立"品牌"意识，扩大销售市场

养禽业的产品都是鲜活商品，有些产品如种蛋，种雏等还能直接影响购买者的再生产，因此，这些产品必须经得住市场的考验。经营者必需树立良好的商品形象，创造自己的名牌，把自己的产品变成活的广告，提高产品的市场占有率。

### 3. 实行产供加销一体化经营

随着养禽业的迅猛发展，单位产品利润越来越低，实行产、供、加、销一体化经营，可以减少各环节的层层盘剥。但一体化经营对技术、设备、管理、资金等方面的要求很高，可以通过企业联手或共建养禽"合作社"等形式组成联合"舰队"，以形成群体规模。

### 4. 签订经济合同

在双方互惠互利的前提下，签订经济合同，正常履行合同。一方面可以保证生产的有序进行；另一方面又能保证销售计划的实施。特别是对一些特殊商品（如种雏），签订经济合同显得尤为重要，因为离开特定时间其价值将消失，甚至成为企业的负担。

### (五)健全管理制度

为了提高家禽场的管理水平，使在每个生产岗位的每位员工的生产操作与管理有据可依，应该为每个岗位制定相应的管理制度，使员工依章行事，也使管理人员依章检查和监督。

为了便于企业管理人员了解生产情况，要注意完善生产记录表，这些表格包括日报表、周报表和月报表，记录表的内容要如实填写并上报管理部门。作为管理人员要根据报表数据了解生产过程是否正常并提出工作方案。各种记录表要作为生产档案进行分类、归档和保存。

知识链接

### 鸡养殖业的理念更新与发展策略

养鸡业经过几十年的发展，在广大农村经历了从散养到养殖专业户，再到家庭化规模养殖和高标准机械化规模养殖模式。设施设备先进了、养殖规模扩大了，数量从原来的几十只、几百只到几万只，甚至几十万只，但是饲养者感觉鸡越来越难养，经济效益越来越低，究其原因除疾病增多等因素影响外，更关键的是养殖者大部分仍为原来的养殖户，小部分是转行而来，这些人的畜牧兽医知识相对缺乏，养殖理念、管理模式没有更新和提高。

### 一、防病理念更新

过去，许多人把疾病的预防用在疫苗、药物的使用上，但随着饲养环境越来越差，养殖业应树立"养重于防，防重于治，养防结合"的防疫理念。每个从事畜牧业的人都知道养鸡并不是那么简单，每时每刻的大小突发事件都关系到鸡群能否正常出栏。其中最麻烦的事莫过于鸡群暴发传染病，轻则不挣钱，重则血本无归。如何防得住病，养得好鸡是养殖成败的重中之重。

### 1. 使用优质饲料、提高日粮中的营养物质

养殖成本的 70%～80% 来源于饲料，也是养好鸡的关键。许多养殖场（户）在选购饲料时过多地注重价格，而忽视饲料质量。低价劣质饲料的蛋白质、能量、维生素、矿物质等往往不足、不平衡或使用代替品可吸收率低，造成鸡体发育不良、抗病力差、许多营养性疾病或使鸡群长期处于亚健康状态；更为可怕是劣质饲料，往往霉菌超标，造成中毒或免疫抑制。据报道全世界每年有 25% 的粮食作物受到霉菌毒素的污染，全世界每年由此造成的经济损失可达数千亿美元。在霉菌毒素中影响最大的是黄曲霉毒素，当饲料中该毒素超过 200mg/kg 就会抑制禽类 IgG、IgA 的合成，使胸腺、法氏囊、脾脏萎缩，引起免疫抑制。

2. 减少应激因素，给鸡群创造适宜的生长环境

不良通风、粉尘、拥挤、潮湿、低温、高温、湿度不宜、有害气体含量超标、"贼风"、疫苗接种、药物治疗、营养不良和饲料转换等都会使鸡群受到应激，导致机体肾上腺皮质激素分泌增加，肾上腺皮质激素会显著损伤 T 淋巴细胞，同时抑制巨噬细胞的吞噬作用，增加循环抗体 IgG 的分解代谢，机体自身的免疫功能下降。

3. 控制好温度

鸡舍温度控制要把握"两个 2℃"。一是要随着鸡只日龄的增加，缓慢下降，不能下降得太快，一般遵守一周下降 2℃ 左右，防止因温度下降太快鸡群受凉，引起冷应激，诱发呼吸道疾病；二是在傍晚温度开始下降的时候，要尽可能地减少鸡舍昼夜温差，把温差控制在 2℃ 以内，温差越小越好，防止鸡舍温度忽高忽低，诱发呼吸道疾病。产蛋阶段的最佳温度是 13~23℃，也应避免一日内温度波动太大。

4. 控制好通风

密闭鸡舍通过横向通风、过渡通风和纵向通风的模式改善鸡舍环境，使鸡舍内的氧气、二氧化碳、氨气、一氧化碳的浓度达到要求。

## 二、管理理念更新

养殖成功靠管理，细节决定养殖成败，每栋鸡舍的饲养员对其所负责的鸡舍和鸡群比老板更熟悉。例如，是否水线堵塞，是否有个别鸡喝不上水，设备是否正常工作等等，都要靠饲养员去观察发现，管理人员要做到与饲养员勤沟通、勤关怀，责权利相结合，充分激发员工的责任感。养殖的成败还要根据季节的变化及每栋鸡舍的具体情况采取不同的管理方式。例如，一年四季都要特别注意鸡舍内的通风，冬春季节特别要防止一氧化碳中毒。为降低鸡舍内氨气等有害气体的浓度，可在鸡舍地面上撒一些微生态制剂，让有益菌充分繁殖，粪便中的养分被有益菌降解，有害气体就会明显降低；在饲料或饮水中长期添加微生态制剂，使有益菌与有害菌达到一个动态平衡，如果鸡舍内氨气味降低了，同样也会降低大肠杆菌病和呼吸道疾病的发生率，更会明显提高饲料转化率，提高养殖效益。夏秋季节炎热潮湿是鸡腺胃炎和胃肠疾病的发病高峰期；规模化养殖场储料罐内的饲料在高温高湿环境下，维生素很容易被破坏，同时储料罐的阳面与阴面产生温差，易发酵和霉变，建议在饲料里加入好的脱霉剂，这些产品可以明显降低因霉菌而诱发疾病的几率，饲料亦不能存放时间太长；对鸡群采取少喂勤添，增加饲喂次数，减少浪费，提高经济效益。

## 三、由数量型向品质型过渡

最初养殖的盈利机会是满足"量"的需求，随着经济的发展，生活水平的不断提高和消费能力的与日俱增，人们对食品安全高度重视，特别是近几年苏丹红、速生鸡、药残鸡事件，人们的消费理念不仅仅停留在量的需求上，更重要的是满足质的需求，生产出绿色、有机、无药残、风味独特的畜禽产品，畜禽的价格会成倍增长。现在的许多养殖者，生产依然是以数量和成本为导向，这其中盈利的空间很有限。而一旦市场疲软、行情小幅波动，很容易亏本。发展品质畜牧业是有远见养殖者的必由之路。

## 四、适度规模、合理批次

在选择建场时，确定规模的大小，要与自己的技术、条件、资金、人力、环境等相匹配，不能盲目追求国外的超大规模养殖模式。超大规模的养殖模式在中国会"水土不服"。一是因为国外简化免疫与国内频繁的个体免疫难度较大，且容易产生免疫遗漏的缺口，风险较大；二是国外净化环境不同于国内不安全的环境，一旦有问题，损失会更大；三是超大规模需要高投入，我国的农副产品低价格，很难实现良好的投入产出效应。

养鸡要制订合理的生产批次，不能盲目地为了多生产或看到本年度市场行情好，超密度连续饲养。实践证明，一年内连续饲养 7 批肉鸡的利润，比饲养 5 批鸡的利润高不了，甚至还要低。因为连续饲养，鸡舍没有"空棚时间"，得不到净化，疾病风险将增加，肉料比增高，药费投入增加，有的甚至全群中途淘汰。养殖密度每增加一倍，疾病风险即增加 6 倍，同时每只鸡都需要一定的生活空间（密度），在进鸡时，要根据饲养面积的大小，确定饲养数量。

要实行"全进全出"制度。这是说起来容易，做起来难的事。有的蛋鸡场为了实现全年均衡生产鸡蛋，实行单栋舍全进全出制，鸡场有不同日龄的鸡群，常年有鸡，造成大鸡对小鸡的排毒感染，鸡病不断，鸡场永无安宁。

## 五、自动化、智能化、标准化养殖

实现自动化定量供料、机械化清粪、自动给水、定时喷雾消毒，实现自动化控制光照、温度、湿度和通风，在目前人员工资大幅提高，饲养员越来越难招聘的形势下，可大量节省人工，减轻劳动强度，一个人可以管理上万只蛋鸡，数万只肉鸡。

标准化主要表现为品种良种化、养殖设施化、生产规模化、防疫制度化、粪污处理无害化。建立在适当规模上的标准化养殖，是实现养鸡业健康养殖、保证产品质量安全、保障产品有效供给以及实现养殖业生态、环保的关键，也是加快养鸡业转型升级的重要途径，以标准化生产为基础、以产品质量为核心、以营销手段创新为突破，瞄准行业前沿，把握市场需求，走品牌化之路，错位发展，是提高生产效益、保障行业利润的有效手段，也是实现畜牧业保供给和从业者促增收有机统一的重要途径，是传统畜牧业向现代畜牧业的飞跃。

# 实训十五　鸡场年度生产计划制订

**【目的要求】**

学习并初步掌握养鸡场年度生产计划的制订方法。

**【材料和用具】**

计算器。

**【内容和方法】**

养鸡场年度生产计划一般包括下列内容：

养鸡场总生产任务、育雏计划、鸡群周转计划、饲料计划、产品计划、物资供应计划、基建维修计划、劳动工资计划、财务成本和利润计划、防疫卫生计划。

以商品蛋鸡场为例，分别说明前三项计划制订方法。

1. 制订总生产任务

根据本场的生产任务和指标，结合本场现有的和下一年可能有的人力物力等具体条件，确定鸡群的规模和产蛋任务。

①某商品蛋鸡场的主要生产任务是全年平均饲养蛋鸡 1 万只，平均每只鸡年产蛋 220 个。该场上一年度末和计划本年度末产蛋母鸡存栏数均为 10 100 只。

②计划生产指标：新母鸡(150 日龄)育成率 90%，开产日龄 150d，一年利用制即母鸡产蛋一整年后淘汰。产蛋母鸡每月死亡淘汰率为 1%，初生雏为羽色鉴别雏，准确率为 95%。

2. 制订育雏、育成计划

根据年度生产任务的要求，应育成新母鸡 10 600 只，所需初生雏(鉴别雏)为：

$$10\ 600 \div 95\% \div 90\% = 12\ 397.66(只)$$

育雏开始日期 2 月底，新母鸡育成日期 7 月底。

3. 制订鸡群周转计划

根据生产任务和育雏数、育成率、母鸡死亡淘汰率等资料，按以下步骤制订鸡群周转计划。

①将上一年生产年度末产蛋母鸡只数填入周转表的上年末存栏数内。

②分别统计计划年度内各月末和年末各类鸡群的变动情况。

③将统计出的各类鸡群只数分别填写于鸡群周转表的各项之内，并检查有无遗漏和错误。

④审查周转表中鸡群育成只数、淘汰只数及年末存栏只数是否完成计划任务。如未完成，应重新调整育雏计划等，使之相符。其具体计划见表 9-9。

**表 9-9　年度周期计划表**

| 项目 | 上年末存栏数 | 计划年度月份 | | | | | | | | | | | | 计划年度末存栏数 |
| --- | --- | --- | --- | --- | --- | --- | --- | --- | --- | --- | --- | --- | --- | --- |
| | | 1 | 2 | 3 | 4 | 5 | 6 | 7 | 8 | 9 | 10 | 11 | 12 | |
| 雏鸡 | | 12 400① | 12 164 | 11 432 | 11 072 | 10 836 | 10 600 | | | | | | | |
| 死亡母雏鸡 | | | 236③ | 236 | 236 | 236 | 236 | | | | | | | |
| 死淘小公鸡 | | | | 496② | 124 | | | | | | | | | |
| 产蛋母鸡④ | 10 100 | 10 000 | 9900 | 9800 | 9700 | 9600 | 9500 | 9400⑤ | | | | | | |
| 死淘母鸡⑥ | | 100 | 100 | 100 | 100 | 100 | 100 | 100 | 100 | 100 | 100 | 100 | 100 | |

注：①初育雏数 12 400 只是为计算方便而用，如细算实为 12 397.66 只。②死亡淘汰小公鸡数实按初育雏数的 5% 计。如 4 月占 80%，5 月占 20%。③各月死亡母雏鸡均按初育雏鸡的 2% 计。如 12 400×95%×2%＝236(只)。④各月雏鸡和产蛋母鸡数均为月末存栏数。⑤上年转来的产蛋母鸡，今年 7 月底全部淘汰。⑥为了计算方便，产蛋母鸡每月平均死亡淘汰率为 1%，不必按当月细算，而按上年末或本年末数大概推算。

**【实训报告】**

编制蛋鸡场的鸡群周转计划。

## 练习与思考题

1. 简述家禽生产成本的构成。
2. 育成鸡成本由哪几部分构成?
3. 如何控制和降低养禽场的成本费用?
4. 提高养禽场经济效益的措施有哪些?

# 参考文献

邱文然，欧阳清芳，2016. 禽生产[M]. 西安：西安交通大学出版社.

赵聘，黄炎坤，徐英，2014. 家禽生产[M]. 北京：中国农业大学出版社.

豆卫，2001. 禽类生产[M]. 北京：中国农业出版社.

杨宁，2012. 家禽生产学[M]. 2版. 北京：中国农业出版社.

李克广，王利琴，2018. 动物营养与饲料加工[M]. 武汉：华中科技大学出版社.

赵聘，关文怡，2012. 家禽生产技术[M]. 北京：中国农业科学技术出版社.

史延平，赵月平，2009. 家禽生产技术[M]. 北京：化学工业出版社.

贺晓霞，2016. 蛋鸡规模化健康养殖彩色图谱[M]. 长沙：湖南科学技术出版社.

孙卫东，2016. 鸡病鉴别诊断图谱与安全用药[M]. 北京：机械工业出版社.

丁国志，张绍秋，2007. 家禽生产技术[M]. 北京：中国农业大学出版社.

赵聘，潘琦，2007. 畜禽生产技术[M]. 北京：中国农业大学出版社.

吴健，2004. 养鸡场生产计划的编制与执行[J]. 中国家禽(17)：41-42.

杨景晃，周键，边媛，等，2018. 我国家禽业发展的趋势与思考[J]. 中国畜牧业(13)：26-29.

李彦军，2019. 我国家禽业发展的趋势与探析[J]. 农家参谋(17)：153-154.

韩国省，赵聘，2012. 我国家禽养殖现状与发展趋势研究[J]. 河南农业(3)：18-20.